Meinen Love Brands:
Meiner Familie & meinen Freunden

Inhalt

6   Vorwort Dr. Rainer Hillebrand
9   Vorwort Dr. Silvia Danne
12 Einleitung

I 14 Begehrenswerte Marken: Was sie besonders macht

18 Was haben die einen Marken, was den anderen fehlt?
28 Den Erfolgsfaktoren auf der Spur

II 36 So LIEBEN Kunden Ihre Marke: Die sechs Erfolgsfaktoren

38 Leidenschaft, die motiviert
50 Innovationen, die faszinieren
64 Erzählungen, die begeistern
76 Bewusstsein, das Werte schafft
86 Emotionen, die bewegen
96 Nummer 1 sein und bleiben

III 108 Mit Communiting und SSP zur Love Brand

110 Markenliebe als Grundlage für Love Brands
116 Ganzheitliche Markenführung als Basis des Erfolgs
134 Marketing 4.0: Die Zeit ist reif für Communiting
152 Ihr Weg zur Love Brand mit Communiting
174 LOVE EMPLOYER BRAND: Eine Love Brand nach „innen und außen"

182 Best Practices: Was Sie von Marken auf ihrem Weg zur Love Brand lernen können

- 184 Der Weg zu einer Love Brand in verschiedenen Branchen
- 214 Mitarbeiter als wichtigste Begleiter auf dem Weg zu einer Love Brand
- 254 Ausgewählte Dienstleister, die auf dem Weg zu einer Love Brand begleiten

 270 Die digitale Transformation als Chance für Love Brands

- 272 Die Bedeutung der Digitalisierung für Love Brands
- 280 Künstliche Intelligenz: Eine Revolution für das Marketing!

S. 288 Literatur- und Fußnotenverzeichnis
S. 294 Die Autorin
S. 304 Impressum

186	Eine Love Brand zum Hochgenuss: Das fera
190	Das Erlebnis „Thermomix®", bei dem Kunden zu Markenbotschaftern werden
200	Die Munich Consulting Group: Vom regionalen Start-up zur international agierenden Love Brand
204	Vom traditionellen Familienunternehmen zur weltweiten Love Brand: Frauscher „Engineers of Emotions"
209	Faszination Porsche: Ein Traum, der von den Porsche-Fans nicht nur erlebt, sondern auch gelebt wird

216	Auf dem Weg zur Love Brand mit Asklepios' „Gesund werden. Gesund leben."
227	PUMA: Die Bedeutung von Employer Branding für Love Brands
236	Die Ramelow-Kultur, mit der Kunden zu Fans werden
242	Creditreform Bochum: „A moving story" to Community
248	Mitarbeiter als Markenbotschafter im B2B: KALDEWEI zeigt, wie das geht

256	Live-Kommunikation für Love Brands mit der CARL GROUP
260	Impulse für Love Brands von Studierenden der ASCENSO Akademie für Business und Medien
265	COVIS: Mit „Software as a Service" zu einer Love Brand

Vorwort Dr. Rainer Hillebrand

Die Digitalisierung macht vor keinem Unternehmen und auch vor keinem Unternehmensbereich halt. Unternehmen, ganz gleich welcher Branche, haben schon längst erkannt, dass sie neue Strategien entwickeln müssen, um mit dem raschen Wandel mithalten zu können. Die große Herausforderung besteht darin, sich von der Masse abzuheben und dauerhaft die Herzen der Kunden zu erobern. Dies kann durch eine smarte und ganzheitliche Markenführung gelingen, die eine Marke zu einer geliebten Marke – zu einer Love Brand – werden lässt und dafür sämtliche Chancen des digitalen Zeitalters für sich nutzt. Vor allem dann, wenn Produkte wenig unterscheidbar sind, funktioniert die Abgrenzung von der Konkurrenz am besten über Emotionalisierung. Dazu müssen echte Markenerlebnisse geschaffen werden, die den Kunden emotional ansprechen und eine Bindung zwischen ihm und der Marke schaffen.

Im digitalen Zeitalter sind starke Marken einmal mehr wichtige Orientierungs- und Vertrauensanker – für die Kunden ebenso wie für die Mitarbeiter –, weil sie in der Lage sind, über den Nutzen hinaus ein hohes Maß an Identifikation mit der Brand zu schaffen und Sinn zu stiften. Bei allen Überlegungen, wie die erfolgreiche Zukunft eines Unternehmens im Zeitalter der Digitalisierung aussehen kann, und bei allen Bemühungen um eine starke Marke muss immer der Mensch im Mittelpunkt stehen. Für viele Unternehmen führt dies zur Erkenntnis, dass sie sich von alten Denk- und Handlungsmustern verabschieden müssen. Es ist an der Zeit, ein neues Verständnis für den Wandel von Kundenbedürfnissen, für die digitalen Herausforderungen und für die Rolle der Mitarbeiter als Markenbotschafter zu entwickeln.

Nur dann, wenn die Aktivitäten auf das Wohl der Kunden und Mitarbeiter ausgerichtet sind, werden diese sich gebunden fühlen und auch als Markenbotschafter fungieren. Diese Haltung formuliert Dr. Michael Otto, Aufsichtsratsvorsitzender der Otto Group, folgendermaßen: „Die Wirtschaft muss dem Wohle des Menschen dienen – nicht umgekehrt."

So bringt er die Aufgabe der Otto Group zum Ausdruck, ihrer gesellschaftlichen Verantwortung gerecht zu werden. Der Mensch, das Persönliche und das Menschliche im Umgang werden zukünftig die elementaren Unterscheidungskriterien in einer digitalen Welt sein – das gilt sowohl für den Menschen als Kunde als auch für den Menschen als Mitarbeiter. Wenn es ein Unternehmen schafft, dass sich seine Kunden mit der eigenen Produktmarke und seine Mitarbeiter mit dem Unternehmen als Arbeitgebermarke identifizieren, und wenn es ihm gelingt, sowohl den Kunden als auch den Mitarbeitern eine Heimat zu geben, dann wird ihm der Erfolg in der Zukunft sicher sein. „My Love Brand" heißt das Erfolgsmotto der Zukunft.

In dem vorliegenden Buch gibt Dr. Silvia Danne dazu zahlreiche Impulse und wertvolle Anregungen, wie Sie es schaffen, dass auch Ihre Marke von Ihren Kunden und Ihren Mitarbeitern als „My Love Brand" gelebt wird und künftig erfolgreich am Markt besteht. Anhand variationsreicher Beispiele aus den verschiedensten Branchen führt die Autorin eindrucksvoll und plausibel vor, wie Unternehmen Identifikation mit ihrer Marke schaffen und Kunden wie Mitarbeiter zu Markenbotschaftern machen.

Dr. Rainer Hillebrand
Stv. Vorstandsvorsitzender der Otto Group, Konzern-Vorstand Konzernstrategie, E-Commerce und Business Intelligence

Hamburg, Oktober 2018

„DER WUNDER GRÖSSTES IST DIE LIEBE."

HOFFMANN VON FALLERSLEBEN

Vorwort Dr. Silvia Danne

In einer Welt mit extremen Unsicherheiten, permanenten Veränderungen und rasanten Entwicklungen in allen Lebensbereichen fühlen sich sowohl Kunden als auch Mitarbeiter zu Unternehmen hingezogen, deren Mission, Vision und Werte ihren ureigenen Bedürfnissen nach sozialer, wirtschaftlicher und ökologischer Gerechtigkeit entsprechen. Kunden bevorzugen Marken von Unternehmen, die sie nicht nur funktionell und emotional zufriedenstellen, sondern ihnen auch seelische Erfüllung bieten. Genauso fühlen sich Mitarbeiter eher von Unternehmen angesprochen, die ihnen diese Erfüllung als Arbeitgeber bieten. Die Seele ist das philosophische und moralische Zentrum – auch des Marketing, generell als auch in Bezug auf Employer Branding.

Marken – egal, ob im Produktbereich oder als Arbeitgeber – benötigen daher für den langfristigen Erfolg neben dem Leistungsversprechen auch eine eindeutige, gelebte Wertehaltung, über die wiederum eine wirkliche Beziehung zu der Marke entsteht. Doch es sind nicht nur die Werte, die die Seele berühren. Es sind darüber hinaus die Sinne, die inspirierende Kraft und bei manchen Marken auch die Spiritualität. Genau hier liegt der Unterschied, ob eine Marke „nur" geliebt oder auch gelebt wird, ob Kunden bzw. Mitarbeiter sich mit ihr identifizieren und sie als Markenbotschafter in die Welt hinaustragen. Die Kunden und die Mitarbeiter genau auf dieser übergeordneten Ebene, ja der spirituellen und der Beziehungsebene zu erreichen, das schafft keine „normale" Marke, das gelingt nur Marken, die auch Sinn stiften. Das gelingt nur Marken, die von Kunden ebenso wie von Mitarbeitern als „My Love Brand" gelebt werden.

Viele Unternehmen warten und hoffen auf die totale Liebeserklärung der Kunden und Mitarbeiter an ihre Marke. Darauf, dass eine tiefe emotionale Bindung zur Marke mehr Umsatz und gute Renditen bringt. Darauf, dass sich die Kunden und auch die Mitarbeiter mit der Marke und deren Werten identifizieren und sich dies in zunehmenden Marktanteilen widerspiegelt. Aber sie warten und hoffen vergebens. Sie begegnen einer neuen Welt mit alten Methoden und wundern sich, dass dies nicht funktioniert. Marktanteile gehen verloren, denn die Kunden glauben den Heilsbotschaften des klassischen Marketing nicht mehr.

Und dennoch gibt es sie: Marken, die geliebt werden und deren Konsum als Sinnstiftung erfahren wird. Marken, die Kunden und Mitarbeiter zu echten Markenbotschaftern machen. Marken, die nicht nur Glanz, Status und Nutzen, sondern vielmehr Sinn, Vertrauen und Glauben schenken. Wie schaffen sie das? Warum werden diese Marken von den Kunden und Mitarbeitern geliebt und intensiv weiterempfohlen, während andere verblassen und untergehen, obwohl sie einmal stark und strahlend waren?

Marken sind das faszinierendste Thema, mit dem ich mich in den letzten 25 Jahren beschäftigt habe – zunächst während meines Studiums und meiner Promotionszeit bei Professor Meffert am Institut für Marketing in Münster, anschließend als Managerin in unterschiedlichen Unternehmen und schließlich in zahlreichen Projekten für namhafte nationale und internationale Unternehmen und Konzerne in meiner Selbstständigkeit. Die Aufgabenstellungen, die dabei im Fokus standen und auch nach wie vor stehen, drehten sich immer um die Frage, wie sehr gute Marken noch erfolgreicher werden. Wie sie die Herzen der Kunden erobern. Wie sie noch begehrenswerter werden. Wie sie nicht nur erlebt, sondern gelebt und in das Leben der Kunden quasi als Glaubensbekenntnis integriert werden. In den letzten Jahren wurden diese Fragen vermehrt – gerade auch im zunehmenden „War for Talents" – in Bezug auf die Mitarbeiter gestellt. Wie schaffen es Unternehmen, immer attraktiver für gute Nachwuchskräfte zu werden? Wie können Mitarbeiter motiviert werden, die „Extrameile" zu gehen, die diese Unternehmen erfolgreicher macht als die Wettbewerber? Wie kann eine Identifikation der Mitarbeiter mit der Arbeitgebermarke forciert werden, die sie zu Markenbotschaftern des Unternehmens werden lassen?

Die Welt des Marketing verändert sich grundlegend. In diesem Buch möchte ich alle meine praktischen Erkenntnisse und vor allem viele neue Antworten sowie Impulse weitergeben. Damit Ihre starke Marke auch in Zukunft stark bleibt und sich – aus Sicht Ihrer Kunden und Mitarbeiter – zu einer „My Love Brand" entwickelt. Dabei werden in diesem Buch ganz neue Ansätze und Gedanken für das Marketing des nächsten Jahrzehnts aufgezeigt:

- Was macht das Marketing 4.0 aus?
- Wie kommen Sie vom USP zum SSP, dem Social Selling Proposition?
- Was bedeutet heute das Communiting als sinnvolle Ergänzung des Marketing mit seinen vier „Cs" – Community, Content, Communication und Culture?
- Was macht ein erfolgreiches Employer Branding aus?
- Welche Chancen liefert uns die digitale Transformation?

Alle diese Gedanken habe ich für das „Empowerment" Ihrer Marke entwickelt, damit ich einmal mehr lebe, was der Sinn meiner Tätigkeit ist: „EMPOWERING YOUR BRAND".

Sie, liebe Leserinnen und Leser, begeben sich mit diesem Buch auf den Weg zu Ihrer Love Brand. Für jede einzelne Etappe bekommen Sie von mir wertvolle, innovative und teils provokative Impulse. Damit Sie Ihre Kunden und Mitarbeiter auf einer besonderen Beziehungsebene erreichen und Ihre Marke Ihren Kunden und Mitarbeitern Sinn stiftet. Damit Ihre Kunden und Mitarbeiter Ihrer Marke eine Liebeserklärung abgeben und Sie eine echte Markengemeinschaft schaffen. Damit Ihre Marke zu einer Love Brand wird und sowohl Ihre Kunden als auch Ihre Mitarbeiter Ihre Marke im Sinne von „My Love Brand" leben und voller Überzeugung promoten.

Ihnen wünsche ich viel Freude beim Lesen und von ganzem Herzen eine erfolgreiche Umsetzung der dargelegten Gedanken.

Ihre

Dr. Silvia Danne
Palma, Oktober 2018

Einleitung

Die Welt steckt voller unbegrenzter Möglichkeiten. Sie ist heute von Unsicherheit bestimmt. Mehr denn je suchen Menschen nach Orientierung und nach Sinn in ihrem Leben und Handeln. Sie suchen nach Angeboten von Unternehmen, deren Mission und Vision mit ihrem Wertesystem übereinstimmen. Dabei bevorzugen sie Marken, die sie nicht nur funktionell und emotional ansprechen, sondern mit deren Werten sie sich identifizieren. Sie suchen nach Marken, die ihnen einen Sinn stiften. Ihre Kunden wollen heute nicht mehr einfach ein Produkt oder eine Dienstleistung bei Ihnen erwerben, sondern eine Heimat, eine heile (Marken-)Welt. Und auch Ihre Mitarbeiter und die, die es werden sollen, suchen genau diese Heimat, die es wert ist, alles zu geben. Mit diesem Buch möchte ich Ihnen zeigen, wie Sie diese Heimat für Ihre Kunden und Mitarbeiter schaffen können:

IM ERSTEN KAPITEL dreht sich alles um begehrenswerte Marken und was sie so besonders macht. Was die eine hat, was der anderen fehlt. Warum bei zwei ähnlichen Marken eine auf der Strecke bleibt, während die andere – ähnlich wie in einer Liebesgeschichte – die Herzen der Kunden im Sturm erobert. Dabei werden wir die unbewussten Prozesse beleuchten, die beim Kauf eine Rolle spielen, und den Erfolgsfaktoren begehrenswerter Marken auf der Spur sein.

IM ZWEITEN KAPITEL zeige ich Ihnen, wie Kunden Ihre Marke lieben lernen. Dazu stelle ich Ihnen die sechs Erfolgsfaktoren vor: motivierende Leidenschaft, faszinierende Innovationen, begeisternde Geschichten, gelebte Werte, bewegende Emotionen sowie die Nummer 1 zu sein und zu bleiben. Zu jedem Erfolgsfaktor finden Sie jeweils eine Anleitung, wie Sie diesen vorantreiben können. Die Erfüllung der Erfolgsfaktoren ist die Grundlage dafür, dass Ihre Marke eine Love Brand werden kann.

**IM MITTELPUNKT DES DRITTEN KAPITELS**, dem Herzstück dieses Buches, steht die Love Brand. Hier werde ich Sie in das Geheimnis einer ganzheitlichen Markenführung einweihen sowie die Notwendigkeit zur Entwicklung des Marketing 4.0 und des SSP, des Social Selling Proposition, aufzeigen. Sie werden erfahren, warum die Zeit reif ist für das Communiting mit seinen vier Cs – der Community, dem Content, der Communication und der Culture –, und wie Sie damit Ihre Marke zu einer Love Brand entwickeln. Eine Love Brand, die noch einmal eine Stufe über dem steht, was Marken bisher ausgezeichnet hat. Denn Love Brands erreichen im Gegensatz zu anderen Marken ihre Kunden und Mitarbeiter auf einer ganz anderen Ebene. Welche – das werden Sie hier erfahren!

**IM VIERTEN KAPITEL** zeige ich Ihnen anhand von zehn erfolgreichen Best Practices, was Sie von diesen Marken auf ihrem Weg zu einer Love Brand lernen können. Dabei geht es um Love Brands verschiedenster Branchen und auch um die Bedeutung der Mitarbeiter als wichtigste Begleiter auf dem Weg zu einer Love Brand. Zum Abschluss des Kapitels stelle ich Ihnen ausgewählte Unternehmen vor, die auf dem Weg zu einer Love Brand unterstützen.

**DAS FÜNFTE KAPITEL** beschäftigt sich mit der digitalen Transformation als Chance für Love Brands. Dabei geht es zunächst um die Bedeutung der Digitalisierung für Love Brands, auch in Bezug auf die Chancen, die die digitale Transformation bereithält. Abgerundet werden die Ausführungen mit dem Thema künstliche Intelligenz und dessen Potenzial für Love Brands.

Ich wünsche Ihnen viel Spaß beim Lesen dieses Buches sowie viel Energie und Freude bei der Entwicklung Ihrer Marke hin zu einer Love Brand! Wenn Ihre Kunden und Mitarbeiter sich mit Ihrer Marke identifizieren, wenn sie ein starkes Zugehörigkeitsgefühl in der Marken-Community erfahren, sodass sie schließlich Botschafter Ihrer Marke werden, dann ist Ihnen der Erfolg sicher. Diesen Erfolg wünsche ich Ihnen von ganzem Herzen!

BEGEHRENSWERTE MARKEN: WAS SIE BESONDERS MACHT

Manche Marken haben das gewisse Etwas. Sie üben eine so große Anziehungskraft auf Kunden aus, dass diese niemals auf ihre geliebte Marke verzichten würden. Starke und begehrenswerte Marken geben Orientierung im Angebotsdschungel, sie stärken das Vertrauen, weil sie vertraut sind, sie lösen positive Emotionen aus, die wiederum die Kaufentscheidung beeinflussen. Je stärker die Bedeutung der Lieblingsmarke für den Kunden ist oder je exklusiver eine Marke inszeniert wird, desto mehr ruckt der Preis in den Hintergrund. Lesen Sie, was begehrenswerte Marken so besonders macht und wie Kunden Ihre Marke lieben lernen.

Wohl kaum jemand vermag im Hinblick auf die Besonderheit von Marken schönere Worte zu finden als Dr. Florian Langenscheidt, der sich mit dem Thema Marken seit Jahrzehnten beschäftigt und auch Herausgeber der Publikationsreihe „Marken des Jahrhunderts" ist:

Expertengespräch mit Dr. Florian Langenscheidt[1]

Dr. Florian Langenscheidt ist Verleger, Unternehmer und Autor zahlreicher Bücher. Als Ururenkel des Verlagsgründers Gustav Langenscheidt übernahm er diverse verlegerische und geschäftsführende Positionen in der Langenscheidt Verlagsgruppe, bis er 1994 freiwillig von der operativen Geschäftsführung zurücktrat. Seitdem reist er als „Botschafter des Herzens" durch die Welt und hält Vorträge über die Sinnfragen des Lebens, verfasst Bücher, moderierte eine Fernsehsendung fürs Bayerische Fernsehen, unterstützt als Business Angel junge Unternehmen und engagiert sich in der von ihm gegründeten Kinderorganisation „Children for a better World". Zudem beschäftigt sich Florian Langenscheidt seit Jahren intensiv mit dem Thema Marken. So ist er auch Herausgeber des Deutschen Markenlexikons.

Was das Besondere an Marken ist, umschreibt Dr. Florian Langenscheidt wie folgt: „Marken sind wie Macheten. Sie schlagen Schneisen durch den Dschungel des Warenangebots. Sie sind wie Mantras, die Türen öffnen zu inneren Räumen großer Erinnerungstiefe und Assoziationsintensität. Wenn Religion und Ideologie als sinnstiftende Systeme nicht mehr greifen, sind es manches Mal die Marken, die Identität verleihen und Sinn geben. Sie schenken Orientierung und Halt, sind Leitplanken auf den Autobahnen des

Konsumentenlebens. Sie transportieren Werte und machen diese erfahrbar, sie ermöglichen Gruppenzugehörigkeit und Individualität zugleich. Sie sind oft wichtiger als manch anderer Ausweis tief innen in der Brieftasche, da sie stolz und selbstbewusst durch den Raum der Öffentlichkeit schreiten und ohne übertriebene Bescheidenheit sagen: ‚Hier bin ich. Das bist du. Vergiss alles andere.' Marken markieren den Raum der Kaufentscheidungen. Sie sind Straßenschilder, Ampeln und Wegweiser zugleich. Sie signalisieren, wo man steht und wer man ist – natürlich nicht in einem umfassenden Sinne, aber doch als ein Element der Identität.

Marken sind Versprechen. Sie sichern mit Brief und Siegel Qualität und Tradition zu. Sie flüstern: ‚Ich bin aus gutem Hause. Bei mir kannst du keinen Fehler machen.' Sie versprechen außergewöhnliche Leistung und Perfektion in jedem Detail. Sie garantieren, dass niemand sonst dieses Produkt oder diese Dienstleistung besser machen oder erbringen kann. Das hat sie groß und mächtig gemacht, denn wer von uns hat schon Zeit, das riesige Angebot vor einer Kaufentscheidung zu durchforsten, um das Beste zu wählen? Insofern ersparen sie uns unendlich viel Zeit und machen die Marktwirtschaft erst effizient. Mehr als jede Versicherung geben sie das lebenswichtige Gefühl von Sicherheit und Vertrauen. Sie versprechen, dass man angesagt ist und die richtige Entscheidung im Leben zu treffen weiß. Sie entlasten von dem Risiko, etwas Falsches zu wählen, lächerlich zu wirken oder zum Umtauschschalter gehen zu müssen.

Marken sind aber auch Verheißungen eines spannenderen und aufregenderen Lebens, Sirenen im Meer der Kauflust. Sie versprechen Status und Prestige, Thrill und Glamour. Sie verführen uns und geben uns dieses herrliche Gefühl, das Beste, Schönste und Eleganteste gewählt zu haben. Sie transportieren Lifestyle und Libido zugleich."

Diese Bedeutsamkeit von Marken ist Markenverantwortlichen bewusst und genau deshalb fragen sie sich: Was ist der Königsweg zum langfristigen Markenerfolg? Welche Faktoren beeinflussen den Erfolg unserer Marke? Wie gelingt es, dass unsere Kunden unsere Marke lieben und nicht mehr auf sie verzichten möchten?

Was haben die einen Marken, was den anderen fehlt

Was hat die eine, was der anderen fehlt? Warum bleibt bei zwei ähnlichen Marken eine auf der Strecke, während die andere – ähnlich wie in einer Liebesgeschichte – die Herzen der Kunden im Sturm erobert? Im folgenden Kapitel geht es um diese Fragestellung.

Warum einige Marken begehrenswerter sind als andere

George Clooney schlürft seinen Kaffee, blickt dem Zuschauer tief in die Augen und raunt den legendären Satz: „What else?" Nicht nur Frauenherzen schlagen da höher. Liebhaber von exzellentem Kaffee fühlen sich ebenso angesprochen – von der Marke Nespresso, die das ultimative Kaffeeerlebnis verspricht. Oder nehmen Sie BMW Mini als weiteres Paradebeispiel für den Aufbau einer starken, begehrenswerten Marke: Autos sind im Hinblick auf technische Ausstattung und Komfort durchaus vergleichbar. Daher wählt BMW Mini den Weg, seine Autos zu Objekten der Begierde zu stilisieren, für die die Kunden auch gern einen höheren Preis zu zahlen bereit sind.

Sie fragen sich: Was macht die Anziehungskraft dieser beiden Marke aus, die – teils jenseits rationaler Überlegungen – zur Kaufentscheidung und zu einer ausgesprochen starken Markenbindung führt? Wie kann es sein, dass den Kunden die Marke eines Unternehmens stark anspricht, während eine ähnliche Marke völlig uninteressant ist?

Kunden zahlen mehr für Marken mit einer hohen Anziehungskraft!

In der freien Wirtschaft werden viele Me-too-Produkte und Dienstleistungen angeboten, die einander bzw. ihrem Vorbild sehr ähnlich sind. Bei derartigen Angeboten besteht immer eine hohe Preissensibilität. Anders ist dies dagegen bei Marken, die von den Kunden regelrecht geliebt werden: Marken, die eine hohe Anziehungskraft auf die Zielgruppe haben, können jenseits der üblichen Preisschwellen angeboten werden. Hier sind die Kunden bereit, das Mehrfache zu zahlen!

Nehmen Sie die Automobilbranche als Beispiel. Christian von Koenigsegg, Kfz-Hersteller in Schweden, hat seinen Anspruch wie folgt formuliert:

„We manufacture exclusive super sports cars for a select elite of enthusiasts!" Und Porsche definiert auf seiner Website: „Porsche baut nicht einfach nur Sportwagen. Porsche ist mehr. Viel mehr. Und Porsche ist anders." Dass Porsche anders ist, zeigen die jüngsten Entwicklungen im Schwabenland.

Mit dem neuen 918 Spyder stößt Porsche in ein ganz neues Segment vor, das bisher noch nicht bedient wurde. Es handelt sich um eine neue Dimension eines Hybrid-Fahrzeugs: einen zweisitzigen Supersportwagen mit einer Roadster-Karosserie. Porsche übertrug mir die Projektleitung für die weltweit einzige Sneakpreview für einen Prototypen des 918 Spyder, zu der hundert ausgewählte Kunden eingeladen waren. Die Faszination des Fahrzeugs war auf den ersten Blick offensichtlich. Der Listenpreis ab 750.000 Euro schien keinen der anwesenden Gäste zu schockieren. Männer jeden Alters – Manager, Unternehmer und Privatiers – hatten allesamt leuchtende Augen. Sowohl bei der Präsentation des Fahrzeugs als auch bei dem anschließenden „Anfassen" und Probesitzen war die Begeisterung unter den Anwesenden spürbar.

Nach auffälligen Fahrzeugen drehen sich Menschen genauso um wie nach attraktiven Menschen. Sicher ist Ihnen das auch schon einmal aufgefallen. Faszinierend, nicht wahr? Was ist es, was dahintersteckt?

Was die Herzen der Kunden höher schlagen lässt

Aufmerksamkeit erregen jedoch nicht nur schöne Fahrzeuge oder Menschen: Reisende in der Bahn oder im Flieger recken etwa auch die Hälse, wenn ein Mitreisender ein brandneues Produkt mit einem Apfel-Logo auspackt.

Der von Innovationen getriebene iMythos

Auch wenn Wettbewerber Apple derzeit ganz schön auf den Fersen sind bzw. zum Teil vielleicht auch bereits überholt haben: Kein anderer Hersteller hat es so wie Apple in der Vergangenheit geschafft, die innovativsten und dennoch simpel zu bdienenden Produkte auf den Markt zu bringen.

Angefangen beim iPod, der mittlerweile eine Gattungsbezeichnung für MP3-Player ist, über das iPhone und das iPad bis hin zum AppleTV und zur AppleWatch. Auch das Apple Betriebssystem Mac OS ist im Vergleich zu Windows benutzerfreundlicher und hat weitaus weniger Fehler sowie Hacker- und Virenangriffe zu verbuchen. Das iPad wird von Apple als die Zukunft der medialen Nutzung gesehen.

Und diese Einschätzung wird von Millionen Apple-Anhängern bestätigt, die nicht nur dem iPad, sondern sämtlichen Produkten des Unternehmens derart ergeben sind, dass das Nachrichtenmagazin Spiegel bereits im Sommer 2010 eine Titelgeschichte zum „iKult" veröffentlichte: Der Aufmacher zeigt das Unternehmenssymbol, einen angebissenen Apfel, an einem paradiesischen Baum hängen, nach dem sich gierige Hände recken. Untertitel: „Wie Apple die Welt verführt!"

Apple hat als Marke eine unglaubliche Anziehungskraft. Die Kunden lieben diese Marke und legen eine Markentreue an den Tag, von der andere Hersteller nur träumen können.

Die leidenschaftlich inszenierte Barista-Story

Kehren wir zu dem Eingangsbeispiel zurück und betrachten dieses ein wenig genauer. Der Erfolg von Nespresso wird getrieben von kontinuierlichen Innovationen, einer einzigartigen Produktinszenierung, dem hohen Grad an Emotionalisierung und auch durch sein Testimonial George Clooney, der bereits seit einigen Jahren den geliebten Kaffee sowohl online als auch offline schlürft.

Die Geschichte begann mit einer einfachen, aber bahnbrechenden Idee: Jeder kriegt einen Espresso so gut hin wie ein Barista. Aber das ist nur die halbe Wahrheit. Die revolutionäre Idee des Schweizer Lebensmittelkonzerns bestand nicht nur darin, Kaffee in kleinen Aluminiumkapseln zu portionieren – und dann sehr viel teurer zu verkaufen als je zuvor. Das Herzstück des Konzepts ist die sogenannte Nespresso-Trilogie: portionierter Grand-Cru-Kaffee für jeden Geschmack, eine Fülle an cleveren, stilvollen, einfach handzuhabenden Kaffeemaschinen und exklusiver Kundenservice über den Nespresso Club.

Das Unternehmen setzt konsequent auf ein Luxusimage: Die Kaffeekapseln werden vorwiegend in eleganten Nespresso-Boutiquen oder über das Internet an die Mitglieder des Nespresso Clubs verkauft. Das Unternehmen Nestlé Nespresso S.A., das 1986 in der Schweiz als autonomes, global gemanagtes Geschäft innerhalb der Nestlé-Gruppe gegründet wurde, ist mittlerweile Weltmarktführer im Bereich des portionierten Premium-Kaffees und generiert seit dem Jahr 2000 jährliche Wachstumsraten von 30 Prozent. Sicherlich ist daran George Clooney nicht ganz unschuldig. Der überwiegende Teil der Kaufentscheider für Kaffeemaschinen sind Frauen. So kaufen sie nicht nur eine gute Kaffeemaschine und praktische Kaffeekapseln, sondern George Clooney für daheim gleich mit ein. Und das, obwohl es seit Herbst 2014 in den auf Storytelling basierenden Spots gar nicht mehr darum geht, wie der einstmals begehrteste Junggeselle der Welt sich seiner weiblichen Fans erwehrt, sondern um ein freundschaftliches, amüsantes Duell mit dem Schauspielkollegen Jean Dujardin. Dabei gelingt es Jean zunächst, George reinzulegen, der jedoch am Ende lächelnd den Kampf um die Nespresso-Kapsel gewinnt. Mit diesen Spots spielt Nespresso darauf an, dass trotz des generell härter gewordenen Wettbewerbs, u.a. auch durch die von der französischen Wettbewerbsbehörde erzwungene Öffnung seiner Kaffeemaschinen auch für Kapseln anderer Hersteller, Nespresso den Standard im Kapselmarkt setzt.

Der von Emotionen beflügelte Energy-Drink

Auch der Energy-Drink, der nahezu auf der gesamten Welt Flügel verleiht,[2] ist eine der Marken, deren Anziehungskraft die Konkurrenzprodukte – und davon gibt es nicht wenige – überstrahlt. Red Bull macht sich vor allem das Ego der Männer zunutze: Männer wollen besser sein als andere und genau das verspricht Red Bull. Die belebende Wirkung, dieses „Besser-sein-als-andere", wird vor allem auf Extremsportarten übertragen. Also sponsert Red Bull Basejumper, Klippenspringer, Stunt- und Flugshows. Der größte Sportsponsor investiert weit mehr als eine Milliarde Euro weltweit in weit über 500 coole Sportler. Auch davon fühlen sich in erster Linie Männer angesprochen. Wer will schließlich nicht cool sein? Und wenn dann auch noch ein Held aus dem Weltall mit dem Fallschirm auf die Erde springt, so wie es Felix Baumgartner wagte, dann besteht kein Zweifel daran, dass Red Bull wirklich Flügel verleiht.

Der Erfolg ist offensichtlich: Jährlich werden über fünf Milliarden Red-Bull-Dosen konsumiert. Mit knapp 10.000 Mitarbeitern in über 160 Ländern wird ein Umsatz von über fünf Milliarden Euro erwirtschaftet, wovon ein Drittel des Budgets ins Marketing fließt. Damit jedoch nicht genug – zumindest nicht für den Red-Bull-Gründer Dietrich Mateschitz. Sein Ziel ist, Red Bull zu einer Lifestylemarke wie Porsche oder Chanel zu entwickeln. Red Bull soll aber nicht „nur" für einen Energy-Drink stehen, sondern für ein Gefühl, für eine emotionale Befindlichkeit, mit der neue Produktreihen erschlossen werden. Sowohl der von A1 Telekom angebotene Mobilfunkvertrag unter dem Namen Red Bull Mobile als auch vor allem das eigens produzierte, sehr hochwertige Lifestylemagazin Red Bulletin und der eigene TV-Sender Servus TV sind konsequente Schritte auf diesem Weg.

Eines haben die genannten Marken alle gemeinsam: Sie sind innovativ und Marktführer in ihrem Segment, sie erzählen ihre Geschichte, sind emotional und verführen die Kunden nach allen Regeln der Kunst. Diese Erfahrung hat jeder schon einmal gemacht. Der Wunsch, eine anziehende Marke zu besitzen und sich damit zu umgeben, ist dann oftmals kein bewusst gesteuerter Prozess mehr. Jenseits von rationalen Argumenten läuft die Kaufentscheidung vielmehr im Unbewussten ab.

Die Macht des Unbewussten

Von der Psychologie und der Hirnforschung wurde bestätigt, dass die subliminale, also unterschwellige Wahrnehmung Einfluss auf das Kaufverhalten nimmt. Dabei wird kontrovers diskutiert, wie stark deren Wirkung ist. Eines steht für die Hirnforschung jedoch fest: Kaufentscheidungen werden weder bewusst noch rational, sondern emotional getroffen!

Wenn Emotionen die Kaufentscheidung regulieren

Ob Apple oder Microsoft, Pepsi oder Coca-Cola, nutella oder Nusspli – eine Online-Umfrage der absatzwirtschaft im Jahr 2015 bestätigt, dass die Psychologie bestimmt, wer den Wettbewerb gewinnt.[3] Die Einsichten der Psychologie, betreffend die Bedeutung von Emotionen für Kaufentscheidungen, wurden in den letzten Jahren durch wichtige Erkenntnisse der modernen Hirnforschung ergänzt. Das Neuromarketing, eine noch relativ junge Forschungsrichtung, die sich seit Mitte der 1990er-Jahre entwickelt hat[4], liefert hierbei einen wichtigen Beitrag.

Demnach sind Objekte (also auch Produkte, Dienstleistungen und damit auch Marken), die keine Emotionen auslösen, für das Gehirn eher wertlos. Je stärker die positiven Emotionen sind, die von einer Marke ausgelöst werden, desto wertvoller ist die Marke für das Gehirn und desto höher ist die Bereitschaft des Konsumenten, diese zu kaufen und damit anderen vorzuziehen.

Weitere Erkenntnisse liefert in diesem Zusammenhang eine mehrjährige Forschungsarbeit von Dr. Hans-Georg Häusel. Er verknüpfte alle Erkenntnisse der Hirnforschung mit bestehendem Wissen der Psychologie und umfangreichen eigenen neuropsychologischen Untersuchungen unter dem Namen Limbic® zu einem Emotionsgesamtmodell (der Name liegt darin begründet, dass der Sitz aller Emotionen und Motive in unserem Hirn das limbische System ist).[5] Die Limbic®-Map versucht verständlich und nachvollziehbar darzustellen, was im Kopf des Kunden wirklich vorgeht. Dazu bringt sie Emotionsmodelle und Werte (wie zum Beispiel Vertrauen, Ehrlichkeit, Perfektion, Zuverlässigkeit, Mut) zusammen, da Werte immer einen emotionalen Kern haben. Ihr Emotionsgehalt gibt Werten Wert.

Emotionsmodule beeinflussen unser Kaufverhalten.

Bereits in meinem Medizinstudium an der RWTH-Aachen durfte ich lernen, dass die Emotionssysteme den großen Verhaltens-, Bewertungs- und Zielrahmen des Menschen vorgeben, die Motive hingegen in der Regel meist viel konkreter in ihrer Raum-, Zeit- und Objektausrichtung sind. Motive können damit als konkrete Umsetzung der Emotionssysteme in das tägliche Leben verstanden werden. Im Mittelpunkt aller Motiv- und Emotionssysteme stehen die sogenannten physiologischen Vitalbedürfnisse eines Menschen wie Nahrung, Schlaf und Atmung. Neben diesen Vitalbedürfnissen gibt es drei große Motiv- und Emotionssysteme, die für das Kaufverhalten von sehr hohem Interesse sind: das Balance-, das Dominanz- und das Stimulanzsystem.

Neben diesen „Hauptsystemen" haben sich im Laufe der Evolution eine Reihe zusätzlicher Emotionsmodule entwickelt, die auch auf das Kaufverhalten entsprechenden Einfluss ausüben. Sie befinden sich innerhalb oder zwischen den Hauptsystemen und ermöglichen eine noch bessere Anpassung des Menschen an seine Umwelt. Diese sogenannten Submodule sind das Bindungsmodul, das Fürsorgemodul, das Spielmodul, das Jagd- und Beutemodul, das Raufmodul, das Appetit- und Ekelmodul sowie „last, but not least" das Sexualitätsmodul.

Das Sexualitätsmodul beispielsweise ist nicht annähernd so wichtig wie das Balance-, das Dominanz- und das Stimulanzsystem, steht aber in enger Verbindung mit dem Motiv- und Emotionsprogramm. Denn Emotionsschwerpunkte werden von Hormonen verstärkt und verändern damit unbewusst Neigungen sowie Interessen für Marken und bestimmen somit auch die Leidenschaft.[6] Genauso wie sich Sexualität in vielen Emotionssystemen wiederfindet, hinterlässt sie auch im Konsumverhalten eine deutliche Spur – und das geschlechtsspezifisch. Das können Sie besonders gut bei Frauen im Zusammenhang mit Produkten aus der Kosmetik-, Mode- und Schmuckbranche beobachten sowie bei Männern, wenn es um Autos geht – wie zuvor am Beispiel des Porsche 918 Spyder gezeigt.

Exklusivität und Geschichten treiben den Preis nach oben

Der Wunsch nach Status und Prestige entstammt unserem Dominanzsystem. Hier gilt – wie für alle anderen Emotionssysteme: Man kann davon nie genug haben.[7] Hat man sich zum Beispiel gerade an ein Strenesse-Kleid gewöhnt, fällt alsbald der Blick auf Marken wie Missoni und danach wird es Zeit für ein exklusives maßgeschneidertes Kleid. Beim Auto sind wir beispielsweise zunächst mit einem Audi zufrieden, liebäugeln dann aber schon bald mit einem Porsche, bevor es Zeit für einen Aston Martin wird. Je „höher hinaus" ein Konsument will, desto mehr Exklusivität und damit Ausschluss von anderen verlangt er. Je mehr Exklusivität versprochen wird, umso mehr ist der Kunde bereit, dafür zu zahlen. Das ist auch der Grund, warum jemand einen fünf- oder sogar sechsstelligen Betrag in eine Uhr investiert, die es nicht überall zu kaufen gibt, sondern nur bei ausgewählten Juwelieren, die diese edlen Luxusmarken führen dürfen. Dabei bedürfen solch teure Uhren einer ähnlichen Inszenierung (mechanisches Prinzip, Genauigkeit, Materialien etc.) wie der teure und exklusive Wein (Winzer, Anbauart, Lage, Trauben etc.). Deshalb müssen zur Funktion und zum Status auch die Geschichte und der Mythos mitgeliefert werden.

Den Erfolgsfaktoren auf der

Spur

Im vorherigen Kapitel haben wir gesehen: Viele Kaufentscheidungen werden sehr stark durch Emotionen bestimmt. Sie werden weit weniger rational getroffen, als lange vermutet wurde. Die Hirnforschung konnte nachweisen, dass Marken dann besonders erfolgreich sind, wenn sie starke Emotionen auslösen. Nun wollen wir diesen Merkmalen auf die Spur kommen.

Liebesbeziehungen zwischen Marken und Kunden

Das Wort „Liebe" hat in der Kommunikation von Unternehmen lange Zeit keine Beachtung gefunden. Vielleicht deshalb, weil man sich nicht traute, ein so „besonderes" Wort, das eine spezielle zwischenmenschliche Beziehung beschreibt, für wirtschaftliche Zwecke zu verwenden.

Doch das offene Bekenntnis von Kunden, dass sie ihre Marken lieben, hat die Nutzung des Wortes im wirtschaftlichen Kontext legitimiert. So haben gerade auch in den letzten Jahren Werbeslogans und Claims wie „Is it Love" von Mini, „I'm lovin' it" von McDonald's oder „Wir lieben Lebensmittel" von Edeka in der Kommunikation von Unternehmen Einzug gehalten.

Liebesbeziehungen zwischen Marken und Kunden sind möglich. Das bestätigt auch Kevin Robert, CEO Worldwide von Saatchi & Saatchi, in seinen Publikationen „Lovemarks" und „The Lovemarks Effect"[8]. Im Buch „The Lovemarks Effect" zeigt er auf, dass „Lovemarks" von Unternehmen und Kunden gleichermaßen ins Herz geschlossen werden.

Dass sich diese Markenliebe auszahlt, belegt eine Studie von Langner, Fischer und Kürten. Diese zeigt, dass im Vergleich zu gemochten Marken bei geliebten Marken die Markenloyalität, die Zahlungsbereitschaft und auch die Weiterempfehlungsquote bedeutend höher sind[9] (siehe Abbildung rechts).

Aber was macht Markenliebe aus? Wie schaffe ich es, dass meine Kunden meine Marke lieben?

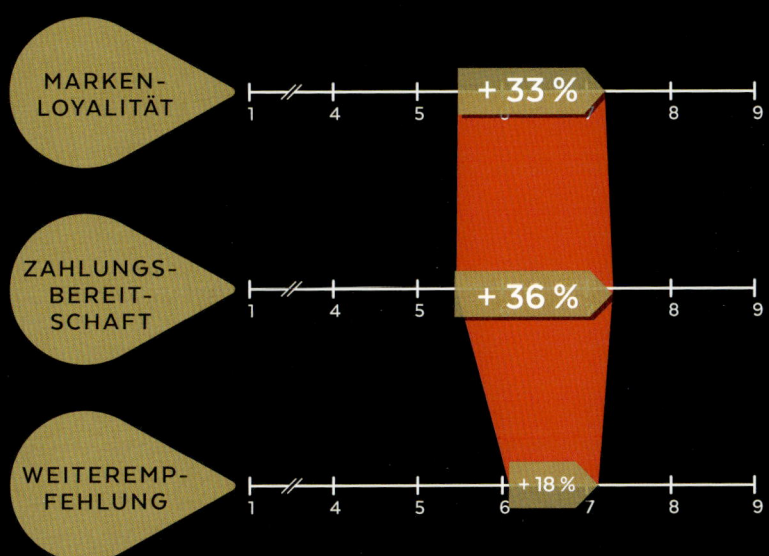

Markenliebe zahlt sich aus (in Anlehnung an Langner, Fischer, Kürten 2009)

Wie Kunden Ihre Marke lieben lernen

Bringt man die genannten Beispiele auf einen Nenner und komprimiert man die vorangegangenen Ausführungen auf das Wesentliche, so lassen sich aus meiner Sicht vor allem sechs Erfolgsfaktoren ableiten, die dazu führen, dass Kunden Marken lieben lernen:

Zuallererst spielen *Emotionen* für den Erfolg von Marken eine besondere Rolle. Kaufentscheidungen werden sehr stark durch Gefühle bestimmt und weit weniger rational getroffen als lange vermutet. Die Hirnforschung konnte nachweisen, dass Marken dann besonders erfolgreich sind, wenn sie starke positive Emotionen auslösen.

Marken – so zeigt uns Florian Langenscheidt bereits in seinem Eingangszitat auf – geben uns Orientierung. Da unser Leben von vielen Unsicherheiten geprägt ist, schätzen Konsumenten solche Unternehmen, deren Mission und Vision mit ihren Werten übereinstimmen. Dieses *Bewusstsein* führt dazu, dass sie Marken von Unternehmen favorisieren, die sie nicht nur funktionell und emotional ansprechen, sondern die mit ihrem Wertesystem konform gehen.

Werte werden durch gute Geschichten übertragen. Geschichten – so haben Sie erfahren – emotionalisieren, sie geben Sinn, und Sinn schafft wiederum Wert. Genau deshalb sind Kunden bereit, für Marken mit einer guten Geschichte ein Vielfaches zu bezahlen als für vergleichbare Wettbewerbsprodukte, die eben nicht mit einer entsprechenden Geschichte versehen sind. Geschichten bzw. *Erzählungen* bestimmen das Image einer Marke, das wiederum auf die Emotionsschwerpunkte im Gehirn Einfluss hat.

Emotionsschwerpunkte, wie im Kapitel „Die Macht des Unbewussten", S. 25, erläutert, werden von Hormonen verstärkt, die damit unbewusst Neigungen sowie Interessen für Marken verändern und somit auch die

Leidenschaft bestimmen. In der Regel ist zu beobachten, dass sich die Leidenschaft eines Mitarbeiters, die dieser für „seine" Marke empfindet, auch auf das Produkt bzw. die Dienstleistung und den Markt – sprich den Kunden – überträgt. Hierzu aber mehr in Kapitel II.

Gerade wenn Mitarbeiter leidenschaftlich für ihre Marke arbeiten, treiben sie den Innovationsprozess der Marke permanent voran. Nicht nur weil sie wissen, dass sich eine Marke ständig neu erfinden muss, um am Markt langfristig erfolgreich zu sein. *Innovationen* sind feste Bestandteile der Markenwelt, sie sind eine lebendige Verbindung zwischen Tradition und Zukunft. Sie sind das dynamische Element der Marken, die sich ständig verändern. Genauso wie die damit verbundenen Emotionen.

Sowohl durch Innovationen als auch durch die zuvor aufgezeigten grundlegenden Erfolgsfaktoren wie Emotionen, Bewusstsein, Erzählungen und Leidenschaft schafft es eine Marke, sich langfristig gegenüber dem Wettbewerb, vor allem aber in den Köpfen der Konsumenten als *Nummer 1* zu positionieren. Der Status als Leader hat im Anschluss wiederum Einfluss auf die anderen, zuvor genannten Erfolgsfaktoren und verstärkt diese.

Auf die Hintergründe und die Besonderheiten dieser sechs Erfolgsfaktoren werden wir im nächsten Kapitel näher eingehen. Dabei möchte ich Ihnen zeigen, wie Ihre Marken begehrenswerter werden. Zur leichteren Erinnerung der sechs Erfolgsfaktoren habe ich diese in einer Reihenfolge angeordnet, die das ausdrückt, was sie bewirken sollen, nämlich dass Kunden Ihre Marken lieben! Diese Voraussetzung muss erfüllt sein, bevor Sie im zweiten Schritt aus Ihrer Marke eine „Love Brand" entwickeln können. Eine Love Brand – und das werde ich Ihnen im weiteren Verlauf dieses Buches zeigen – zeichnet sich dadurch aus, dass die Kunden die Marke nicht nur konsumieren, sondern sie auch wirklich erleben und leben, sich mit ihr identifizieren. Wenn Ihre Kunden zu Markenbotschaftern werden, dann wird Ihre Marke zu einer Love Brand. Aber bevor wir uns in Kapitel III damit beschäftigen, wie Sie es mit Marketing 4.0 und Communiting schaffen, Ihre Kunden zu Markenbotschaftern zu entwickeln, geht es zunächst darum, die Grundlagen zu schaffen.

WIE KUNDEN IHRE MARKE ...

LEIDENSCHAFT, DIE MOTIVIERT

INNOVATIONEN, DIE FASZINIEREN

ERZÄHLUNGEN, DIE BEGEISTERN

BEWUSSTSEIN, DAS WERTE SCHAFFT   **E**MOTIONEN, DIE BEWEGEN   **N**UMMER 1 SEIN UND BLEIBEN

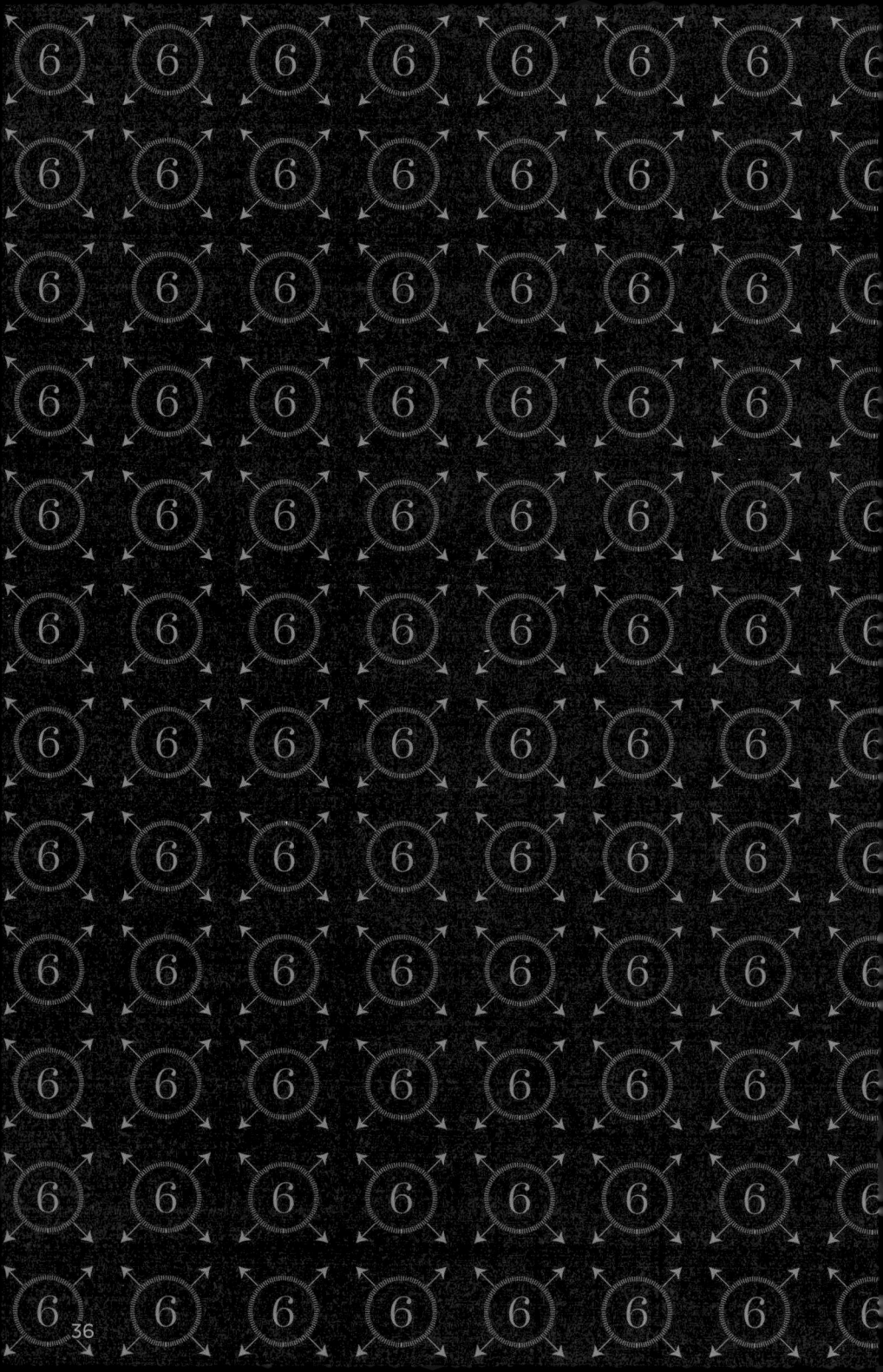

SO LIEBEN KUNDEN IHRE MARKE: DIE SECHS ERFOLGSFAKTOREN

Die Grundvoraussetzung für eine Love Brand ist, dass die Marke von Ihren Kunden geliebt wird. Wie im vorangegangenen Kapitel dargestellt, bedarf es dazu der folgenden sechs Erfolgsfaktoren:

- Leidenschaft, die motiviert
- Innovationen, die faszinieren
- Erzählungen, die begeistern
- Bewusstsein, das Werte schafft
- Emotionen, die bewegen
- Nummer 1 sein und bleiben

Auf diese Erfolgsfaktoren, die nicht isoliert voneinander zu sehen sind, sondern sich teilweise gegenseitig beeinflussen, will ich im Folgenden näher eingehen. Dabei möchte ich Ihnen selbstverständlich auch zeigen, wie Sie die Voraussetzungen schaffen, um Ihre Marke zu einer Love Brand werden zu lassen.

Leidenschaft, die moti

viert

„Leidenschaft ist ein Geschenk, das uns
Antrieb verleiht und Freude bereitet."

Dr. Silvia Danne

Es gibt Menschen, die machen alles ein bisschen. Ein bisschen Sport, ein bisschen Diät, ein bisschen Arbeit, ein bisschen Weiterbildung, ein bisschen Kreativität, ein bisschen Marketing. Kommt Ihnen das bekannt vor? Tätigkeiten oder Aktivitäten werden auf Sparflamme betrieben, aber von flammender Begeisterung keine Spur? Dann wissen Sie: Das fühlt sich oft lau an und bringt einen kaum weiter.

Andere Menschen wiederum geben alles. Ich denke hier zum Beispiel auch an meinen Freund, der hingebungsvoll Golf spielt. Er wird zwar niemals so gut sein wie Tiger Woods, dafür stimmt er mit dem Autor Stefan Maiwald darin überein, dass „Golf nichts weniger als eine Droge, ein ewig währender Trip, eine aberwitzige Achterbahnfahrt voller adrenalinbefeuerter Emotionen"[10] ist.

So wie ihm keine Mühe zu groß ist, um Golf spielen zu können, so gibt es Menschen, denen kein Weg zu weit ist, um ein bestimmtes Produkt zu erwerben. Sie campieren stundenlang bei Wind und Wetter im Freien und versammeln sich mit Hunderten anderer vor den Apple-Stores dieser Welt, nur um als eine der Ersten das neueste iPhone zu erwerben. Wenn ich hier an Apple denke, dann denke ich selbstverständlich auch an die legendäre, sehr leidenschaftliche und bewegende Rede des Apple-Gründers Steve Jobs am 12. Juni 2005 vor den Absolventen der Stanford-Universität. Er hatte damals gerade eine erfolgreiche Krebsbehandlung überstanden und sprach sehr offen über sein Leben, das stets von Leidenschaft geprägt war. So verwundert es nicht, dass er die Absolventen zum Abschluss aufforderte: *„Stay hungry! Stay foolish!"* Jemand wie Steve Jobs, der seinen Job mit derartiger Leidenschaft ausgeübt hat, „infiziert" auch seine Teams, seine Mitarbeiter. Und ist erst einmal das gesamte Unternehmen „infiziert", so werden auch die Kunden mit diesem „Leidenschaftsvirus" angesteckt werden können. Dass Apple dies geschafft hat, ist offensichtlich.

Um die Leidenschaft für eine Marke auf den Kunden übertragen zu können, bedarf es der Leidenschaft im Unternehmen. Aber woher kommt sie? Wie können wir sie entzünden?

Die Leidenschaft wecken

Seit Jahrhunderten setzen sich Dichter und Denker mit Leidenschaft auseinander. „In dir muss brennen, was du in anderen entzünden willst", war sich der Regierungssprecher Augustinus Aurelius bereits 354 nach Christus am römischen Kaiserhof sicher. *„Nichts Großes in der Welt geschieht ohne Leidenschaft",* benennt Georg Wilhelm Friedrich Hegel, der große Philosoph des Deutschen Idealismus, die Schöpfungskraft der Leidenschaft. Für den französischen Schriftsteller Jean-Jacques Rousseau sind Leidenschaften „die Stimmen des Körpers". Kurz und knapp bringt es Immanuel Kant auf den Punkt: *„Ich kann, weil ich will, was ich muss."*

Als stärkste unter den menschlichen Gefühlen ist die Leidenschaft Triebkraft von Beziehungen, Soap-Operas, Wettkämpfen, Innovationen und Ideen. Leidenschaft prägt unser Alltagsleben genauso wie die Welt der Kunst, der Politik, der Wirtschaft, der Wissenschaft und des Sports. Sie ermöglicht die erstaunlichsten Leistungen und feuert jeden an, der sie zulässt. Leidenschaften sind unser Antrieb, ein Teil von uns. Wer sie lebt, versetzt sich nicht selten in eine Art Rauschzustand, lässt sich von Schwierigkeiten nicht aufhalten, sondern überwindet sie.

Im Sport sind Höchstleistungen erst durch Begeisterung und Leidenschaft möglich. *„Spitzensportler",* so schreiben Handball-Nationalspieler Heiner Brand und Persönlichkeitstrainer Jörg Löhr, *„wissen, dass Leidenschaft Flügel verleiht, und schaffen es immer wieder, sich für das wöchentliche Punktespiel, den Wettkampf oder die Highlights des Jahres zu motivieren ... Spitzenleistungen sind kein Zufall, sondern die beinahe logische Konsequenz bestimmter Prinzipien, zu denen Leidenschaft zwingend gehört."*[11]

Nun ist nicht nur jener leidenschaftlich, der schäumend mit geballten Fäusten sein Ziel verfolgt. Enthusiasmus funktioniert auch weniger angriffslustig, wie andere Fachbereiche zeigen.

> ENTSCHEIDEND IST, DASS LEIDENSCHAFT IMMER MIT DERSELBEN INTENTION VERFOLGT WIRD: DER HUNDERTPROZENTIGEN IDENTIFIKATION MIT DEM EIGENEN TUN.

Bei Abenteurern wie dem Wüstenwanderer Achill Moser und dem Weltumsegler Wilfried Erdmann ist die Identifikation mit dem eigenen Tun offensichtlich. Beide haben ihre Sehnsucht leidenschaftlich ausgelebt und in einem gemeinsamen Buch festgehalten[12]. Für Achill Moser „wurden die Weiten aus Sand und Stein zur Droge". Er durchwanderte zu Fuß oder per Kamel 25 Wüsten und verbrachte 2.000 Tage in der Einöde. Während Wilfried Erdmann der „Faszination des Meeres erliegt und als erster Deutscher ganz allein die Weltmeere in 343 Tagen durchsegelte".

Auch der britische Unternehmer James Dyson, der Erfinder und Begründer der Marke Dyson, ist ein Beispiel für jemanden, der sich vollständig mit dem identifiziert, was er macht. Der Ärger über seinen Staubsauger, dessen Saugleistung mit steigender Beutelbefüllung stets nachließ, brachte ihn auf die Idee, selbst einen Staubsauger mit hoher, konstanter Saugkraft für alle Bodenbeläge zu erfinden. Wie viele andere Erfinder wurde auch Dyson nicht von Misserfolgen verschont. Diese waren für ihn ein unverzichtbarer Motor und Nervenkitzel, unermüdlich weiter zu experimentieren und nicht aufzugeben. „Ich liebe Fehlschläge", sagte Dyson gegenüber der Frankfurter Allgemeinen Zeitung.[13] Nach 5.126 Fehlversuchen innerhalb von fünf Jahren ging aus dem 5.127. Versuch der revolutionäre beutellose Dualzyklon-Staubsauger hervor. Hindernisse taten sich erneut auf, als James Dyson den großen Herstellern seinen funktionstüchtigen Prototyp anbot, aber immer wieder auf Ablehnung stieß. Die Großkonzerne verdienten mit den Papierbeuteln gutes Geld und hatten kein Interesse an einem papierlosen Staubsauger. Dieses Mal waren Wut und Enttäuschung Dysons Motivationsfaktoren. Unbeirrt verkaufte er sein Produkt schließlich direkt an japanische Verbraucher, die von Design und Funktionalität hellauf begeistert waren. Heute ist Dyson in zahlreichen Ländern Marktführer im Segment der Staubsauger und James Dyson in Großbritannien als reichster Brite so bekannt wie Daniel Düsentrieb. Er zählt zu den energiegeladenen Machern, die mit Leidenschaft Dinge verändern und verbessern wollen und ihr Ziel mit Hingabe verfolgen.

James Dyson kenne ich persönlich zwar nicht, dafür aber viele andere Unternehmer, die durch totale Identifikation mit ihrer Aufgabe vieles im Leben erreicht haben und dank ihrer Leidenschaft auch noch vieles erreichen werden.

Ein Paradebeispiel ist Florian Langenscheidt, die folgende Geschichte zeugt davon. Diese ist nicht so bekannt wie viele andere seiner Erzählungen, aber sie zeigt die pure Leidenschaft eines jungen Unternehmers:[14] In den letzten Monaten seines MBA-Studiums am Insead wurde der Wahlkurs „Unternehmensgründung" angeboten, in dem ein Businessplan zu einer neuen Geschäftsidee ausgearbeitet werden sollte. Alle Studenten stürzten sich auf den IT-Bereich, doch Langenscheidt entschied sich dafür, anderen Menschen und auch sich selbst einen Traum zu erfüllen, und zwar die Fahrt mit einem Zeppelin. Er arbeitete einen entsprechenden Businessplan aus und rief nach dem MBA-Abschluss bei Albrecht Graf Brandenstein-Zeppelin an, um Geld für seine Businessidee zu akquirieren. Erst zögerte der Graf, doch Langenscheidt ließ nicht locker und brachte den Grafen dazu, den hundertseitigen Businessplan zu lesen. Daraufhin erhielt er von ihm 100.000 D-Mark zur Gründung seiner Majestic Luftschifffahrtsgesellschaft mbH. Ein Jahr später und 50 Jahre nach dem Unfall der „Hindenburg" fuhr das erste Luftschiff aus London kommend (von dort war es geleast worden) nach München. Aus den Finanzrechnungen war Langenscheidt klar geworden, dass der Hauptteil der Aufwendungen aus Sponsoring zu finanzieren sei. Es gelang ihm, bei Löwenbräu eine Million D-Mark pro Monat zu akquirieren: Löwenbräu ließ ein Luftschiff mit Löwenbräuwerbung 16 Tage lang über dem Oktoberfest schweben. Nach einem Monat war das Projekt operational profitabel. Dazu Langenscheidt: „Das habe ich nie wieder mit irgendetwas geschafft." Das Luftschiff war immer ausgebucht, ohne Werbung, aber mit immenser PR-Unterstützung („Junger Mann lässt deutschen Traum wieder wahr werden") und Sichtbarkeit des Zeppelins am Himmel. Ohne es bewusst zu wollen, hat Langenscheidt damals mit seinem Team das geschafft, was heute en vogue ist: Silvermarketing. Ältere Menschen wurden erreicht und erfüllten sich mit dem Flug im Zeppelin einen Traum.

„Was für ein Glück, etwas in die Welt zu bringen, das man nicht mit raffinierten Marketingmethoden jemandem andrehen muss, sondern um das sich die Menschen reißen!"
Dr. Florian Langenscheidt

Mit gleicher Leidenschaft unterstützt Langenscheidt heute junge Unternehmer bei der Verwirklichung ihrer Träume und engagiert sich tagtäglich für seine 1994 gegründete Stiftung „Children for a better World".[15] Aus einem Working Capital von 160.000 Euro sind über 30 Millionen Euro geworden, mit denen Hunderttausenden von Kindern das Leben gerettet oder dieses substanziell verbessert werden konnte.

Personen wie James Dyson, die beiden Grenzgänger und auch Florian Langenscheidt haben eines gemeinsam: Sie entwickeln wahre Leidenschaft. Machen Sie es ihnen nach! *Wachsen Sie über sich selbst hinaus, engagieren Sie sich jenseits der Norm für Ihr Ziel, lassen Sie sich von der Sucht antreiben. Ruhen Sie sich nicht auf dem Erreichten aus, sondern peilen Sie immer wieder neue Ziele an.*

Jenseits der Norm engagierte sich auch James Dyson nicht nur mit seinem persönlichen Einsatz, sondern finanzierte auch die Fertigstellung seines Prototyps aus eigener Tasche. Seine Versuche trieben ihn fast in den Ruin. Auch die beiden

Weltenbummler Moser und Erdmann ließen sich von der Sucht antreiben: Sie haben ihre Extremreisen um ihrer selbst willen unternommen. Sie sind nicht in Erwartung einer geldwerten Belohnung aktiv geworden. Wer etwas nur für Geld macht, der verliert den inneren Antrieb und lenkt seine Aufmerksamkeit zu sehr auf diese äußere Belohnung. Wer nur aus Verdienst- oder Karrieregründen aktiv ist, erhält nicht den wahren Kick – da sind sich Psychologen sicher.

„ ‚Money follows passion.' Daran glaube ich zutiefst. Wenn ich nicht die Leidenschaft habe, funktioniert das Ganze nicht. Das Geld kommt, wenn ich wirklich von einer Vision überzeugt bin und danach handle."
Dr. Florian Langenscheidt

Leidenschaft als ergiebige Energiequelle für Marken

Als ergiebige Energiequelle wird Leidenschaft von Unternehmern und Mitarbeitern für ihre Marken oftmals noch viel zu wenig angezapft. Wie können Sie mehr Feuer in Ihre Marke bringen? Wie innerlich dafür brennen? Nicht, indem Sie der Wurst leidenschaftslos weiter hinterherlaufen. Oder darauf hoffen, dass Ihnen jemand per Rezept Leidenschaft verordnet und einflößt. Es reicht auch nicht, dass Ihnen das Wort Leidenschaft zwar leicht über die Lippen kommt, Sie dabei aber die Begeisterung nicht fühlen. Leidenschaft will gelebt und wahrgenommen werden!

Ich selbst schreibe mit Leidenschaft an diesem Buch – und wer weiß, vielleicht gründe ich auch noch einmal einen Verlag. Doch primäres Ziel dieses Buches ist es, Sie wachzurütteln, Sie dazu zu motivieren, Ihren Enthusiasmus für Ihre Marke aufzuspüren. *Finden Sie heraus, was Sie von ganzem Herzen ernsthaft tun wollen und wofür Sie brennen, woran Sie voll und ganz glauben, welchen Nutzen Ihre Marke für Sie und die ganze Welt hat.*

„Willst du ein Schiff bauen, so rufe nicht die Menschen zusammen, um Pläne zu machen, Arbeit zu verteilen, Werkzeuge zu holen und Holz zu schlagen, sondern lehre sie die Sehnsucht nach dem großen, endlosen Meer."
Antoine de Saint-Exupéry

Leidenschaft wird nicht aus der Hoffnung heraus geboren, dass Ihre Marke schon irgendwie bei Ihren Kunden ankommen wird. Entscheiden Sie sich dafür, dass Ihre Marke zu einem Teil Ihrer Identität wird. Bleiben Sie dran – mit Reflexion und Disziplin. Leidenschaft wird von jedem selbst entwickelt.

Der Kaffee-König Howard Schultz, der die Starbucks-Kette geschaffen hat, gibt in seinem Buch „Die Erfolgsgeschichte Starbucks" unter anderem den Tipp: *„Wenn Sie sich einen Partner suchen und Mitarbeiter einstellen, achten Sie darauf, Leute auszuwählen, die Ihre Leidenschaft, Ihr Engagement und Ihre Zeit teilen. Wenn Sie Ihre Mission mit Gleichgesinnten teilen, wird die Wirkung wesentlich größer sein."*[16]

Die Kraft der Vision

Haben Sie in der Vergangenheit schon einmal eine Vision verwirklicht?[17] Haben Sie ein konkretes Bild vor Ihrem inneren Auge gehabt, das Sie Wirklichkeit werden lassen konnten? Dann wissen Sie, wie viel Kraft eine solche Vision haben kann. Wie eine starke Vision auch andere Menschen begeistern und ihnen dabei helfen kann, schwierige Situationen auf dem Weg zu diesem Ziel zu meistern. Und Sie wissen auch, wie gut es sich anfühlt, wie stolz man selbst ist, ein solches Ziel erreicht zu haben.

Deshalb sollten Sie sich als Allererstes fragen, welche Vision Sie für Ihre Marke haben. Gibt es eine Vision für die Marke, für die alle Beteiligten kämpfen? *Die Vision ist Ausgangspunkt aller leidenschaftlichen Aktivitäten.* Wladimir Klitschko oder auch Sebastian Vettel hatten die

Vision, die Nummer 1 zu werden. Sie haben leidenschaftlich für diese Vision gekämpft ... und sie haben sie realisiert. James Dyson, Dietrich Mateschitz, Richard Branson & Co: Sie alle sind Menschen, die Kraft ihrer Vision ihre Marke mit Leidenschaft zu großem Erfolg geführt haben. Die Gründer von Porsche, Adidas oder IKEA zählen ebenfalls dazu.

Die Vision ist die Quelle der Motivation von einzelnen Menschen, aber auch einer ganzen Gruppe von Menschen, eines gesamten Unternehmens.

Die Markenvision gibt die Entwicklungsrichtung und den Zukunftsentwurf der Marke wieder.[18] Sie beantwortet die Frage: „Wo wollen wir hin?" Die Markenvision kann als langfristig zu realisierende Wunschvorstellung der Marke angesehen werden, die wichtige Motive von Nachfragern und Mitarbeitern ansprechen sollte. In Ihrer Markenvision sollte sich Ihre Energie und Motivation und die all Ihrer Mitarbeiter fokussieren.

Eines ist klar: Noch keiner wurde allein durch eine Vision erfolgreich. Wichtig ist, die Vision durch konkrete Handlungen in der Gegenwart umzusetzen. Nur ein konsequentes „Missionieren" der Vision führt auch zur täglichen Umsetzung. Dabei können immer wieder unterschiedliche Strategien und Praktiken zum Einsatz kommen. Die Mission ist unsere gelebte Vision!

**DIE VISION IST
DIE QUELLE DER MOTIVATION**

So schaffen Sie es, Leidenschaft für Ihre Marke zu entzünden!

Die Vision und die Mission werden in Ihrem Leitbild beschrieben. Sie haben noch keines? Dann sollten Sie sich schnellstens mit den Fragen *„Wo will ich hin?"* und *„Was will ich erreichen?"* befassen.

Nehmen Sie sich ein konkretes Jahr in der Zukunft – idealerweise von heute gerechnet in fünf bis zehn Jahren – und beantworten Sie für dieses Jahr folgende Fragen:[19]

1. Welchen Nutzen soll unsere Marke bieten?
   - Welche „Probleme" unserer Kunden lösen wir besser als der Wettbewerb – und wie?
   - Welche „Träume" unserer Kunden erfüllen wir besser als der Wettbewerb – und wie?

2. Was unterscheidet unsere Marke von den Wettbewerbsmarken?

3. Für welche Kunden sind wir tätig?

4. Welchen Ruf und welche Einzigartigkeit genießt unsere Marke?

5. Beruht unsere Marke auf ethischen Säulen?

6. In welchen Ländern und Regionen sind wir tätig?

7. Welche Marktposition nimmt unsere Marke ein?

8. Wenn wir die Marktführerschaft erreicht haben, welche ist das? (Qualität, Service, Größe, Expertentum, Innovation ...)

9. Welchen Umsatz haben wir mit der Marke erreicht?

10. Welchen Gewinn erwirtschaften wir?

11. Welchen Wert hat unsere Marke?

12. Wie viele Mitarbeiter arbeiten für die Marke? Was tun wir für deren Wohl?

13. Welche Vermögenswerte haben wir mit der Marke aufgebaut (Maschinen, Anlagevermögen etc.)?

14. Welches zusätzliche Vermögen haben wir durch die Marke aufgebaut (Liquiditätsreserven etc.)?

15. Wie leisten wir mit unserer Marke einen Beitrag für die Gesellschaft (in der Region, im Land, in Europa und der Welt)?

16. Welche Nachteile oder Schäden entstünden, wenn unsere Marke nicht mehr bestehen würde?

Sie werden sehen: Wenn Sie diese Fragen beantwortet haben, sollte es Ihnen leichterfallen zu beschreiben, wo Sie hinwollen und was Sie erreichen möchten ... und schon ist Ihre Vision geboren!

Wenn Ihre Vision steht und Sie diese mit Leidenschaft verfolgen, dann werden nicht nur Ihre Mitarbeiter, sondern auch Ihre Kunden mit dieser Leidenschaft infiziert.

Innovationen,
die

„Jede Firma,
jeder große Erfolg
hat mit einer Idee begonnen."

Napoleon Hill

faszinieren

Geniale Einfälle, zündende Geistesblitze, revolutionäre Ideen – damit beginnen unzählige erfolgreiche Firmengeschichten. Ganz gleich, ob Gründer, Entwickler, Manager oder Produktmanager – Erfolgsgeschichte haben diejenigen geschrieben, die Entwicklungen erkannt und genutzt haben. Wer es weit bringen will, der braucht vor allem eines: die richtige Idee. Die richtige Idee gepaart mit der im vorangegangenen Kapitel beschriebenen Leidenschaft ist die Voraussetzung, um eine Marke zu schaffen, die nicht nur Sie, sondern auch Ihre Kunden lieben.

Die richtige Idee mit dem gewissen Gespür für den Markt

Die richtige Idee hatte auch einst Howard Schultz, der Starbucks zu einer trendigen Lifestyle-Marke entwickelte.[20] Anfang der 1980er-Jahre fiel dem 27-Jährigen eine kleine Firma in Seattle namens Starbucks auf. Schultz war damals Chef der US-Verkaufsabteilung der Haushaltswarenfirma Hammarplast und kontrollierte die monatlichen Aufträge. Dabei stellte er fest, dass Starbucks Coffee, Tea and Spice mehr Kaffeemaschinen bestellte als die großen Kaufhausketten, und war sich sicher, hier einen neuen Wachstumsmarkt entdeckt zu haben. Scheinbar gab es viele Menschen, die Geschmack daran gefunden hatten, frisch gerösteten Kaffee statt den damals in Amerika üblichen löslichen Pulverkaffee zu trinken.

Schultz stieg bei Starbucks als Manager ein und seine Idee für expandierende Starbucks-Läden, in denen Kaffee auch als Getränk angeboten wird, reifte immer weiter. Die Gründer von Starbucks, Gerald Baldwin und Gordon Bowker, lehnten allerdings Expansionen in diesem Bereich ab. Schultz ließ sich nicht beirren und hielt an seiner Idee fest. Er wollte nicht mehr nur die Starbucks-Bohnen verkaufen, sondern nach dem Vorbild italienischer Espressobars den Kaffee in eigenen Läden zubereiten. Er gründete seine eigene Kaffeekette mit Namen „Il Giornale", gewann Investoren zur Expansion und kaufte wenige Jahre später den Eigentümern die Firma ab. So expandierte Starbucks extrem schnell: 1991 wurde die hundertste Filiale gegründet, seit 1992 ist Starbucks börsennotiert und 1995 startete die Expansion ins Ausland.

Ebenso wie Howard Schultz hatte auch Ray Kroc die richtige Geschäftsidee: Der Verkäufer von Küchengeräten stieß im kalifornischen San Bernardino auf ein Fast-Food-Restaurant namens McDonald, in dem Hamburger, Pommes Frites und Getränke extrem schnell zubereitet wurden. Daraus ließe sich eine Kette machen, da war sich Kroc sicher. Zunächst erwarb er 1954 von den Besitzern, den Brüdern McDonald, die Lizenz, Restaurants nach dem gleichen Prinzip zu eröffnen. 1961 kaufte er schließlich den gesamten McDonald's-Konzern für 2,7 Millionen US-Dollar und eröffnete Restaurants rund um die Welt.

Nun reicht eine einzelne Idee oft nicht aus. Studien aus der Konsumgüterindustrie zeigen, dass von den vielen Ideen in einem Unternehmen nur wenige als erfolgreiche Innovationen am Markt platziert werden: Erfahrungen zeigen, dass noch nicht einmal ein Prozent der Ideen sich am Markt durchsetzen.

„Die beste Methode, eine gute Idee zu bekommen, ist, viele Ideen zu haben!"
Linus Pauling

Dass es mehr als eine Idee geben muss, um langfristig am Markt erfolgreich sein zu können, hat Google schon lange erkannt. Jeder Mitarbeiter wird angehalten, ständig neue Ideen und Projekte zu liefern und diese entsprechend umzusetzen. So wundert es nicht, dass es diese Suchmaschine, die erst seit 1998 im Netz zu finden ist (der Vorläufer BackRub seit 1996), geschafft hat, das gleichnamige Unternehmen in dieser kurzen Zeit zum drittwertvollsten Unternehmen der Welt aufsteigen zu lassen.

Das Gespür für Bewegungen am Markt, für Trends, die zukünftig Relevanz haben, ist die Voraussetzung für den Erfolg. Wem dieses Gespür fehlt, läuft Gefahr, Trends ganz einfach zu verschlafen bzw. eine Idee fälschlicherweise abzulehnen. In der Geschichte gibt es ausreichend Beispiele solcher Pechvögel.

Eine der berühmtesten dürfte die von der Telegraph Company, der Vorgängerin von Western Union, im Jahr 1877 gewesen sein. Mit dem Kommentar „Dieses Gerät hat keinerlei Wert für uns", lehnte der Vorstand das Telefonpatent ab. Eine Fehleinschätzung von ähnlicher Tragweite traf der Chef eines Hollywood-Studios in den 1940er-Jahren in Bezug auf den Fernseher: „Die Leute werden schnell die Nase voll davon haben, jeden Abend auf die Sperrholzschachtel zu starren." Aller guten Dinge sind drei: Das i-Tüpfelchen ist der Kommentar eines anderen Chefs eines Hollywood-Studios in den 1920er-Jahren über den Tonfilm: „Wer zum Teufel will schon Schauspieler sprechen hören?" Nun, wir wissen, dass das Publikum sehr wohl Schauspieler sprechen hören wollte und vom Tonfilm begeistert war, der in den folgenden Jahren seinen Siegeszug antrat und den Stummfilm völlig verdrängte.

Entscheidend ist also, auf die Bedürfnisse der Zielgruppe zu hören, die Marktmechanismen zu verstehen und vor allem: das Potenzial von Innovationen zu erkennen. Wie es auch Bill Gates tat. Als Teenager entwickelte er Computerprogramme und erkannte schon früh das Geschäftspotenzial der digitalen Maschine. So setzte er alles daran, sein innovatives System am Markt durchzusetzen, und erreichte, dass seine Firma Microsoft zum Marktführer wurde. Heute gilt er als reichster Mann der Welt.

„Die größte Gefahr für unser Geschäft ist, dass ein Tüftler irgendetwas erfindet, was die Regeln in unserer Branche vollkommen verändert, genauso, wie Michael und ich es getan haben."
Bill Gates

Oder nehmen Sie Steve Jobs, der Apple zum Kultkonzern machte. Jobs galt als treibende Kraft im Unternehmen – auch für die Innovationen, die die Menschen faszinierten. Er schuf mit dem iPad nicht nur eine neue Mediengattung, sondern revolutionierte mit dem iPhone auch den Handymarkt. Seit dem Erscheinen des Apple iPhone im Jahr 2007 ist – wie Sie wissen – auf dem Handymarkt ein regelrechter Smartphoneboom ausgebrochen. Apple hatte zuvor keine bis wenig Bedeutung in der Branche, gewann aber so rasant an Marktanteilen, dass sich der Konzern mit dem Apfel-Logo im Jahr 2010 erstmals zu den Top 5 der Handyhersteller zählen konnte. Damit ging Apples Strategie mit nur einem einzigen Handymodell auf. Bereits sechs Jahre nach dem Auslösen des Smartphonebooms durch Apple überholten im Jahr 2013 laut der Marktforschungsfirma Gartner Smartphones weltweit einfache Handys.[21]

„There is a way to do it better."
Thomas A. Edison

Innovationen müssen permanent vorangetrieben werden, um eine Marktstellung zu behaupten und weiter ausbauen zu können. So hat Apple im Laufe der Zeit aufgrund der „nachlassenden" Innovationskraft – manche behaupten, das läge an dem Fehlen von Steve Jobs – immer mehr Marktanteile verloren: Jedes dritte Smartphone kam 2013 beispielsweise von Samsung.

Meist setzen Innovationen die Bereitschaft zum Umlernen bei den Menschen voraus. So funktionieren die Anwendungen und Programme auf den verschiedenen Smartphones unterschiedlich. Doch wenn bisher eigentlich alles ganz gut und vor allem mehr oder weniger automatisch läuft, wozu dann eine Veränderung? So denken viele Kunden. Deshalb ist die Gefahr eines Flops umso größer, je mehr Verhaltensänderung eine Innovation verlangt.

Und noch ein interessanter Aspekt: *Studien belegen, dass nahezu die Hälfte aller fehlgeschlagenen Innovationen auf einen zu geringen Innovationsgrad zurückzuführen ist.* Oftmals sind die Unterschiede zu den bereits vorhandenen Produkten zu gering. Warum also sollte der Kunde das neue Gerät kaufen? Und vor allem: Warum sollte er sich umstellen? Die entscheidende Frage ist also: Wie stellen Sie sicher, dass die potenziellen Kunden einen Unterschied erkennen und für sich in der Innovation eine Belohnung sehen? Wie groß sollte der Unterschied zu dem bestehenden

Produkt überhaupt sein? Als Erstes stellt sich der innere Autopilot immer die Frage: „Was ist es?" Um diese Frage möglichst effizient zu beantworten, hat der Autopilot Schubladen angelegt – sogenannte kognitive Schemata. Aufgabe des Autopiloten ist es jetzt, herauszufinden, in welche Schublade das neue Produkt hineingehört. Nur wenn das Produkt in keine bestehende Schublade passt, wird eine neue angelegt – oder aber es wird ignoriert, sofern die Bedeutung des Produkts und die damit verbundene Belohnung nicht klar erkennbar sind.[22]

Chancenreiche Innovationen

Innovationen können auf ganz unterschiedlichen Wegen erfolgreich am Markt platziert werden. In der Neuropsychologie werden grundsätzlich vier Innovationsstrategien unterschieden:[23]

- *Fiktion*
- *Optimierung vorhandener Produkteigenschaften*
- *Hinzufügung neuer Produkteigenschaften*
- *Hinzufügung neuer Produkteigenschaften in Kombination mit einem Kategorienwechsel*

Wenig Chance auf langfristigen Erfolg haben „Innovationen", bei denen das Produkt mit einer neuen Bedeutung aufgeladen wird, die jedoch nicht durch relevante Produktveränderungen begründet wird. Hierbei handelt es sich also um keine wirkliche Innovation, sondern eher um eine *Fiktion*. Diese Strategie soll hier nicht näher beleuchtet werden, da sie für Sie irrelevant sein sollte.

Chance auf langfristigen Erfolg haben dagegen Innovationen, bei denen bestehende Produkteigenschaften immer weiter optimiert werden. Während die Batterie des ersten MacBook-Air-Modells beispielsweise noch 35 Wh hatte, bringt es das Nachfolgemodell mit 54 Wh auf eine Batterieleistung von bis zu zwölf Stunden. Gleichzeitig wartet es mit einem 512 GB-Flash-Speicher und einem acht GB-Arbeitsspeicher auf, mal eben doppelt so viel wie sein Vorgänger.

Ganz entscheidend ist dabei, dass diese Optimierungen für den Kunden wahrnehmbar und relevant sein müssen. Sie müssen einen wirklichen Unterschied bieten. Für mich beispielsweise war die Erhöhung der Batterieleistung und die Erweiterung der Speicherkapazitäten des kleinen MacBook-Air-Modells der ausschlaggebende Grund, ein neues zu kaufen, obwohl mein bisheriges noch gar nicht so alt war und noch super funktionierte. Doch dieser für mich wahrnehmbare und auch im täglichen Doing relevante Unterschied überzeugte mich. In der Neuropsychologie gibt es zur Messung dieser wahrnehmbaren Unterschiede sogenannte Kontrastschwellen (Konzept des „Just Noticeable Difference").

Die meisten gängigen Produktinnovationen sind bei dieser Innovationsstrategie der *Optimierung vorhandener Produkteigenschaften* anzusiedeln. Diese Strategie wird allerdings umso weniger relevant, je weiter eine Produktkategorie fortgeschritten ist. Denken Sie zum Beispiel an die Relaunches des iPhones: Während bei den ersten Relaunches Designänderungen, Speicherkapazitätserweiterungen und Geschwindigkeitserhöhungen ausreichten, muss Apple jetzt bei jeder neuen iPhone-Generation mit einem sehr innovativen Spitzenmodell aufwarten, um den Marktanteilsverlust zu stoppen.

Werden einem *Produkt neue Eigenschaften* hinzugefügt, die vorher noch nicht vorhanden waren, kann das Produkt anders wahrgenommen werden als das der Wettbewerber. BMW brachte beispielsweise als erster europäischer Hersteller im Automobilbereich ein Head-up-Display auf den Markt, bei dem die für den Fahrer relevanten Informationen in dessen Sichtfeld projiziert werden, sodass er den Kopf nicht senken muss. Obwohl objektiv an dem Produkt wenig geändert wurde, erscheint es anders als das der Wettbewerber. Die Voraussetzung für den Erfolg der Hinzufügung neuer Produkteigenschaften ist, dass der Unterschied für den Kunden relevant ist.

Die wohl mächtigste der bisher besprochenen Innovationsstrategien ist die der *Hinzufügung neuer Produkteigenschaften in Kombination mit einem Kategorienwechsel*. Beispiele für diese Strategie sind IceWatch, Vapiano, Smoothies, mymuesli, Withings Pulse oder auch die neueste Innovation von Apple, die Apple Watch.

Unabhängig davon, welche der vorgestellten Innovationsstrategien sich für Ihre Marke anbietet und für welche Sie sich entscheiden: Wichtig ist, dass Sie Ihre Chance erkennen und ergreifen. Viele Unternehmer machen große Geschäfte aus kleinen Gelegenheiten, wie beispielsweise der britische Verleger Alfred Harmsworth. Er kreierte die erste Zeitung, die den Ansprüchen der neuen Mittelschicht des 19. Jahrhunderts entsprach, und stieg zum größten Zeitungsverleger des Landes auf: Mit der Daily Mail, die er im Gegensatz zur Konkurrenz auf besserem Papier drucken ließ, verkaufte er unterhaltsamen Journalismus. Er investierte 40.000 Pfund, bevor er das erste Exemplar verkaufte. Harmsworth erkannte, dass die politisch frisch emanzipierte Masse nach einer neuen Form der Nachrichtenübermittlung verlangte.

Seien Sie kreativ und mutig

Ohne ein Quantum an Kreativität kommen Sie allerdings nicht weiter in Sachen Innovationen. Bleiben wir in der Zeitungs- und Zeitschriftenbranche. Nehmen Sie die Zeitschrift brand eins. Diese entstand und platzierte sich in einem übersättigten Markt, weil die Gründer und Mitarbeiter von brand eins an ihre Idee von einem anderen Wirtschaftsmagazin glaubten.[24]

„Ideen haben Kraft und können etwas bewegen.
Das ist die Überzeugung, die uns treibt."
brand eins[24]

brand eins spürt die Hintergründe und Zusammenhänge zu wirtschaftlichen und politischen Ereignissen auf. Dabei werden auch ungewöhnliche, innovative und kreative Ideen, Konzepte und Arbeitsweisen vorgestellt.

Neben der Kreativität ist auch Mut erforderlich, um Innovatives hervorzubringen, das die Menschen anspricht. Diese Erfahrung hat Jean-Remy von Matt gemacht: „In der Kommunikation ist es wie in der Formel 1. Nur wer von der Ideallinie abweicht, hat die Chance, andere zu überholen. Nur wer von dem idealen Bildmotiv, von der idealen Dramaturgie, vom idealen Menschen abweicht, kann an anderen Marken vorbeiziehen. Und zur sogenannten Kampflinie gehört natürlich Mut." [25]

Expertengespräch mit Jean-Remy von Matt [26]

Jean-Remy von Matt ist Gründer und Aufsichtsrat der unabhängigen Agenturgruppe Jung von Matt, die er 1991 zusammen mit seinem Partner Holger Jung gründete. Zuvor war der gelernte Werbekaufmann u.a. Texter bei Ogilvy & Mather, Creative Director bei Eiler & Riemel/BBDO und geschäftsführender Gesellschafter bei Springer & Jacoby. Jean-Remy von Matt lehrt seit 2003 als Professor für Werbung an der Hochschule Wismar. 2006 wurde er Ehrenmitglied im Art Directors Club (ADC e.V.) Deutschland und 2007 Präsident der Outdoor Jury in Cannes. Bereits 2002 wurden Jean-Remy von Matt und Holger Jung in die Hall of Fame der deutschen Werbung aufgenommen.

Die Agentur Jung von Matt bietet heute das komplette Repertoire der Marketingkommunikation. In Deutschland gewann Jung von Matt früh Kunden wie Sixt, Sparkasse, Ricola, Mey Bodywear und Deutsche Post, die alle nach wie vor von der Agentur betreut werden. Auch in Österreich und der Schweiz gehört Jung von Matt zu den größten Agenturen. Seit 20 Jahren gibt es – sowohl in Bezug auf Auszeichnungen für Kreativität als auch für Effizienz – keine erfolgreichere Agenturgruppe im deutschsprachigen Raum.

Auf die Frage, wie es denn um die Kreativität in seiner eigenen Agentur Jung von Matt stehe, erzählt Jean-Remy von Matt:

„Mit der Materie Kreativität zu arbeiten und zu handeln ist ein ständiger Balanceakt zwischen Gefühl und Kalkül. Denn Kreativität ist schwer berechenbar: weder in der Entstehung noch in der Wirkung. Auch für mich mit über 40 Jahren Erfahrung an der kreativen Front ist schwer vorhersehbar, ob sich eine Idee wirklich durchsetzt, ob sie ein Tor aufstößt oder nur dran klopft. Aber genau das macht diese Materie so spannend und lässt unseren Beruf nie langweilig werden."

Die Grundvoraussetzung dafür, dass ein Mensch kreativ sein kann, so Jean-Remy von Matt, sei, dass er Freude daran hat, nach Dingen zu suchen, die man nicht sieht. Und von denen man nicht einmal genau weiß, ob sie überhaupt existieren. Die Situation eines Kreativen sei permanentes Fischen in einem trüben Teich.

Erfolgstipps von Jean-Remy von Matt

1. Erfolgsfaktor: Wenn man die erste Idee gefunden hat, muss man sich bewusst machen, dass es ziemlich sicher noch einige viel bessere gibt. Und rastlos weitersuchen.

2. Erfolgsfaktor: Man braucht die Fähigkeit, mit Niederlagen konstruktiv umzugehen, denn Ideen stoßen oft auf Unverständnis. Dann gilt es, sich kurz zu schütteln und etwas Neues zu schaffen, das überzeugt.

So schaffen Sie Innovationen für Ihre Marke!

Zu Recht fragen Sie sich jetzt: Wie schaffe ich es, neue, erfolgversprechende Ideen zu entwickeln? Wie schaffe ich es, Innovationen für meine Marke als Prozess in meinem Unternehmen zu implementieren? Die folgende Anleitung hilft Ihnen, mehr Klarheit über den eigenen Innovationsprozess zu erlangen, um diesen gezielt vorantreiben zu können.

Fragen Sie sich als Allererstes: Gibt es einen definierten Innovationsprozess für meine Marke? Wenn ja, wird dieser Innovationsprozess auch von den Mitarbeitern gelebt? Viele Unternehmen haben keinen definierten Innovationsprozess. Andere Unternehmen wiederum haben einen, leben ihn aber nicht.

Ideal wäre es, wenn Sie *die einzelnen Schritte Ihres eigenen Innovationsprozesses* aufschreiben:

Ideengenerierung

- *Quellen der Innovationen:* Welche Innovationsquellen werden für Ihre Marke genutzt? Wo werden Innovationen für Ihre Marke generiert? Von Ihnen als Geschäftsführer/Führungskraft oder von Ihren Mitarbeitern? Von Ihren Agenturen? Von Ihren Kunden, die Ihnen zum Beispiel Verbesserungsvorschläge liefern? Oder gar von Wettbewerbern, deren Innovationen Sie wiederum auf neue Ideen für Ihre Marke bringen?

Ideensammlung und -bewertung

- *Sammeln:* Wo werden diese Ideen für Ihre Marke – egal, aus welcher Quelle sie stammen – gesammelt?
- *Entscheidung:* Wer bzw. welches Gremium entscheidet darüber, ob die Idee für Ihre Marke umgesetzt wird oder nicht?

Ideenumsetzung

- *Projektmanagement:* Wenn eine Idee für Ihre Marke zur Umsetzung gebracht werden soll, wer definiert dafür das Projektteam? Wer hat die Verantwortung für das Projekt? Wie ist das Projektmanagement im Sinne einer erfolgreichen Umsetzung organisiert?
- *Controlling:* Wenn die Innovation für die Marke dann umgesetzt ist: Wie wird der Erfolg der Innovation gemessen? Ab wann gilt die Innovation als erfolgreich?

Für jede einzelne Innovation für Ihre Marke, die aus diesem Prozess entsteht, sollten Sie dann die folgenden Punkte berücksichtigen bzw. sich die folgenden Fragen stellen:

Checkliste Innovation

1. Ist die Innovation für meine Marke vom Kunden wahrnehmbar? Ist die Innovation für ihn relevant?

   Innovationen sind aus Sicht der Kunden nur dann Innovationen, wenn der Unterschied, den das neue Produkt mit sich bringt, aus ihrer Sicht relevant ist. Relevant sind nur diejenigen Unterschiede, die eine neue Bedeutung haben.

2. Ist die Verhaltensänderung, die die Innovation erfordert, eventuell zu groß?

   Je größer die Verhaltensänderung, die die Innovation dem Kunden abverlangt, desto größer ist die Gefahr eines Flops.

3. Ist das, was Sie dem bestehenden Produkt hinzufügt haben, vom Kunden wahrnehmbar? Bietet dieses dem Kunden einen wirklichen Unterschied?

> *Innovationen im Sinne von Optimierung von Produkteigenschaften müssen für den Kunden einen wirklichen Unterschied bieten.*

4. Wenn Sie in einem „gesättigten" Markt tätig sind: Zeichnet sich Ihre Innovation durch Anderssein aus?

> *Innovationen in „gesättigten" Märkten werden insbesondere durch Anderssein und nicht durch Bessersein erreicht. Bessersein ist vor allem für Innovationen in „jungen" Märkten wichtig!*

5. Wenn Sie in einem „jungen" Markt tätig sind: Wird Ihr Produkt durch die Innovation besser als die der Wettbewerber?

> *Innovationen müssen gerade in jungen Märkten das Produkt verbessern, um sich von den Wettbewerbern abzuheben.*

6. Und last, but not least: Wird der Innovationsprozess für Ihre Marke in Ihrem Unternehmen auch gelebt?

> *Innovationen bedürfen der Unterstützung eines jeden Mitarbeiters in Ihrem Unternehmen. Allen Beteiligten muss die Bedeutung von Innovationen für den künftigen Erfolg des Unternehmens bewusst sein, um diese auch entsprechend voranzutreiben.*

Erzählungen, die begeistern

Eine der ältesten Kulturtechniken der Welt ist immer wieder en vogue: das Geschichtenerzählen. Es funktioniert auf vielen Ebenen ähnlich. Als Mythos, Legende, Märchen, Roman, Kurzgeschichte, Gedicht, Ballade, in Filmen, Theaterstücken, Opern, Comics und Sketchen. Fast jeder Small Talk beginnt mit einem Austausch von unterhaltsamen Storys oder Anekdoten. Der Faszination einer gut erzählten Geschichte kann sich niemand entziehen.

„Beginne mit einer Geschichte und die Aufmerksamkeit gehört dir", riet ich meiner Freundin, die nach ihrer Elternzeit ihre erste Präsentation halten sollte. Ich erinnerte sie an ihre Begabung zum Erzählen, mit der sie ihre Kinder immer wieder gebannt lauschen lässt oder zur Ruhe bringt. Geschichten üben nicht nur auf Kinder, sondern auch auf Erwachsene eine magische Anziehungskraft aus.

Mein „kleiner" Bruder schaffte es bereits in jungen Jahren, nicht nur unsere Eltern und uns Geschwister mit seinen Geschichten in den Bann zu ziehen, sondern die gesamte Großfamilie, ja unser gesamtes Dorf. Es gelang ihm sogar, die Verwandtschaft und Nachbarn dazu zu bewegen, in seiner Geschichte mitzuspielen, Teil der Geschichte zu werden und eine Aufführung zu initiieren, die über die Dorfgrenzen hinaus bekannt wurde.

Das Geschichtenschreiben und -erzählen hat ihn nicht losgelassen, so wie es uns alle nicht loslässt, seinen Geschichten zu folgen. Heute ist er – nach einer Musical-Ausbildung mit Tanz, Gesang sowie Schauspielerei und erfolgreichem Künstlerdasein auf der Bühne – wieder beim Geschichtenschreiben angekommen und verzeichnet als Autor und Regisseur seine ersten Erfolge.

Vielleicht habe ich von meinem Bruder die Begeisterung für Geschichten übernommen. Zu Beginn meiner Vorträge erzähle ich auch immer gern eine Geschichte und gewinne damit die Aufmerksamkeit der Zuhörer. Selbstverständlich hat die Geschichte stets einen Bezug zu meinem Vortragsthema. Nur so bringt sie mir auch nachhaltig die gewünschte Aufmerksamkeit und dem Publikum einen entsprechenden Mehrwert.

Mit Geschichten in den Bann ziehen

Die meisten Menschen sind fasziniert von fremden und neuen Erlebnissen oder Erfahrungen. Gute Geschichten sind ein effektiver Weg, um eine Beziehung zum Publikum herzustellen, Informationen zu vermitteln und Lösungen anzubieten. Mit Geschichten regen wir die Emotionen und Gedanken des anderen an, weil er sich ständig fragt, wie er selbst in dieser Situation reagiert hätte und was er selbst daraus lernen kann. Und vor allem: Er erinnert sich lange daran!

Seit Jahrtausenden erzählen sich Menschen Geschichten. In Zeiten ohne Bücher, Radio, Fernsehen und Kino war dies die einzige Möglichkeit der Unterhaltung, des Hineindenkens und Hineinfühlens in andere Welten und Menschen. Die Geschichten sind geblieben, bloß werden sie heute nicht mehr am Lagerfeuer oder in der Stube am Ofen erzählt, sondern via TV-Spot, per Vortrag, auf Events und im viralen Marketing. Im Marketing und in der PR gibt es mittlerweile einen wahren Hype um das Storytelling, weil es dem Empfänger einen echten Mehrwert bietet. Entscheidend ist, wie erzählt wird und welche Kommunikationskanäle ausgewählt werden. Es reicht nicht aus, hier und da ein allegorisches Bild einzusetzen. Wer mit zielgruppengerechten Identifikationsfiguren oder einer virtuellen Produktwelt die Kraft des Erzählens verantwortungsvoll einsetzen will, braucht dafür eine gut durchdachte Strategie (mehr dazu später).

Die Hirnforschung ist sich sicher: Je mehr uns ein Ereignis oder eine Geschichte emotional berührt, desto stärker werden diese Inhalte in unserem Gedächtnis verankert. Der US-amerikanische Neurowissenschaftler Michael Gazzaniga behauptet, dass Menschen nicht nur Geschichten mögen, sondern sie sogar brauchen, um sich an bestimmte Dinge erinnern zu können.[27] Botschaften werden greifbarer, wenn sie in Geschichten verpackt werden statt in nüchterne Sachinformationen oder oberflächliche Werbeversprechen. Geschichten wecken Interesse, beteiligen Zuhörer aktiv, produzieren eine Art Kopfkino und transportieren so Emotionen.

Einer der Vorreiter für die Nutzung von Geschichten in der Marketingkommunikation war der Reformpädagoge Johann Heinrich Pestalozzi. Bereits 1777 erzählte er in seinen Spendenbriefen davon, wie Spenden für ein neues Dach oder für Werkzeuge verwendet worden waren und wie Kinder davon profitiert und sich daran erfreut hatten. Mit seinen Geschichten machte er seine Arbeit und die damit verbundenen Erfolge und Probleme bereits vor einigen Jahrzehnten jedem zugänglich.

Geschichten vermitteln anschaulich, worum es geht, weil sie Bilder im Kopf entstehen lassen und alle Sinne ansprechen. Wenn man selbst etwas Spannendes oder Interessantes erlebt hat, teilt man es gern mit. Im Idealfall trägt man dann sogar eine Botschaft weiter.

„*Erzählen ist das Medium kollektiver Intelligenz.*"[28]
Professor Gerd Gutjahr, Spezialist für Marktpsychologie

Bezogen auf die Markenkommunikation ist sich der Marken- und Kommunikationsexperte Professor Dr. Dieter Herbst sicher, dass mit Storytelling in der Markenführung die Marke höchst wirkungsvoll und verhaltenswirksam vermittelt wird. Gute Geschichten fallen auf und informieren ohne gedankliche Anstrengung. Sie sind leicht verständlich, bewirken starke Gefühle, halten das Interesse der Kunden an der Marke aufrecht und graben sich tief in deren Erinnerung.[29]

Menschen lieben Geschichten – Marken auch

Ohne Story bleibt die Marke einseitig, hat keine Anziehungskraft und keinen Anker. Erst die Markengeschichte verankert die Marke im Gehirn, berührt das Herz und erobert sich einen dauerhaften Platz im Gedächtnis. Georgios Simoudis, Experte für narrative Markenkommunikation, ist davon überzeugt, dass Geschichten eine enorme Überzeugungskraft haben. Gute Geschichten speichert unser Gedächtnis verlässlich. Hinter den meisten Unternehmen und Marken steht eine Story. Marken, die eine Geschichte erzählen, schaffen sich damit eine Identität und motivieren den Käufer durch Sinnstiftung zum Konsum. Der Einwand, es sei nichts Neues, dass Marken Geschichten erzählen, ist berechtigt. Dennoch werden Markengeschichten als Mittel der Markenkommunikation bisher nur von wenigen Unternehmen wirklich sinnvoll genutzt, aktiv gefördert und gesteuert! Eine Studie von Georgios Simoudis belegt, dass in nur acht Prozent aller (untersuchten) TV-Werbespots eine echte Geschichte über die Marke erzählt wird.[30] Nehmen Sie die Marke Marlboro, die sich schon seit Jahrzehnten mit echten Geschichten über die Wild-West-Romantik identifiziert: Der Marlboro Man – Inbegriff von Freiheit und Abenteuer – treibt die Rinder mal aus den Bergen, mal aus einem See, mal im Sommer, mal im Winter. Legt er eine Pause ein, dann zündet er sich genüsslich eine Marlboro an oder sitzt abends am Lagerfeuer und blickt entspannt auf einen harten Arbeitstag zurück. Storytelling beeindruckt mit einer klar definierten Bild- und Sprachwelt und schafft damit eine Basis für die Zukunft der Marke.

So ist das auch beim TV-Spot aus dem Jahr 2011 über den Porsche 911. Die Story dahinter ist Action mit absoluter Porsche-Identität im 30-sekündigen Werbefilm: Auf einer Metallplatte werden emotionale Momente der Porsche-Geschichte wie Rennsiege, Ingenieurskünste, glückliche Kunden, Kindheitsträume von einem Sportwagen aneinandergereiht bis zu dem faszinierenden Moment, wo sich das Metall in einen Porsche 911 verwandelt.[31]

Oder schlagen wir ein ganz normales Notizbuch auf, das mithilfe einer guten Geschichte zu einer weltbekannten Marke wurde: Moleskine ist laut dem aktuellen Hersteller Modo & Modo das legendäre Notizbuch von Künstlern und Denkern der vergangenen zwei Jahrhunderte.[32] Benutzt wurde es u.a. von Vincent van Gogh und Ernest Hemingway. Das einfache, aber perfekte Objekt wurde länger als ein Jahrhundert von einer kleinen französischen Manufaktur hergestellt, die Pariser Schreibwarengeschäfte belieferte, in denen die künstlerische und literarische Avantgarde aus aller Welt einkaufte. Es soll das Lieblingsnotizbuch des britischen Reiseschriftstellers Bruce Chatwin gewesen sein, der es „moleskine" taufte, weil sein Einband aus schwarzglänzendem Wachstuch gefertigt war. Jedes Mal, wenn Chatwin nach Paris kam, so schreibt er in seinem Buch „The Songlines", habe er sich davon in einer Papeterie in der Rue de l'Ancienne-Comédie einen Vorrat beschafft. Doch eines Tages war es damit vorbei. Der einzige Hersteller sei verstorben, hätte die Besitzerin der Papeterie gesagt. Ihr Lieferant, ein kleines Familienunternehmen aus Tours, bekomme keine neuen Notizbücher mehr. „Das wahre Moleskine", so die Händlerin, „gibt es nicht mehr." Bis 1998. Da nahm sich ein Mailänder Unternehmen namens Modo & Modo des Büchleins an und erweckte es zu neuem Leben. So lautet die zauberhafte Geschichte des kleinen schwarzen Notizbuchs, das heute übrigens in über 54 Ländern vertrieben wird.

Haben Sie es bemerkt? Die genannten Beispiele haben alle etwas gemeinsam: In jeder Geschichte wird der emotionale Wert der Marke transportiert. Gleichzeitig werden dabei Bilder und eine Sprache verwendet, die zur Zielgruppe passen und gleichzeitig Kopf und Herz erreichen. Was vielen Marketing- und Kommunikationsverantwortlichen fehlt, ist der Blick auf die Zielgruppe. Nur wenn die Geschichte, die erzählt wird, in die Lebenswelt der Zielgruppe passt und interessant und bemerkenswert ist, wird die Geschichte von der Zielgruppe auch weitererzählt!

Der Betriebswirtschaftler Franz Liebl geht über das reine Geschichtenerzählen hinaus: Er hat mit Storylistening einen Ansatz entwickelt, bei dem das Zuhören im Mittelpunkt steht. Normalerweise setzt man eine Geschichte in die Welt, damit der Kunde sie mit der Marke verbindet und sie weitererzählt. Bei Liebls Ansatz tritt man zunächst mit seinem Kunden in einen Dialog, lässt den Kunden erzählen und hört ihm zu! Dabei achtet man darauf, welche Muster auf Kundenseite existieren, in welcher Lebenswelt sich der Konsument bewegt, welche Kompetenzen er dort besitzt. Erst darauf wird dann das Storytelling aufgebaut.[33]

Branding by Storytelling

Inwieweit Geschichten helfen können, eine Marke zu entwickeln und zu stärken, haben Klaus Fog, Christian Budtz und Baris Yakaboylu vom dänischen Marktforschungsunternehmen Sigma in ihrem Buch „Storytelling. Branding in Practice" untersucht.[34] Ihre Überzeugung: Geschichten helfen nicht nur Erzählern und Zuhörern auf einzigartige Weise, Erlebtes zu einem Ganzen zu verschmelzen und ihm dadurch Sinn zu verleihen. Es gibt auch keine andere Form der Informationsdarbietung, die so glaubwürdig und leicht verständlich ist wie eine Geschichte und so tiefe Spuren im Gedächtnis hinterlassen kann. *Gute Geschichten sind daher ideale Instrumente, um Marken entstehen und wachsen zu lassen.* Schließlich leben starke Marken ausschließlich in den Köpfen der Konsumenten und formen sich dort aus der Verknüpfung von Emotion, Charakter, Fantasie und klaren Botschaften, all dem also, was auch eine gute Geschichte ausmacht.

Um eine Geschichte zu erzählen, die eine Marke unterstützen soll, braucht man den Marktforschern zufolge mehrere Elemente: eine klare Vorstellung vom Markenkern, ein Ziel oder eine Botschaft, die man übermitteln will; ferner ein Problem, das sich mithilfe des Produkts lösen lässt, oder einen anderen Mehrwert, den das Produkt dem Kunden bietet. Dazu vielfältige Charaktere und Begabungen und einen spannenden Plot, der sich klassischerweise auf einen Höhepunkt kurz vor dem Happy End der Geschichte hinbewegt. Das Unternehmen spielt in der Geschichte den Helden, der es schafft, mit Unterstützern und guten Produkten gegen den Willen des bösen Widersachers sein selbstloses Ziel zu erreichen – zum Wohle der Kunden.

Das brauchen Sie für eine gute Geschichte:

- ein Ziel bzw. eine Botschaft
- ein Problem, das sich mithilfe des Produkts lösen lässt, oder einen anderen Mehrwert, den das Produkt dem Kunden bietet
- eine spannende Handlung mit Höhepunkt und Happy End

Einblicke:
Denkzelle und Doppelzimmer

Jean-Remy von Matt ist absolut davon überzeugt, dass Geschichten wichtig für eine Marke sind – auch für seine eigene Marke, die Agentur Jung von Matt: „Wir hatten von Anfang an interessante Storys, die uns und damit auch die Agentur spannend gemacht haben. Wir zwei waren bei der Gründung keine unbeschriebenen Blätter: Es gab viele Zitate, Anekdoten und Gerüchte, die sich über die letzten Jahrzehnte gehalten haben. Nicht alles davon war ganz wahr, aber zumindest glaubhaft. Zum Beispiel die Geschichte mit der Denkzelle: Einen Raum in unserer Agentur, der zuvor als Abstellkammer diente, haben wir mit einem Tisch, einem Stuhl und einer Lampe ausgestattet. In diesem Raum, der fortan als Denkzelle bezeichnet wurde, entstanden alle großen Slogans und Ideen – erzählten wir. Und so war jeder Besucher beeindruckt, wenn wir ihm diesen heiligen Ort in der Agentur zeigten.

Wahr ist auch die Geschichte, dass wir wohl die einzigen zwei Menschen in der zivilen Luftfahrt sind, die konsequent Mittelplätze gebucht haben. So hatten wir auf jedem Flug zwei Nachbarn und damit zwei Chancen, mit einem Business-Reisenden ins Gespräch zu kommen.

Oder die Geschichte, dass wir immer Doppelzimmer buchen, was wir übrigens bis heute tun, wenn wir gemeinsam reisen. In der Startphase der Agentur noch aus Kostengründen, sahen wir später nicht ein, warum wir diesen Brauch nur deshalb abschaffen sollten, weil wir es uns leisten konnten.

Im Bad eines solchen Doppelzimmers packten wir übrigens auf einer der ersten gemeinsamen Reisen synchron die Zahnpastatuben aus – er Elmex und ich Aronal. Ein schönes Zeichen, dass wir uns perfekt ergänzen. Geschichten wie diese haben Jung von Matt am Anfang spannend und attraktiv gemacht."

Wer seine Kunden mit Geschichten fesseln will, sollte auf jeden Fall authentische und stimmige Geschichten erzählen. In einer stimmigen Geschichte hat alles, was erzählt wird, eine Funktion: entweder, indem es die Story vorantreibt, oder wichtige Informationen über Figuren liefert, Hintergründe und Kontext klärt. Alles, was in diesem Sinne nicht funktional ist, hat in der Geschichte nichts zu suchen.[35]

„Dass nichts besser verkauft als eine Geschichte, gilt nicht erst seit der Entdeckung des Buzzwords Storytelling. Schon seit der Bibel nutzt jeder dieses Stilmittel, der Menschen von etwas überzeugen will – und sei es von einem Versicherungsvertrag. Dabei ist es nicht so wichtig, ob eine Geschichte wahrhaft ist. Entscheidend ist, dass sie glaubhaft ist."
Jean-Remy von Matt

Was passiert, wenn eine Geschichte nicht stimmig und authentisch ist, zeigt das Beispiel „Power-Balance". Mit einer fesselnden Geschichte haben die Brüder Josh und Troy Rodarmel ihr Millionengeschäft mit den Power-Balance-Armbändern aufgebaut: Angeblich sollte in dem Hologramm-Sticker der Plastikarmbänder eine magische Technologie stecken, die die Leistungsfähigkeit des Trägers steigert. Durch bekannte Sportler promotet, erlebten die Bänder einen wahren Hype im Jahr 2011 und wurden millionenfach gekauft. Doch dann meldeten sich nach und nach immer mehr Stimmen zu Wort, die die Story anzweifelten. Mediziner bezeichneten die versprochene Wirkung der Bänder als Unsinn. Von der australischen Regierung wurde Power-Balance wegen irreführender Behauptungen abgemahnt, von Italien und Spanien zu Bußgeldern verurteilt. Tatsächlich scheint die Story von Power-Balance entzaubert und das Produkt von der Bildfläche verschwunden zu sein.

Zurück zu den guten Geschichten, die glaubwürdig sind. So glaubwürdig, dass der Markenname darin eine Funktion bekommt. Das gelingt in folgendem Mercedes-Spot: Der Mann kommt in seinem Mercedes spät nach Hause mit der Erklärung, eine Panne gehabt zu haben. „Mit einem Mercedes?", fragt die Frau und gibt ihm eine schallende Ohrfeige. Niemand traut einem Mercedes eine Panne zu!

So finden Sie Ihre Story für Ihre Marke

Stellt sich die Frage, wie Sie eine stimmige und authentische Story zu Ihrer Marke finden. Geschichten können unterschiedlichsten Ursprungs sein. Das zeigen die vorangegangenen Beispiele. Geschichten können von den Unternehmern selbst „geschrieben" werden, von dem Produkt oder auch von Mitarbeitern oder Kunden.

Viele Geschichten basieren auf der Historie des Unternehmers oder des Unternehmens. Überlegen Sie: Welche Geschichte können Sie erzählen? Dazu fällt Ihnen nichts ein? Dann recherchieren Sie doch mal in der Vergangenheit.

Sollten Sie auch hier nichts finden, so können Sie Ihre Mitarbeiter befragen. Oder haben Sie möglicherweise von einem markanten Erlebnis zu berichten, das Sie oder ein Mitarbeiter mit einem Kunden hatten? Vielleicht ist es das Produkt selbst, das eine Geschichte zu erzählen hat?

Sollten Sie auch hier auf nichts Passendes stoßen, so versuchen Sie es doch mal mit den Erzählungen Ihrer Kunden. Haben diese Geschichten erzählt im Zusammenhang mit Ihrer Marke, mit der Verwendung Ihres Produkts? Wenn nein, fragen Sie sie doch einfach! Egal, ob per Brief oder E-Mail oder über Social-Media-Kanäle. Wenn Sie die Antworten und Rückläufe mit Incentives belohnen, werden Sie bald nicht mehr das Problem haben, keine Geschichte zu haben, sondern eher das Problem, welche Geschichte Sie aus der Vielzahl an authentischen Geschichten Ihrer Kunden auswählen sollen.

Bei der Auswahl der Geschichte für Ihre Marke sollten Sie stets die folgenden Aspekte berücksichtigen bzw. sich die folgenden Fragen stellen:

1. Passt die Geschichte zu meiner Marke? Ist sie authentisch und stimmig? Beschreibt sie das, was meine Marke vermitteln will?

Je authentischer und stimmiger die Geschichte, desto glaubwürdiger ist sie für Ihre Kunden!

2. Löst die Geschichte Emotionen aus?

Haben Sie Mut zum Gefühl, denn jede gute Geschichte weckt starke Emotionen. Emotionen sind der Schlüssel zur Verankerung des Inhalts in den Köpfen der Konsumenten.

3. Fällt die Geschichte auf und ist sie spannend?

Gute Geschichten fallen auf und halten das Interesse der Kunden an der Marke wach, damit sie sich tief in deren Erinnerung graben.

4. Welche Bilder werden durch die Geschichte ausgelöst? Sind es die gewünschten Bilder zu meiner Marke?

Storytelling beeindruckt mit einer klar definierten Bild- sowie Sprachwelt und löst bei den Kunden die entsprechenden Markenbilder aus.

5. Ist Ihre Markenstory so stark, dass man über sie sprechen wird?

Erfolgreich sind die Geschichten, über die man spricht.

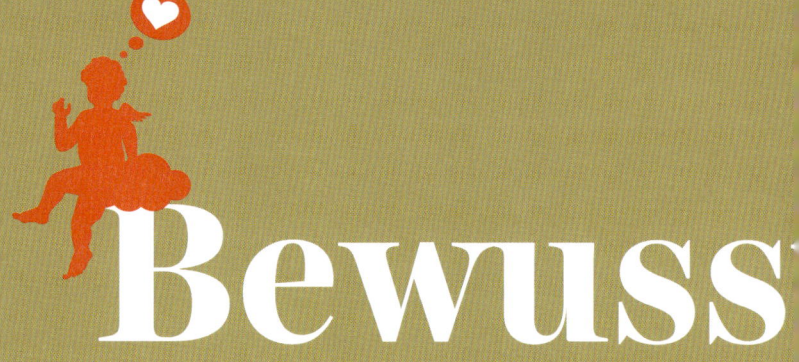

sein,
das
Werte
schafft

„Es ist nicht schwierig,
Entscheidungen zu treffen,
wenn man seine Werte kennt."

Roy Disney, amerikanischer Drehbuchautor,
Produzent, Neffe von Walt Disney

Seit einiger Zeit wird nicht nur eine intensive Diskussion um den ökonomischen Wert von Marken („Brand Equity") geführt, sondern auch um die kulturellen Werte („Brand Values"), die Marken zugerechnet werden.[36] Dabei ist die Brand-Equity-Debatte in erster Linie auf Unternehmen ausgerichtet, die Debatte um den Brand Value vornehmlich auf Konsumenten.

Kai-Uwe Hellmann vom Institut für Konsum- und Markenforschung macht in seinem Beitrag „Wert und Werte einer Marke" deutlich, wie sich die kulturellen und ökonomischen Werte gegenseitig bedingen. Der ökonomische Wert einer Marke hängt nach Hellmann davon ab, welche kulturellen Werte einer Marke zugerechnet werden und wie sich ihre Performance dazu verhält. Demnach bestimmt sich der ökonomische Wert einer Marke aus dem Anspruch, bestimmte kulturelle Werte zu verkörpern (= Sollwert einer Marke), und der Art und Weise, wie sie diesem Anspruch gerecht wird (= Istwert einer Marke).[37]

Welche Werte eine Marke aber verkörpern sollte, hängt von den Bedürfnissen der Kunden ab. Diese wiederum werden ganz klar bestimmt von der gesellschaftlichen Situation, in der sich die Kunden gerade befinden.

Der Weg zur Bewusstseinsgesellschaft

Haben Sie sich schon einmal überlegt, wo unsere Gesellschaft heute steht? Keine Gesellschaft ist statisch, sondern verändert sich laufend – manchmal langsam, manchmal auch abrupt. Werfen wir einen kurzen Blick auf die historische Entwicklung der verschiedenen Gesellschaftsformen:

Vor der industriellen Revolution waren alle europäischen Gesellschaften Agrargesellschaften – Deutschland noch bis Ende des 19. Jahrhunderts. Auf die Industriegesellschaft, die in Deutschland bis in die 1970er-Jahre dauerte, folgte die Informationsgesellschaft. Hier liegt der Fokus darauf, produktiv und kreativ mit Information und Wissen umzugehen, sie zu gewinnen, zu speichern, zu verarbeiten, zu vermitteln und zu nutzen. Dabei prägt der Einsatz neuer Informations- und Kommunikationstechnologien das Zusammenleben, das Arbeiten und das Wirtschaften durch und durch.

Anders als in den vorhergehenden Gesellschaftsformen scheinen die Grundbedürfnisse des Menschen in der Informationsgesellschaft größtenteils befriedigt zu sein. Nun rückt die körperliche Gesundheit ebenso wie das geistige und seelische Wohlergehen ins Zentrum. Immer mehr Menschen sind auf der Suche nach Sinn, nach Emotionen, nach Individualität, nach Gesundheit und vor allem – nach Glück.

Somit spricht vieles dafür, dass die Bedürfnisse der Menschen der Informationsgesellschaft im Bereich des Bewusstseins liegen. Analog folgt nach der Informationsgesellschaft die sogenannte Bewusstseinsgesellschaft, in der die Weiterentwicklung des eigenen Bewusstseins und der eigenen Persönlichkeit eine zentrale Rolle spielt. In einer Bewusstseinsgesellschaft erforschen die Menschen Wege und Strategien, um ihre Lebensqualität zu verbessern.[38]

Die Renaissance der Werte

Die Wirtschaft erlebt derzeit eine Renaissance der Werte: Nachhaltigkeit, Ehrlichkeit, Vertrauen, Verantwortungsbewusstsein, Zuverlässigkeit, Mut und Engagement spielen eine zentrale Rolle. Gelebte Werte werden zum Schlüssel des Erfolgs, weil das Spannungsfeld zwischen der Wertschätzung traditioneller Grundsätze und nachhaltiger Innovation enorme Energien freisetzt. Werte werden Grundlage eines wirklichen Wandels im Bewusstsein – sowohl von Menschen als auch von Unternehmen. Dabei sind wir vor große Herausforderungen gestellt. Denn der Wert einer werteorientierten Unternehmensführung und auch der Wert einer werteorientierten Markenführung lassen sich nicht quantifizieren, nicht eindeutig beziffern, sondern nur vage einschätzen. Das „traditionelle" Gedankenmodell des Managements („Man kann nur managen, was man auch messen kann") greift hier nicht, denn es geht um mehr: *Werte schaffen Wert – sowohl finanziell als auch ideell!*

„Führen Sie mit Werten! Begreifen Sie das Wechselspiel zwischen Führungsstil und Managementsystem als Basis einer erfolgreichen ethischen Unternehmensführung."
Dr. Dr. Cay von Fournier

Viele Unternehmen haben verstanden, dass die oben genannten Werte auch in Bezug auf die Kunden eine Renaissance erfahren. Darauf gehen sie ein und positionieren ihre Marken entsprechend – wie zum Beispiel der Landwirtschaftsverlag in Münster mit seinem Magazin Landlust. Thematisch werden in diesem Magazin vor allem die Rubriken Garten, Küche/Rezepte, Ländlich Wohnen, Landleben und Natur behandelt. Dabei stehen meist Entspannung vom Alltag und eine klare Abgrenzung gegenüber der immer schnelllebigeren Gesellschaft, ganz im Sinne von „Entschleunigung" und „Zurück zur Natur" im Fokus. Der Puls der Zeit wurde erkannt im Hinblick auf die Bewusstseinsgesellschaft und damit eine rasante Erfolgsgeschichte geschrieben. Thematisch wurde eine Nische entdeckt, die auf dem deutschen Zeitschriftenmarkt bis dahin kaum bedient wurde, sodass in einem sonst übersättigten Markt das 2005 gegründete Magazin bereits im Frühjahr 2012 eine Auflage von über einer Million erreichte. Heute zählt Landlust zu den größten Lifestyle-Publikumszeitschriften und auflagenstärksten Kaufzeitschriften in Deutschland.

Mit Werten Markenwert schaffen

Aufgrund der Renaissance der Werte benötigen Marken für den langfristigen Erfolg neben dem Leistungsversprechen auch eine eindeutige, gelebte Werthaltung. Das bestätigt auch die 2015 erschienene Studie „Brands ahead – Zukunftsfähigkeit der Marke" von TNS Infratest und

Grey Deutschland, die mit der Unterstützung des Deutschen Marketing Verbands und des Markenverbands durchgeführt wurde.[39]

Das Thema Nachhaltigkeit hat nicht zuletzt auch vor diesem Hintergrund in den letzten Jahren zunehmend an Bedeutung gewonnen. Viele Konzerne wissen dies, reden auch darüber, doch für viele von ihnen ist es nach wie vor Neuland. Dass sich Unternehmen künftig intensiver mit dem Thema beschäftigen sollten, zeigen aktuelle Markenerhebungen wie beispielsweise die Studie „Nachhaltigkeit 2015" von absatzwirtschaft und Defacto Research & Consulting[40]. Diese legt dar, dass Kunden gesteigertes unternehmerisches Verantwortungsbewusstsein künftig als Commodity einfordern. In der Studie wurden nicht nur die Erwartungen von Konsumenten in puncto Nachhaltigkeit analysiert, sondern erstmalig der „Sustainability Engagement Index" für 100 Einzelmarken erhoben, der das Engagement der Unternehmen in Sachen nachhaltiges Handeln aus unmittelbarer Kundensicht widerspiegelt. Er erfasst die ökologische (u.a. schonender Umgang mit Wasser, Rohstoffen und Energie), soziale (u.a. soziales Engagement, faire Arbeitsbedingungen) und ökonomische (u.a. Einhaltung von Datenschutzregelungen, Langfristorientierung) Säule der Nachhaltigkeit.

Ein Unternehmen, das tatsächlich Nachhaltigkeit als Unternehmensphilosophie umsetzt, steigert die Rentabilität und damit seinen Markenwert. Da waren sich bereits die Experten auf dem Kongress „Nachhaltigkeit & Marke" am 24. Februar 2013 in Berlin einig. Die Rückverfolgbarkeit von Waren und Transparenz in der gesamten Wertschöpfungskette werden immer wichtiger und entscheidend für den Erfolg einer Marke. Ein gutes Beispiel dafür ist die Marke FRoSTA, die durch eine konsequente Ausrichtung ihrer Produkte auf Nachhaltigkeit in den letzten zehn Jahren verlorene Marktanteile zurückerobern und jüngst das erfolgreichste Jahr in der Firmengeschichte verzeichnen konnte.

So schaffen Sie Bewusstsein für die Werte Ihrer Marke!

Für Ihren Markenauftritt spielt es eine große Rolle, welche Werte Ihr Unternehmen verkörpert und welche Werte sich in der Marke widerspiegeln.[41] Das sollte nicht aus dem Zufall heraus entstehen.

Aber vielleicht haben Sie Ihre Werte bereits in Ihrem Leitbild formuliert? Umso besser. Falls Sie diese auf den Prüfstand stellen oder grundsätzlich Ihre Werte klären möchten, stelle ich Ihnen ein hilfreiches Werkzeug vor. Insgesamt wurden 60 Aspekte ausgewählt, die Sie als Grundlage für das Wertesystem Ihres Unternehmens und Ihrer Marke prüfen können.[42]

Empfehlenswert ist es, die folgenden Aufgaben gemeinsam mit Ihrem Team in Form eines Workshops zu erarbeiten.

1. Zunächst geht es um Ihre Unternehmenswerte. Sollten Sie diese bereits in Ihrem Leitbild definiert haben, so arbeiten Sie bitte in diesem ersten Schritt mit den in Ihrem Leitbild verankerten Werten. Falls nicht, bedienen Sie sich der rechts aufgeführten Werte (selbstverständlich können Sie hier auch Ergänzungen vornehmen) und wählen Sie die wichtigsten für Ihr Unternehmen aus. Danach differenzieren Sie diese bitte nach den folgenden Clustern:

    a) Differentiatoren, d.h. die Werte, die abgrenzen und besonders machen

    b) Kernwerte, d.h. die Werte, die Ihr Unternehmen wirklich ausmachen

    c) Substanzwerte, d.h. die Werte, die auch all Ihre Wettbewerber mitbringen müssen, um erfolgreich zu sein

Mut	Spaß	Transparenz
Sicherheit	Exzellenz	Stärke
Zuverlässigkeit	Flexibilität	Natur
Image	Idealismus	Präzision
Qualität	Integrität	Komfort
Einfachheit	Vertrauen	Genuss
Innovation	Begeisterung	Design
Nachhaltigkeit	Kultur	Verständlichkeit
Umwelt	Dynamik	Verlässlichkeit
Beständigkeit	Funktionalität	Kundennähe
Sinn	Umsatz	Verantwortung
Loyalität	Gesundheit	Authentizität
Unabhängigkeit	Anerkennung	Gelassenheit
Lernen	Unterscheidbarkeit	Ruhe
Freundlichkeit	Ethik	Tradition
Andersartigkeit	Engagement	Ehrlichkeit
Optimismus	Lebensfreude	Kompetenz
Leistung	Experte	Freiheit
Individualität	Fairer Preis	Internationalität
Kreativität	Ästhetik	Freude

Beispiele für Unternehmenswerte

2. Der Fokus liegt im zweiten Schritt auf den Differentiatoren und den Kernwerten Ihres Unternehmens. Analysieren Sie jetzt bitte diese für Ihr Unternehmen wichtigsten Werte und fragen Sie sich:

   a) Was genau verstehen die Mitarbeiter in unserem Unternehmen unter diesen Werten?

   b) Wie kann das gesamte Unternehmen diese Werte leben?

3. Jetzt geht es um die Werte Ihrer Marke. Haben Sie bereits die Markenwerte definiert, so arbeiten Sie bei dieser Aufgabe mit diesen Werten. Falls nicht, so nehmen Sie als Grundlage die oben genannten 60 Werte und wählen aus diesen 20 aus, die für Ihre Marke stehen.

   Aus diesen 20 Werten wählen Sie bitte wiederum die drei wichtigsten Werte aus. In der Regel hilft es, diese drei „Markenkernwerte" mit jeweils drei weiteren beschreibenden Werten zu konkretisieren – idealerweise aus den 17 verbleibenden wichtigsten Werten, die Sie zuvor ausgewählt haben. Und schon haben Sie Ihr Markenleitbild entwickelt!

Wie Sie Ihr Ergebnis visualisieren können, sehen Sie an dem Markenleitbild-Beispiel einer potenziellen Love Brand in der Abbildung rechts.

Gern können Sie sich auch dieses „Workshop-Diagramm Markenleitbild" als Vorlage für sich selbst und zum Workshop mit Ihrem Team unter www.drdanne.de herunterladen. In den Innenkreis des Workshop-Diagramms tragen Sie die Kernwerte Ihrer Marke ein und in den äußeren Kreis die jeweils beschreibenden Werte.

Je mehr Überschneidungen Sie jetzt zwischen den Unternehmenswerten – vor allen den Differentiatoren und Unternehmenskernwerten – und Ihren Markenwerten finden, umso besser. Je weniger Überschneidungen Sie entdecken, umso mehr Optimierungspotenzial ist gegeben.

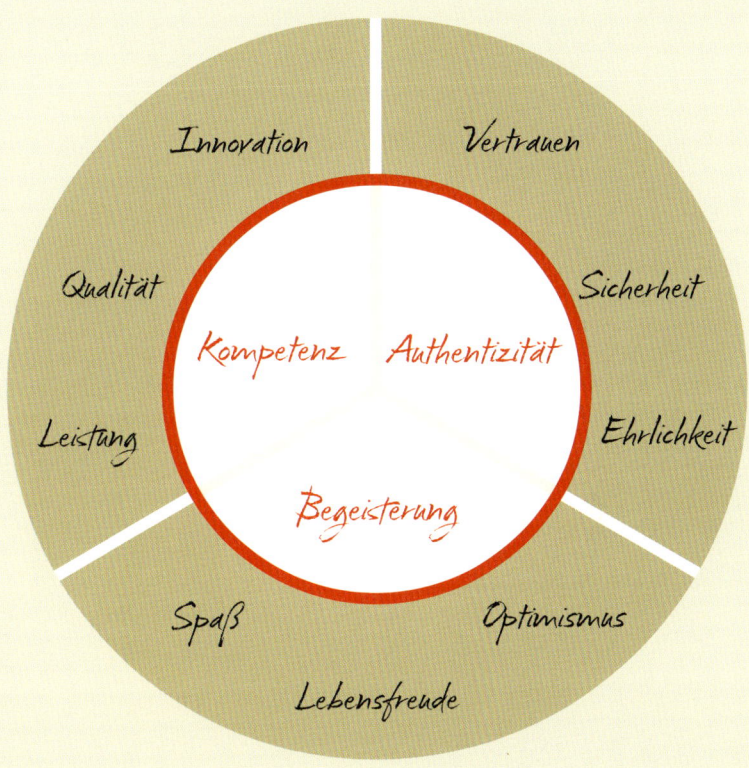

Beispiel eines Markenleitbildes einer potenziellen Love Brand

---

4. Beantworten Sie zu jedem der drei wichtigsten Werte für Ihre Marke zunächst die folgenden zwei Fragen:

   a) Was genau verstehen die Mitarbeiter in unserem Unternehmen unter diesen Werten?

   b) Wie kann das gesamte Unternehmen diese Werte leben?

Sie werden sehen: *Wenn das Bewusstsein in Bezug auf die Werte Ihrer Marke geschärft ist, dann werden diese Werte auch echten Wert schaffen.*

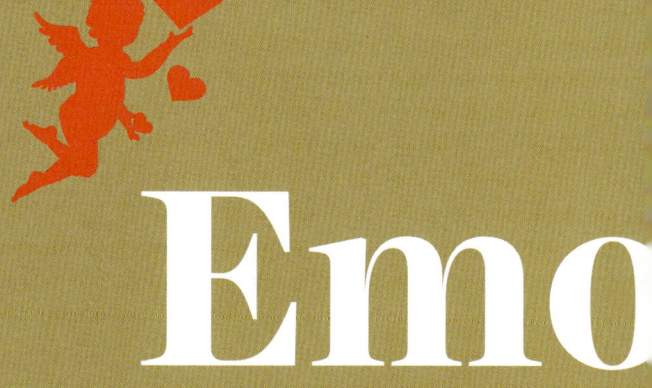

tionen,
**die
bewegen**

*„Gedanken machen groß,
Gefühle reich."*

Marcus Fabius Quintilianus

Wie wichtig Emotionen für Kaufentscheidungen sind, haben Sie bereits im ersten Kapitel erfahren. Sie sind – so zeigen die Ausführungen – ein zentraler Schlüssel zum Verkaufserfolg von Marken.

Die Erfolgsstorys von Unternehmen, Produkten und Werbekampagnen bestätigen die Bedeutung positiver Emotionen. Erfolgreiche Unternehmen wie beispielsweise McDonald's oder Porsche schaffen es, bei Kunden gute Gefühle auszulösen. Weltweit bekannte Produkte wie Coca-Cola und Harley Davidson werden von ihren Fans geliebt, weil sie ein positives Lebensgefühl vermitteln.

Preisgekrönte Werbekampagnen von Marlboro, die auf Freiheit und Abenteuer abzielen, oder von der Telekom (mit dem britischen Tenor Paul Potts und Bob Carey, dem Mann im rosa Tutu) funktionieren nach dem gleichen Prinzip: Sie vermitteln positive Emotionen, die die Menschen berühren. Gelingt es Ihnen, Gänsehaut oder Tränen im positiven Sinne auszulösen, haben Sie gewonnen.[43] *Je stärker die positiven Emotionen sind, die von einer Marke verursacht werden, desto wertvoller ist diese Marke für das Gehirn.*

Berühren Sie die Herzen Ihrer Kunden – aber wie?

Fragen Sie sich: Welche Ansatzpunkte der Emotionalisierung gibt es bei unserer Marke? Welche Wow-Effekte können wir bei unseren Kunden auslösen? Wie können wir die Herzen unserer Kunden berühren?

Ein kleines Wow-Beispiel aus dem Servicealltag einer Mini-Werkstatt in München zeigt, dass Emotionalisierung – oftmals ganz einfach und unkompliziert – umgesetzt werden kann: Als meine Freundin ihren Mini – sie nennt ihn zärtlich „Mein Liebster" – von einer großen Inspektion in der Werkstatt abholte, klebte auf dem Lenkrad ihres „Liebsten" ein Post-it mit der Message

> „ICH HABE DICH VERMISST!".

Sie können sich nicht vorstellen, was diese kleine Aufmerksamkeit des Servicemitarbeiters, der um die liebevolle Beziehung meiner Freundin zu ihrem Mini wusste, bei meiner Freundin ausgelöst hat. Sie hat deren Herz so sehr berührt, dass sie diese Geschichte bis zum heutigen Tag jedem erzählt. Solche emotionalisierenden Kleinigkeiten, die oft so gut wie nichts kosten, dienen nicht nur der Kundenbindung und -pflege, sondern auch dem „Neugierigmachen" durch Mundpropaganda. Denn was ist authentischer als die emotionale Erzählung eines Freundes oder Bekannten?

Emotionen sind in ihrer Stärke variabel. Wenn wir uns einfach wohlfühlen, kann sich diese Stimmung in eine freudige Zufriedenheit steigern. Wenn die Glückshormone in unserem Gehirn toben – wie bei meiner Freundin, als sie ihren Mini mit der berührenden Message abholte –, dann hüpfen wir vor Freude. Und genau das ist es doch, was Sie mit Ihrer Marke erreichen wollen.

Mit Erlebnissen Menschen bewegen

Auch Erlebnisse schaffen Emotionen und diese wiederum verankern sich in den Herzen der Konsumenten. Für BMW und Hubert Burda Media durfte ich 2006 die erste BMW Style Tour entwickeln. Eine Tour, für die sich Frauen allein oder zusammen mit ihren Freundinnen bewerben konnten. Aus allen Bewerbungen – wir bekamen einige Tausend – wurden 24 Teilnehmerinnen ausgewählt und zu der Tour eingeladen. Die erste Tour startete in München mit einem Fahrertraining mit Prinz Leopold von Bayern, dem Markenbotschafter von BMW. Die Teilnehmerinnen waren von den variantenreichen BMW Modellen, die die „Freude am Fahren" wahr werden ließen, fasziniert. Am nächsten Tag wurde die Tour zum Comer See „auf den Spuren von George Clooney" fortgesetzt. Bei der nächsten Etappe „Shopping in Mailand" ließen die Teilnehmerinnen, begleitet von der Mode-Chefredaktion aus dem Hause Burda, die Kreditkarten glühen. Die Shopping-Erfolge wurden dann im Cavalli Club gefeiert. Um die Eindrücke adäquat verarbeiten zu können, wurde auf dem Weg von Mailand zurück nach München noch ein Zwischenstopp in einem wunderschönen Wellnesshotel am Gardasee eingelegt. Nach der dreitägigen Tour hieß es dann in München Abschied nehmen von den tollen BMW Modellen, aber auch von der Truppe, die sich – trotz der sehr unterschiedlichen Frauen und Charaktere – zu einer ganz besonderen Community entwickelt hatte.

Die Community wurde während ihrer Tour online – zum Beispiel durch Blogs – von mehreren Tausend Fans begleitet. In den darauffolgenden Wochen und Monaten konnte sie, sowie viele andere, über Nachberichterstattungen in Printmedien die Tour Revue passieren lassen. Der gleiche Community-Gedanke war noch die nächsten zwei Jahre zu spüren, in denen die BMW Style Tour auf Mallorca in Form einer Sternenfahrt fortgesetzt wurde. Noch heute tragen die Teilnehmerinnen die mit „BMW Style Tour" gebrandeten T-Shirts, Taschen und sonstigen Utensilien, die sie an diese tollen Erlebnisse erinnern. BMW hat dabei ganz nebenbei zahlreiche Fahrzeuge abgesetzt.

Ähnliche Erfahrungen durfte ich mit der Porsche Sylt Tour 2012 erleben, die ich für meinen Kunden Porsche organisiert habe. Bei diesem Event zahlten allerdings die Teilnehmerinnen eine Teilnahmegebühr von über 1.000 Euro. Ein Beitrag für das Testen mehrerer Porsche-Modelle mit Fahrertraining, einem Abstecher nach Dänemark und Inseltouren, auf denen die Teilnehmerinnen die „Faszination Porsche" erlebten. Spaß, Freude, Wellness in einem Fünf-Sterne-Hotel und ein exklusives Fotoshooting mit entsprechendem Styling waren geboten. Das ließ die Frauenherzen höher schlagen. Noch heute treffen sich die Teilnehmerinnen und lassen – zum Teil mit ihrem neuen Porsche – die erlebte Faszination im Rahmen dieser einzigartigen Community Revue passieren.

Aktivieren Sie die Sinnesorgane Ihrer Kunden

Hören, Sehen, Fühlen, Riechen, Schmecken – all das kann Emotionen auslösen und verstärken, und zwar auf eine so intensive Art und Weise, dass sich ein Mensch dem wohl nur schwer entziehen kann. Und genau das wollen wir mit unseren Marken ja erreichen.

Der Sinn für Musik, die Fähigkeit, sich von Klängen berühren zu lassen, ist im Menschen – und damit auch in jedem Kunden – tief verankert. Seit Jahrhunderten funktioniert der Hörsinn quasi als Alarmanlage. Sobald ein Geräusch oder ein Ton das Ohr erreicht, springt das gesamte System der Informationsverarbeitung im Gehirn an. Akustische Reize werden viel schneller verarbeitet als visuelle Eindrücke. Musik kann Gänsehaut auslösen. Denken Sie nur an Elton Johns Song „Candle in the Wind", den er zur Beerdigung seiner Freundin Diana, der Prinzessin von Wales, sang. Musik kann auch zum Träumen bringen. Denken Sie dabei an Ihren Lieblingssong und Sie werden wissen, was ich meine. Musik kann beim Entspannen unterstützen. Musik kann uns auch helfen, von einem weniger erwünschten psychischen Zustand in einen erwünschteren zu wechseln – so lässt sie gute Laune aufkommen, wenn wir mal nicht so gut drauf sind.

Sie kennen das sicher: Sie landen nach einem anstrengenden Tag auf Ihrem Heimatflughafen und denken: „Jetzt nur noch so schnell wie möglich nach Hause!" Ähnlich fühlte ich mich, als ich an einem typischen Hamburger Regenabend gelandet war und ein Taxi ansteuerte. Der Taxifahrer indischer Herkunft war sehr nett, gut gekleidet und das Taxi roch zudem noch sehr angenehm. Ich dachte mir: „Glück gehabt!" Im Taxi sitzend fragte mich der Fahrer in seinem charmant klingenden Deutsch mit indischem Akzent, ob Musik okay sei. Ich bejahte und dachte, dass mich dies sicherlich entspannen würde. Als er mich dann jedoch fragte, ob er dazu auch singen dürfte, war ich mir nicht mehr sicher, ob das mit der Entspannung wirklich funktionieren würde. Da ich grundsätzlich ein neugieriger Mensch bin, stimmte ich auch diesmal zu und war gespannt. Und so sang er dann voller Inbrunst „Oh Dschermany, we looove you" und fuhr beschwingt durch das abendliche Hamburg. Das Lied – spannend, witzig, energiereich – verbreitete gute Laune und ließ mich den Stress des Tages einfach vergessen. Als wir vor meiner Tür hielten und das Lied noch nicht beendet war, bat ich ihn, doch noch eine Runde um den Block zu fahren. Danach hatten wir, d.h. Lovely – der Name ist Programm – und ich, eine sehr interessante Diskussion. Ich konnte ihm ein paar gute Impulse zur Verbreitung dieses einzigartigen Taxiangebotes geben, die er zusammen mit seinem ebenfalls taxifahrenden Bruder Monty umsetzte. Mittlerweile waren die Bhangu Brothers Lovely und Monty, die vor 30 Jahren nach Deutschland kamen, als Duo oft in Funk und Fernsehen und haben es sogar bis zu Barbara Schöneberger geschafft. Konsequenterweise gibt es auch CDs, mit denen man sich die Fröhlichkeit der singenden indischen Taxifahrer nach Hause oder ins eigene Auto holen kann.

Musik kann bestehende Emotionen wie Freude und Glücksgefühle bis hin zu Rauschzuständen verstärken. Im Rausch war wohl auch Friedrich Liechtenstein, als er mit „Super Markt. Super Marke. Super geil" seinen ersten, sehr erfolgreichen viralen Hit für Edeka platzierte. Mit diesem Webspecial, das Anfang 2014 und auch noch viele Wochen danach ein Hype im Internet war, wurden insbesondere die jüngeren Zielgruppen erreicht. Das Ergebnis: Das Werbespecial hatte in den ersten 20 Stunden bereits mehr als 200.000 Klicks, bis Ende Juni 2014 wurde es über elf Millionen Mal angesehen. Ein echter Internet-Hit. Mehrere weitere, ebenso erfolgreiche virale Hits folgten. Dabei waren es aber nicht nur die Songs, die die Zielgruppe stimulierten, sondern auch die witzig verfilmten Szenen.

Lange Zeit galten TV-Spots als die Markenbildner schlechthin. Denken Sie doch mal an Clementine von Ariel oder Herrn Kaiser von der Mannheimer. Heutzutage reicht das – gerade auch vor dem Hintergrund der Informationsüberflutung – nicht mehr aus: Der Kunde wird nicht nur via TV (manche meiner Freunde haben sogar bewusst keinen Fernseher mehr), sondern eher über andere Kanäle – insbesondere über das World Wide Web - erreicht. Eine integrierte multimediale Kommunikationsstrategie ist damit unumgänglich. Schafft man es darüber hinaus auch noch, den Kunden die Marke fühlen und/oder riechen zu lassen, so ist einem das emotionale Involvement sicher.

Die zuvor genannten Beispiele der BMW Style Tour und der Porsche Sylt Tour machen deutlich, wie leicht es ist, den Kunden eine Marke fühlen zu lassen. Im Automobilbereich reicht eine einfache Probefahrt in der Regel schon aus, wenngleich eine Eventunterstützung wie in den genannten Beispielen natürlich die Emotionen verstärkt. Auch bei anderen Produkten spielt das Fühlen eine große Rolle. Haben Sie schon einmal die Creme von La Prairie auf Ihrer Haut sanft einmassiert? So weich, so samtig … Nicht nur meine Freundin Barbara, die wirklich schon viele Cremes ausprobiert hat und hier sehr anspruchsvoll ist, sondern viele weitere La Prairie-Anwenderinnen wissen, wovon ich spreche: Es ist einfach ein ganz besonderes Gefühl, das dann noch mit dem unverkennbaren La Prairie-Geruch kombiniert wird.

Gerüche sind natürlich eine sehr subjektive Wahrnehmung. Die einen lieben den Kaffeeduft, der einem zum Beispiel bei Dallmayr in München entgegenströmt, die anderen tangiert der Geruch überhaupt nicht. Ein Unternehmen, das es mit den Düften wohl ein wenig übertrieben hat, ist Abercrombie & Fitch. Achten Sie bei Ihrem nächsten Besuch dort mal auf den Geruch, sofern er Ihnen nicht schon in der Fußgängerzone „entgegengeblasen" wird. Der mit Lockstoffen angereicherte Raumspray des amerikanischen Modelabels steht dafür in der Kritik. In München wurde die Geruchsoffensive, die zum Markenkonzept von Abercrombie & Fitch gehört, zu einer amtlichen Angelegenheit, da sich immer mehr Münchener – vor allem auch Nachbarn – über die Geruchsbelästigung beschweren. Nach eingehender Prüfung folgte ein entsprechender Warnbrief des Gesundheitsreferates. Sie sollten also – sofern Sie Ihre Marke durch wohlriechende Düften anreichern möchten – auf die richtige Dosierung achten.

Ja, und natürlich kann man Marken auch schmecken. Denken Sie dabei nur an den unverkennbaren Geschmack von nutella, der uns aus unserer Kindheit bekannt ist.

So gewinnen Sie die Herzen Ihrer Kunden!

Bevor Sie jetzt mit energiereichem Aktionismus die eine oder andere der aufgeführten Maßnahmen ergreifen, um Ihre Marke emotional aufzuladen, sollten Sie sich erst einmal fragen, welche Emotionen Sie mit Ihrer Marke bei Ihrer Zielgruppe auslösen wollen.

Hierzu nehmen Sie bitte das im vorangegangenen Kapitel entwickelte Leitbild Ihrer Marke. Wenn Sie sich Ihre Markenkernwerte und die dazugehörigen beschreibenden Werte ganz genau anschauen, sollte eigentlich klar sein, welche Emotionen mit Ihrer Marke hervorgerufen werden sollten.

Anhand Ihres Markenleitbilds, des ausgefüllten Workshop-Diagramms zu Ihren Markenwerten und den folgenden Fragen sollten Sie jetzt mit Ihrem Team brainstormen, mit welchen Maßnahmen diese Markenwerte gegenüber der Zielgruppe emotionalisiert werden können.

Ist beispielsweise der Wert Freude in Ihrem Markenleitbild verankert, überlegen Sie, wie Sie Ihrer Zielgruppe – unabhängig von dem Produkt selbst – eine extrem große Freude mit Wow-Effekt bereiten könnten. Ziel muss es sein, die Emotionen durch passende Maßnahmen so sehr zu verstärken, das sich Ihre Zielgruppe Ihrer Marke nicht mehr entziehen kann.

1. Welche „Wow"-Effekte können Sie Ihren Kunden bieten?

2. Worüber freuen sich Ihre Kunden/Zielgruppen in Zusammenhang mit Ihrem Produkt/Ihrer Dienstleistung am meisten?

3. Mit welchen Erlebnissen oder Events können Sie die Herzen der Kunden berühren?

4. Welche Emotionen sollen mit Ihrer Marke hervorgerufen werden? Zum Beispiel

   a) das Gefühl der Sicherheit

   b) das Gefühl der Verlässlichkeit

   c) das Gefühl der Unabhängigkeit

   d) das Gefühl der Freude

   e) das Gefühl der Freiheit

   f) das Gefühl der Individualität

   g) das Gefühl der Anerkennung

   ...

5. Wie erreichen Sie das?

6. Welche Sinne Ihrer Kunden/Zielgruppen können Sie ansprechen? Bitte notieren Sie zu jedem Sinn Ideen:

   a) Sehen

   b) Riechen

   c) Schmecken

   d) Hören

   e) Fühlen

mer 1 sein und bleiben

„Kein Sieger glaubt an den Zufall."

Friedrich Nietzsche

Wer will nicht die Nummer 1 sein? Der Antrieb, Erster sein zu wollen, zeigt sich schon bei Kleinkindern in Situationen, in denen man gewinnen oder verlieren kann. Kein Wunder, denn die Motivation, Leistung zu bringen und Erfolge zu erzielen, ist den Menschen angeboren. Das Bedürfnis nach Bestätigung erwacht dann später, sobald das Kind beginnt, bewusst zwischen sich und anderen zu unterscheiden.

Wenn ich an meine Schulzeit zurückdenke, war es immer die Ehrenurkunde, die ich von den Bundesjugendspielen, oder die beste Arbeit in Mathematik, die ich mit nach Hause bringen wollte. Nicht nur deshalb, weil ich meine Leistungen damit bestätigt sah, sondern auch deshalb, weil es dafür Anerkennung gab. Die Ehrenurkunde, die Note 1 ebenso wie die kleine Prämie, die ich von meinen Eltern bekam, bestätigten mich, gaben mir Anerkennung und ein gutes Gefühl.

Süchtig nach Anerkennung – das sind auch Ihre Kunden

„Süchtig nach Anerkennung", so betitelte Die Zeit ihren Beitrag, in dem sie sich mit dem Thema auseinandersetzte, dass Menschen von anderen gemocht und geachtet werden wollen – und zwar unter allen Umständen![44]

Schauen Sie sich zum Beispiel Sportler an. Manche trainieren bis zur totalen Erschöpfung. Sie nehmen alles in Kauf, um die Nummer 1 und damit der Beste zu sein. Egal, ob Profi oder Amateur – wir streben nach den besten Leistungen. Manchmal sind diese Leistungen objektiv die besten, manchmal geht es darum, den eigenen Rekord zu brechen. Als ich zum Beispiel meinen ersten Marathon in New York lief, hatte ich nur ein Ziel: durchkommen. Nein, ich wollte nicht die Nummer 1 des gesamten Feldes sein, ich wollte einfach nur für mich selbst gewinnen – sprich meine Nummer 1 sein – und das hieß für mich, die Ziellinie zu passieren. Hintergrund war, dass ich nie geplant hatte, einen Marathon zu laufen, sondern nur eine Management-Lauftruppe zum New-York-Marathon zu begleiten. Kurz vor dem Start fiel jedoch eine Läuferin aus gesundheitlichen Gründen aus, sodass ich meinem Versprechen gegenüber dem Organisator, einzuspringen, falls jemand nicht laufen könne, nachkommen wollte. So war mir am Ende des Tages nicht die Zeit wichtig, sondern es gab nur ein Ziel: im Central Park über die Ziellinie zu laufen ... und genau in diesem Moment fühlte ich mich als Gewinner. Ich fühlte mich klasse, stolz, erleichtert. Ich fühlte mich überglücklich. Sicher nicht weniger als der Gewinner des gesamten Marathons, objektiv gesehen die Nummer 1 des Marathons. Dieses Gefühl wurde gekrönt von der Anerkennung und dem Respekt der Management-Truppe, die ich jetzt nicht nur nach New York begleitet hatte, sondern mit der ich den Marathon auch gelaufen war.

Wir wollen immer die Nummer 1 sein – und so sollen es auch unsere Marken sein. Sie sollen den Kunden das Gefühl vermitteln, die beste Wahl getroffen, ja, sich für den Gewinner entschieden zu haben.

Ihre Marke soll Gewinner im Kopf der Kunden sein

Aber wie schafft es Ihre Marke, die Nummer 1 zu werden und zu bleiben? Wie kann die Position Ihrer Marke langfristig im hart umkämpften Wettbewerb bestehen? Ganz einfach: indem Sie immer wieder nach der Nummer 1 streben, indem Sie sich immer wieder darum bemühen, dass Ihre Marke der Gewinner im Kopf der Konsumenten ist. Wie bei einem Sportler bedeutet dies tagtäglich harte Arbeit. Wenn Ihre Marke einmal die Nummer 1 ist, heißt es nicht, dass sie es auch künftig sein wird. Dafür müssen Sie kämpfen, dafür müssen Sie „schwitzen", dafür müssen Sie investieren.

Die zuvor aufgeführten Erfolgsfaktoren – Leidenschaft, Innovationen, Geschichten, Werte, Emotionen – helfen Ihnen dabei, dass Ihre Marke die Nummer 1 in den Köpfen der Konsumenten wird und auch bleibt. Die Erfolgsfaktoren unterstützen Sie dabei, dass Ihre Marke langfristig von Ihren Kunden geliebt wird.

Eine Marke, die es geschafft hat, von ihren Kunden geliebt zu werden, ist die Sansibar. Wer kennt sie nicht, die beiden gekreuzten Schwerter und die Geschichte dahinter, in der der Schwabe Herbert Seckler die Hauptrolle spielt und die Erfolgsstory „Vom Tellerwäscher zum Millionär" authentisch inszeniert?

1974 kam Seckler mit 22 Jahren nach Sylt und kaufte einen Strandkiosk, in dem er Hausmannskost, Würstchen, Pommes und Linsensuppe anbot. Außerhalb der Saison arbeitete der von Existenzsorgen geplagte Seckler auf Butterschiffen. 1982 brannte das damals kaum bekannte Strandrestaurant Sansibar ab, woraufhin sich Seckler entschloss, eine größere Sansibar wiederaufzubauen. 2009 wurde Herbert Seckler vom Gastronomiekritiker Gault Millau als „Restaurateur des Jahres" geadelt und die Sansibar mit 13 Punkten ausgezeichnet.

Was ist nun das Geheimnis der vermeintlichen „Bretterbude", die für die meisten Sylt-Urlauber zu einer Art Pilgerstätte, zum Nummer-1-Restaurant auf der Insel geworden ist? Eine Kombination aus vielen Facetten. Zu den prägnantesten zählt zunächst die unermüdliche Leidenschaft des gesamten Sansibar-Teams – allen voran des Gastronomen selbst. Herbert Seckler, den ich schon lange Jahre persönlich kenne, schaut nahezu täglich in der Sansibar nach dem Rechten und ist immer zu einem Plausch mit seinen Gästen bereit – egal, ob Promi oder nicht.

„Ich kenne die Bude schon seit den frühesten Anfängen! Aus dem Grunde treffe ich dort auch viele Menschen, die ich kenne. Sehr oft natürlich Leute aus unserer Branche. Für sie ist die Sansibar wie ein ‚Uterus', der vor der Öffentlichkeit schützt, obwohl sich dort manchmal Hunderte von Sylt-Urlaubern aufhalten. Man wird nicht angegafft wie in der Westerländer Friedrichstraße – hier herrscht noch Respekt vor Jauch, Gottschalk, Krüger, Kerner, Waalkes, Dall und den ganzen Unterhaltungsheinis. Wer sich nicht daran hält, der fliegt raus – zumindest aus dem Reservierungscomputer. Die dürfen uns dann nur noch auf dem Bildschirm bewundern ..."
Karl Dall

Nicht nur Secklers eigene Sansibar-Geschichte, sondern auch diejenigen, die er während seiner gesamten Sansibar-Zeit erlebt hat, lassen die Gäste an seinen Lippen kleben. Sein Team trägt seinen Teil zum Erfolg bei, nicht zuletzt motiviert von Seckler selbst und natürlich von der Marke „Sansibar" an sich. Das Team bietet einen freundlichen Topservice und ist mit extremer Begeisterung bei der Sache.

Zum Erfolgsgeheimnis gehört auch die Innovationsfreude, die dazu führte, dass die Sansibar heute nicht nur eine „Bretterbude" mit einer sehr guten Küche und einer großartigen Weinkarte mit über 1.200 Positionen ist, sondern ein erfolgreicher Handelskonzern, in dem werteorientierte Unternehmensführung großgeschrieben wird.

Herbert Seckler hat es geschafft, das „Feeling" Sansibar durch eine Vielzahl an Merchandising-Produkten auch außerhalb des Restaurants erlebbar zu machen. Dazu zählen sowohl Lebensmittel wie Sansibar-Prosecco, -Salz, -Pfeffer, -Senf, -Olivenöl, -Ölsardinen, als auch Non-Food-Artikel wie Kleidung, Taschen, Schuhe, Decken und andere Accessoires. Die Sansibar-Produkte können sowohl offline in den Sansibar-Stores – nicht nur auf Sylt, sondern deutschlandweit – als auch online im Sansibar-Online-Shop erworben werden. Sogar an Bord von Airberlin werden Sansibar-Weine sowie kulinarische Sansibar-Köstlichkeiten angeboten und an Bord der MS Europa befindet sich eine Bar namens „Sansibar".

All das sind die Gründe, warum das Restaurant im Sommer aus allen Nähten platzt, die Sansibar-Food-Produkte in den Küchen deutschlandweit und auch über die Grenzen hinaus eine ganz besondere Präsenz finden und die Sansibar-Fans die Non-Food-Produkte ihrer geliebten Marke mit Stolz tragen bzw. sie gern zur Schau stellen, ebenso wie das Piratenlabel auf ihren Fahrzeugen seinen Platz gefunden hat.

Das nachfolgende Diagramm versucht die Sansibar anhand unserer Erfolgsfaktoren zu visualisieren. Dazu habe ich die sechs Faktoren, die die Grundlage einer Love Brand bilden, jeweils an das Ende einer Achse gestellt. Die Achsen reichen von 0 bis 100 Prozent: An jeder der sechs Achsen lässt sich ablesen, inwieweit dieser Erfolgsfaktor bereits umgesetzt wird. 100 Prozent bedeuten, dass der betreffende Erfolgsfaktor vollends erfüllt ist, es besteht keinerlei Optimierungsbedarf.

Wie Sie an dem Diagramm für die Sansibar sehen, erreicht diese bei nahezu allen Erfolgsfaktoren fast 100 Prozent. Hier gibt es also kaum etwas zu optimieren. Grund genug, um zu sagen: „Herbert, alles richtig gemacht!"

Das Ergebnis der Grafik erinnert an einen Diamanten. Je größer der Diamant ist, desto mehr lieben Kunden diese Marke. Oder in den Worten von Marilyn Monroe analog ihres Liedes „Diamonds Are a Girl's Best Friend" ausgedrückt: desto mehr wird die Marke zum besten Freund des Kunden.

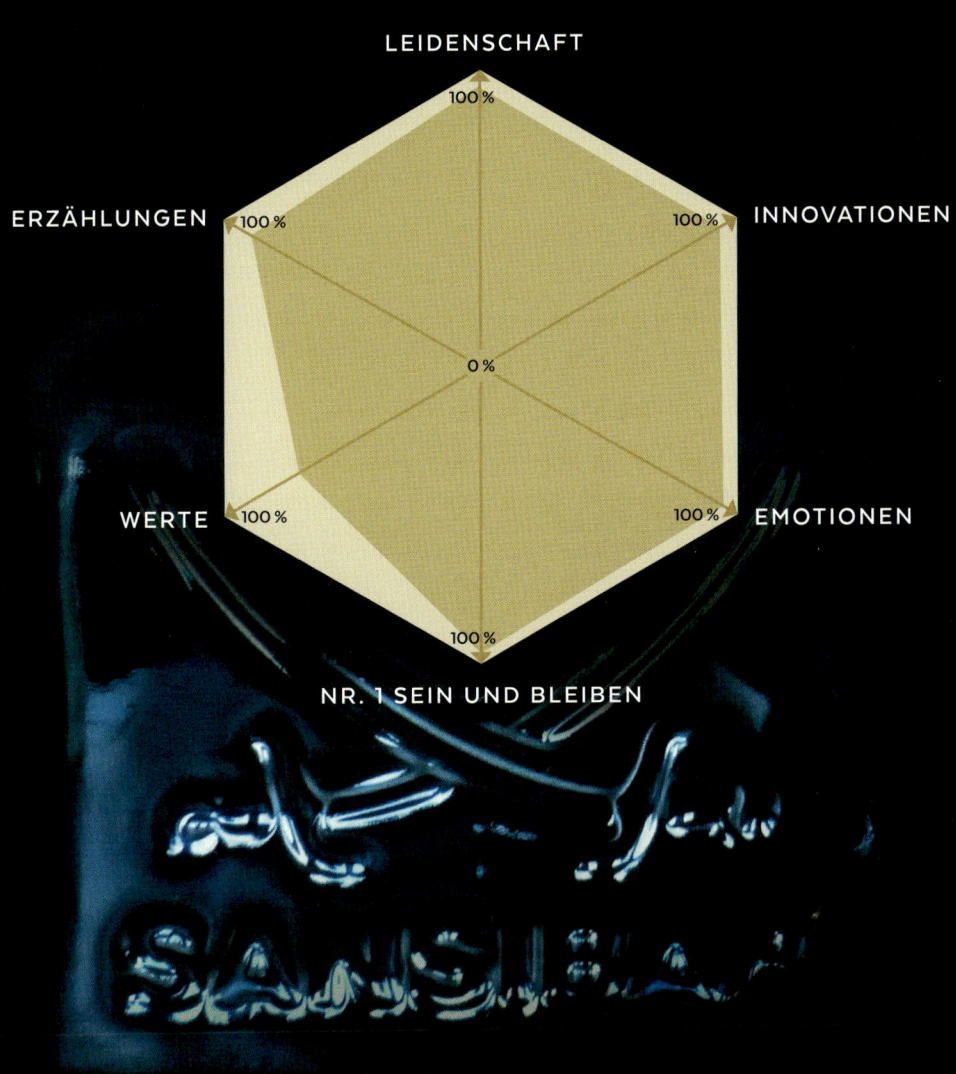

Diamond-Diagramm der Sansibar

So wird Ihre Marke langfristig zur Nummer 1!

Wissen Sie, wo Ihre Marke derzeit steht? Wissen Sie, wo Sie Optimierungspotenzial haben, wo Sie noch besser werden können?

Sie werden es jetzt herausfinden. Versuchen Sie sich bitte bewusst zu machen, wo Ihre Marke steht in Bezug auf

- Leidenschaft, die für Ihre Marke in Ihrem Unternehmen aufgebracht wird, mit der Ihre Mitarbeiter tagtäglich neu motiviert werden, für Ihre Marke alles zu geben, und die sich auch bei Ihren Kunden widerspiegelt.

- Innovationen, mit denen Sie Ihre Marke immer wieder neu erfinden und sowohl Ihre Mitarbeiter als auch Ihre Kunden faszinieren.

- Erzählungen, die sowohl Ihre Mitarbeiter als auch Ihre Kunden begeistern und die mit voller Begeisterung weitergegeben werden.

- Werte, mit denen Ihre Mitarbeiter und auch Ihre Kunden Ihre Marke verbinden, die auf der gesamten Linie im Unternehmen gelebt werden und Ihren Kunden ein gutes Gefühl geben.

- Emotionen, die Ihre Marke bei Ihren Kunden auslöst.

- Nummer 1 – die Position Ihrer Marke sowohl in den Köpfen Ihrer Mitarbeiter als auch in Bezug auf Ihre Kunden.

Fragen Sie sich bitte, wie es mit den einzelnen Erfolgsfaktoren steht. Wo befindet sich Ihre Marke auf einer Skala von 1 bis 100? Wie viele Prozentpunkte haben Sie bereits von den 100 Prozent erreicht? Die Beantwortung der folgenden Fragen sollte Ihnen leichtfallen, wenn Sie die Aufgaben in den vorangegangenen Kapiteln erarbeitet haben. Auch hier ist es wieder empfehlenswert, die Fragen gemeinsam mit Ihrem Team durchzugehen:

1. Welche Leidenschaft fühlen die Kunden für Ihre Marke? Bitte bewerten Sie, wie viele Prozentpunkte Sie hier von 100 Prozent bereits erreicht haben.

2. Wie fasziniert sind Ihre Kunden von den Innovationen Ihrer Marke? Je höher die Faszination, desto höher der Prozentwert, den Sie sich geben können.

3. Nehmen Ihre Kunden die Geschichte hinter Ihrer Marke wahr? Wenn ja, sind Ihre Kunden von der Geschichte auch begeistert? Bitte geben Sie auch hier Ihre Bewertung in Form von Prozenten an.

4. Werden mit Ihrer Marke die Wertebedürfnisse Ihrer Kunden befriedigt? Ist Ihre Marke konform mit den Wertvorstellungen Ihrer Kunden? Sollte dies im hohen Maße zutreffen, so können Sie sich hier einen entsprechend hohen Wert geben.

5. Wie sehr sind Ihre Kunden emotionalisiert, wenn sie Ihre Marke kaufen, wenn sie sie nutzen? Ordnen Sie Ihren Wert wieder auf einer Skala von 1 bis 100 ein.

6. Ist Ihre Marke die Nummer 1 in den Köpfen der Konsumenten? Ist Ihre Marke objektiv gesehen die Nummer 1 im relevanten Wettbewerbsumfeld? Gegebenenfalls gibt es hier auch offizielle Rankings, die Sie als Grundlage zur Bewertung hinzuziehen können. Sind Sie die Nummer 1? Herzlichen Glückwunsch, dann erhalten Sie 100 Prozentpunkte.

Wie Sie Ihr Ergebnis visualisieren können, haben Sie bereits am vorangegangenen Beispiel der Sansibar erfahren. Auch dieses Diagramm steht Ihnen und Ihrem Team unter www.drdanne.de zum Download zur Verfügung.

Wenn Ihnen das Diagramm vorliegt, tragen Sie die Prozentpunkte für die einzelnen Faktoren mit einem Bleistift ein und verbinden Sie die einzelnen Punkte. Es entsteht eine Fläche, die Sie mit Ihrem Bleistift schraffieren können. Je größer die Fläche, je größer der Diamant innerhalb des Diagramms ist, desto mehr wird Ihre Marke von Ihren Kunden geliebt. Je kleiner sie ist, umso größer ist das Optimierungspotenzial, das Sie noch auf dem Weg dorthin haben. An den Ausprägungen der einzelnen Faktoren können Sie sehen, wo der Optimierungsbedarf am größten ist.

Wollen Sie auf Ursachenforschung gehen, warum Ihr Diamant möglicherweise nicht so groß ausfällt, wie Sie sich wünschen oder wie Sie vielleicht erwartet hätten, so kann Ihnen die folgende Aufgabe entsprechende Ansatzpunkte liefern. Jetzt geht es insbesondere um die interne Sicht in Ihrem Unternehmen. Stellen Sie sich hierzu bitte die folgenden Fragen:

1. Wie wird die Leidenschaft für die Marke von den Mitarbeitern gelebt? Bitte bewerten Sie diese auf einer Skala von 1 bis 100.

2. Wie innovativ ist unsere Marke aus unserer Sicht? Ist sie sehr innovativ, wird der Prozentsatz bei diesem Faktor eher höher ausfallen, bei einem geringen Innovationsgrad entsprechend niedriger.

3. Hat unsere Marke eine begeisternde Geschichte? Wenn nein, werden Sie bei diesem Faktor wohl eher einen geringen Prozentsatz erreichen. Wenn ja, dann liegt er auf jeden Fall höher.

4. Gibt es hohe Überschneidungen zwischen den Unternehmens- und den Markenwerten? Werden die Markenwerte von den Mitarbeitern gelebt? Je konsistenter die Werte in Ihrem Unternehmen sind und je mehr sie gelebt werden, desto höher wird hier der Prozentwert ausfallen.

5. Schaffen wir es, die Emotionen, die unsere Marke auslösen soll, durch entsprechende Maßnahmen zu verstärken? Wenn es hier noch großes Potenzial geben sollte, dann wird der Wert geringer sein.

6. Ist unsere Marke aus Unternehmenssicht die Nummer 1 im relevanten Wettbewerbsumfeld? Wenn es aus Ihrem Branchenwissen heraus die entsprechende Bestätigung gibt, dann wird der Wert hier höher liegen.

Bitte tragen Sie diese Werte nun mit einem farbigen Stift in Ihr Diamond-Diagramm ein, in das Sie bereits zuvor die Werte in Bezug auf Ihre Kunden eingetragen haben. Beim Eintragen der Prozentwerte werden Ihnen die ersten Ansatzpunkte auffallen, wie Ihre Kunden Ihre Marke mehr lieben könnten. Wenn Sie diese farbigen Punkte ebenfalls verbinden und die entstehende Fläche leicht schraffieren, können Sie dies noch stärker visualisieren.

Nutzen Sie die Optimierungspotenziale und lassen Sie den Diamanten wachsen, damit Ihre Kunden Ihre Marke lieben. Und damit Sie die Grundlage dafür schaffen, dass Ihre Marke eine echte Love Brand wird. Wie Ihnen das gelingt, erfahren Sie im folgenden Kapitel III.

MIT COMMUNITING UND SSP ZUR LOVE BRAND

In den vorangegangenen Kapiteln haben wir uns damit beschäftigt, wie Kunden Ihre Marke lieben lernen und wie Sie die Voraussetzungen schaffen, Ihre Marke zu einer Love Brand weiterzuentwickeln. Und genau darum geht es jetzt. Seien Sie gespannt, was wir dabei lernen können, wenn wir eine Marke so gesamtheitlich sehen wie einen Menschen, und welche Auswirkungen dies auf das Marketing der Zukunft, das Marketing 4.0, und auf den USP sowie den ESP, den Emotional Selling Proposition, hat. Doch zunächst zu den Grundlagen, die wir bisher gelegt haben und im Sinne einer ganzheitlichen Markenführung betrachten wollen.

Markenliebe als Grundlage für Love

Brands

Wenn Kunden Marken lieben, heißt das noch lange nicht, dass sie sie auch wirklich als ihre Marke ansehen und sie so zu einer echten Kundenmarke werden lassen. Marken werden oftmals „nur" konsumiert. Bei Love Brands geht es jedoch um viel mehr: Kunden nehmen eine Love Brand förmlich auf. Sie „erleben" die Marke nicht nur, indem sie sie konsumieren, sondern sie leben die Marke. Sie werden Teil der Marke, verinnerlichen sie und identifizieren sich mit ihr. Sie präsentieren die Marke auch gegenüber anderen Menschen und werden so zu Markenbotschaftern. Die Marke steht symbolisch und stellvertretend für bestimmte Werte und sie schafft ein Zugehörigkeitsgefühl zu anderen Menschen, die sich ebenfalls für diese Marke entschieden haben.

Expertengespräch mit Hadi Teherani[45]

Hadi Teherani, der in Deutschland lebende Architekt iranischer Herkunft, ist einer der populärsten Baumeister von Bürobauten. Nach Mitarbeit in einem renommierten Kölner Büro und Lehrauftrag an der Technischen Hochschule Aachen gründete Teherani 1991 in Hamburg mit Jens Bothe und Kai Richter das Architektenbüro BRT – BOTHE RICHTER TEHERANI sowie die Designfirma Hadi Teherani AG. Heute umfasst die Hadi-Teherani-Gruppe mehrere Gesellschaften mit Ausrichtung auf Architektur, Consulting und Interieur. Bei selnen Gestaltungen von Gewerbebauten spielen die Materialien Glas und Stahl eine zentrale Rolle; sie signalisieren zugleich Leichtigkeit und enorme Stabilität. Dabei kreiert Teherani stets eine elegante Formensprache – sowohl bei Gebäuden als auch im Produktdesign.

Wer ihn kennt, weiß, dass das Designbewusstsein von Hadi Teherani bis ins Detail geht. So sind seine stilvollen Büroräume konsequenterweise mit Produkten im Teherani-Design ausgestattet: Dazu zählen lange Sofas aus elfenbeinfarbenem Leder, Bürostühle und Sessel sowie muskelschonende Akku-Fahrräder. Die Bandbreite des Designers wird hier offensichtlich. Und vor allem auch seine Liebe zu Marken!

Markenliebe kommentiert Hadi Teherani wie folgt:

„Eine Marke kann zu deinem besten Freund werden. Wenn du zum Beispiel ein Apple-Produkt besitzt, bekennst du dich als User zu der Marke, du fühlst dich zu ihr hingezogen. Du willst auf jeden Fall dazugehören! Selbst wenn Samsung ein schöneres Handy auf den Markt bringen sollte: Du trennst dich nicht – die Zugehörigkeit, die du empfindest, ist zu stark.

Begeisterung auf allen Ebenen: Angefangen bei dem sympathischen Logo bis hin zur Bedienung – stringent und überzeugend. Auch das Design, auf das ich natürlich schon stets kritisch schaue: minimal, einfach, auf den Punkt gebracht – kaum zu verbessern. Bei Apple hat das Design zudem eine Funktion: Das Gerät unterstützt dich, es hilft dir weiter. Design ist ein sehr wichtiger Verkaufsfaktor für Marken. Viele Unternehmen sind daran bereits gescheitert. Für mich gilt wie bei Apple: form follows function. Wenn ich zum Beispiel einen Stuhl entwerfe, muss dieser ergonomisch und funktional top sein, aber so müssen es auch die gestalterischen Aspekte sein – zum Beispiel muss jede Naht perfekt sitzen. Wir machen keine Kompromisse, denn es ist wichtig, dass alles auf den Punkt gebracht ist und am Ende auch ein Mehrwert generiert wird. Erst dann sind wir mit der Lösung zufrieden. Da bin ich einfach Perfektionist. Das bin ich der Marke schuldig und die Marke wiederum ihren Kunden.

Innovationen sind dabei stets besonders wichtig. Eine Marke darf – wie alles im Leben – nicht stehenbleiben. Eine Marke ist wie ein Verein. Du willst, dass deine Marke ganz vorn dabei ist. Wenn eine Marke stehenbleibt, verliert sie das Spiel und steigt aus Sicht der Kunden ab. Das gilt es zu verhindern, denn eine Marke muss – damit sie erfolgreich ist – immer auch der Champion des Kunden sein."

Love Brands stehen noch einmal eine Stufe über dem, was Marken bisher ausgezeichnet hat. Love Brands erreichen im Gegensatz zu anderen Marken ihre Kunden auf einer ganz anderen Ebene. Welche – das werden Sie noch erfahren!

Schmetterlinge im Bauch: verliebt in eine Marke

Denken Sie einmal daran, wie es ist, verliebt zu sein: Herzklopfen, Bauchkribbeln, Kniezittern, das Gefühl der vollkommenen Glückseligkeit. Wer verliebt ist, findet den anderen wunderschön, schenkt ihm zärtliche Blicke, möchte ihn berühren, viel Zeit mit ihm verbringen und sich gerne länger an ihn binden.

Einige Menschen verspüren vergleichbare Gefühle, wenn sie in ihrem geliebten Porsche sitzen oder ihre Patek Philippe am Handgelenk tragen.

Laut der Arte-Dokumentation „Das Coolness-Diktat", die den Kult um die Marke „Apple" untersuchte, hat ein Experte für Neuromarketing sogar herausgefunden, dass ein iPhone im Gehirn seines Besitzers die gleichen Regionen stimulieren kann, die reagieren, wenn sich Menschen verlieben.

Dem Kunden, der in die Marke verliebt ist, fehlt etwas, wenn er ohne sie sein muss.

Selbstverständlich können die Gefühle für einen Menschen nicht auf die gleiche Stufe gestellt werden wie die Gefühle für eine Marke. Die Grundmotive und die daraus entstehenden Emotionen sind anderer Natur. Aber dennoch schenken uns geliebte Marken ein besonderes Gefühl.

So belegt eine Studie von Langner, Schmidt und Fischer eine ähnliche Valenz, also Stärke der Emotionen bei geliebten Marken und geliebten Personen (vgl. Abbildung rechts).[46]

Deshalb sollte eine Marke – genau wie ein Mensch – ganzheitlich betrachtet werden. So bedarf es auch einer ganzheitlichen Markenführung, der wir uns im Folgenden widmen wollen.

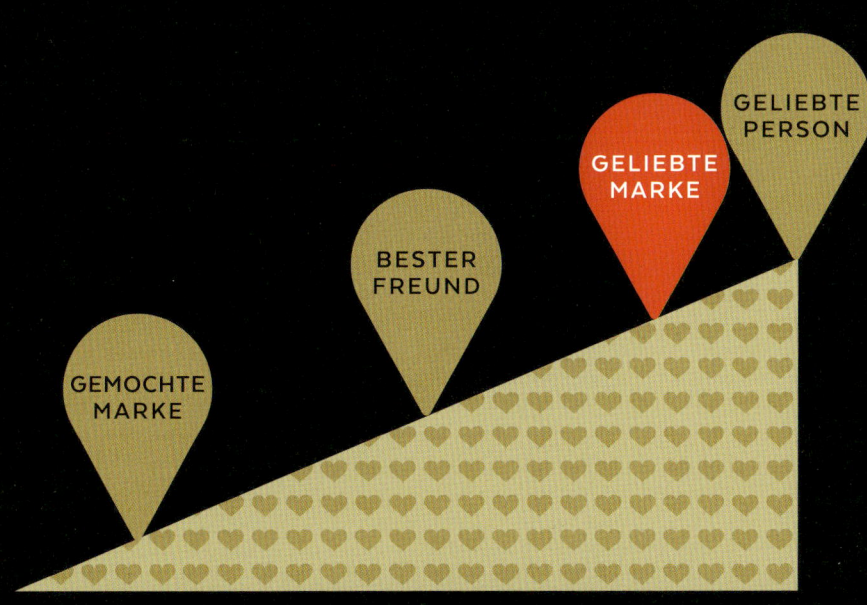

Valenz der Emotionen: Interpersonelle Beziehungen und Markenbeziehungen im Vergleich (in Anlehnung an Langner, Schmidt, Fischer 2015)

Ganzheitliche
Markenführung als Basis des

Erfolgs

So wie die Liebe zu einer Marke ähnlich der Liebe zu Menschen ist, so haben Menschen und Marken auch vieles gemeinsam. Cay von Fournier und ich haben bereits in unserem gemeinsamen Buch „Anders und nicht artig" – sicherlich auch durch unseren medizinischen Hintergrund initiiert – diese Gemeinsamkeiten näher betrachtet. Uns war es dabei wichtig, die gesamtheitliche Betrachtungsweise auch für Marken vorzunehmen. Ganzheitlich bedeutet in Bezug auf einen Menschen, dass die vier Bereiche Körper, Geist, Herz und Seele angesprochen werden. All diese Bereiche gibt es auch bei Marken.[47]

Eine Marke – individuell wie ein Mensch

Der *Körper* wirkt bei Kaufentscheidungen mit. Warum sonst setzen wir uns in ein Auto und fahren es zur Probe? Weil es entscheidend ist, wie sich dieses Auto anfühlt. Wie sitzt man darin? Wie liegen das Lenkrad oder der Schalthebel in der Hand? Wie lässt es sich fahren? Sie sehen: Emotionen haben durchaus eine sehr somatische (körperliche) Dimension. Deshalb legen wir uns auch bei IKEA auf sämtliche Betten und prüfen, welches sich am besten anfühlt. Und warum suchen wir uns dann noch das schönste aus? Weil Design ebenfalls Ausdruck einer körperlichen Dimension ist.

Auch der *Geist,* der analytische und rationale Verstand, der uns Menschen zu unabhängigem Denken befähigt, beeinflusst die Konsumentscheidungen – und sind sie oft auch noch so spontan. Mithilfe des Verstandes wird abgewogen, verglichen und ausgelotet. Außerdem prüfen wir unsere verschiedenen Optionen sowie die Vor- und Nachteile.

Dann ist da noch das *Herz* mit seinen Empfindungen und Emotionen. Dies ist der Anknüpfungspunkt für das emotionale Marketing: Werber und Produktverantwortliche versuchen, sich in die Gefühlswelt der Verbraucher hineinzudenken. Im Marketing geht es meistens um die Aktivierung emotionaler Entscheidungen. Und hier setzen – wie ich im ersten Kapitel dieser Publikation ausführlich beleuchtet habe – die Neuromarketingexperten an.

Ist damit alles getan, wenn man versucht, sowohl den Körper, den Verstand als auch das Herz des Verbrauchers mit der Markenbotschaft zu erreichen? Auf keinen Fall! Was fehlt, ist die *Seele* der Verbraucher, die unbedingt berührt werden muss. Denn in einer Welt mit extremen Unsicherheiten, permanenten Veränderungen, rasanten Entwicklungen in allen Lebensbereichen fühlen sich Kunden zu Unternehmen hingezogen, deren Mission, Vision und Werte ihren ureigenen Bedürfnissen nach sozialer, wirtschaftlicher und ökologischer Gerechtigkeit entsprechen. Sie bevorzugen Marken von Unternehmen, die sie nicht nur funktionell und emotional zufriedenstellen, sondern ihnen auch seelische Erfüllung bieten. Die Seele ist das philosophische und moralische Zentrum – auch des Marketing.

Marken benötigen daher für den langfristigen Erfolg neben dem Leistungsversprechen auch eine eindeutige, gelebte Werthaltung, über die wiederum eine wirkliche Beziehung zu der Marke entsteht. Doch es sind nicht nur die Werte, die die Seele berühren. Es sind darüber hinaus auch die Sinne, die inspirierende Kraft und bei manchen Marken auch die Spiritualität (insbesondere bei allen Produkten und Dienstleistungen, die mit Work-Life-Balance zu tun haben). Könnte es sein, dass genau hier der Unterschied liegt, ob ein Kunde eine Marke „nur" liebt oder sie auch lebt, sich mit ihr identifiziert und sie als Markenbotschafter in die Welt hinausträgt? Die Kunden genau auf dieser übergeordneten Ebene, ja der spirituellen Ebene und der Beziehungsebene zu erreichen, das schafft keine „normale" Marke, das gelingt nur Marken, die für die Kunden auch Sinn stiften. Das gelingt nur Love Brands. Hierzu später mehr.

Legen Sie Ihre Markenführung ganzheitlich an!

Kaufentscheidungen – wie unsere Entscheidungen im Allgemeinen – sind ein ganzheitlicher Prozess: Körper, Geist, Herz und Seele entscheiden mit. Die logische Folge: Auch die Markenführung sollte ganzheitlich angelegt sein, sodass Körper, Geist, Herz und Seele gleichermaßen angesprochen werden. Betonen möchte ich, dass in Abhängigkeit von verschiedenen Rahmenbedingungen immer die eine oder andere Komponente überwiegt und die Kaufentscheidung prägen wird. Wer erinnert sich nicht an den Abschluss einer Versicherung, bei dem sehr rational alle Für und Wider abgewogen wurden? Wer kennt nicht Spontankäufe, bei denen das Herz den Ton angegeben hat?

Interessant ist in diesem Zusammenhang, wie die Weltgesundheitsorganisation (WHO) die Gesundheit des Menschen definiert, nämlich als

„Zustand des völligen körperlichen, geistigen, sozialen und seelischen Wohlbefindens". Was das für die Markenführung heißt? Es impliziert, den Kunden in seiner Ganzheitlichkeit wahrzunehmen und in einer ganzheitlich geprägten Markenführung zu berücksichtigen. Die menschliche Existenz definiert sich schließlich durch die materielle und die immaterielle Welt, also Körper und Seele. In der Medizin fokussiert die Psychologie auf die Seele und die Physiologie auf den Körper. Aus diesen beiden Welten, Seele und Körper, Geist und Materie, Werte und Wert, leiten sich die zwei anderen Lebensbereiche – Geist und Herz – ab.

Unsere geistigen Leistungen haben immer auch eine körperliche Dimension (Logik) sowie eine seelische Dimension (Kreativität). Unsere Emotionen sind geprägt von Lust auf der körperlichen und der selbstlosen Nächstenliebe auf der seelischen Ebene. In seinem Buch „LebensBalance" hat Cay von Fournier diese Zusammenhänge hergeleitet.[48] Die Quintessenz sind die acht Lebensbereiche Familie, Freunde, Fitness, Finanzen, Firma, Fortbildung, Frieden und Freude, die berücksichtigt werden sollten, um eine Ausgeglichen- und Ausgewogenheit im Leben zu erreichen.

Übertragen wir diese Erkenntnisse auf das Marketing, so bedeutet das: Wenn es das Marketing im 21. Jahrhundert versteht, die vier grundlegenden Komponenten eines Menschen – Körper, Geist, Herz und Seele – ganzheitlich einzubeziehen und intelligent zu verbinden, werden sich ganz neue Möglichkeiten eröffnen, besonders erfolgreiche Marken – ja echte Love Brands – zu schaffen!

Eine Marke ist eine unteilbare Einheit, die sich durch Individualität auszeichnet. Individualität (lateinisch: individuus = unteilbar, untrennbar) bedeutet hier, dass die Marke auf die entsprechenden Gegebenheiten und Zielsetzungen des Unternehmens abgestimmt sein muss, dass sie sich von den vielen anderen Marken unterscheidet und dabei vor allem auch auf die Bedürfnisse und Wünsche der Verbraucher eingeht. Eine Marke kann genau wie ein Mensch eine Individualität entwickeln. Und umgekehrt: Manche Menschen sind so markant, dass sie ein eigenes „Markenzeichen" entwickeln.

Entwickeln Sie die Individualität Ihrer Marke!

Bestimmt wird die Individualität einer Marke durch die Funktion der Marke (Geist), durch ihre Beschaffenheit (Körper), ihre Emotionen (Herz) und ihre Werte (Seele) sowie durch das ganzheitliche Zusammenspiel dieser einzelnen Markenelemente (vgl. Abbildung auf der nächsten Seite). Das mi-Modell stellt eine Erweiterung der gebräuchlichen Modelle im Sinne der Ganzheitlichkeit dar.[49] Die Elemente Körper, Geist, Seele und Herz finden sich in diesem Modell mit ihren Ausprägungen Materie, Funktion, Werte und Emotion wieder. In der Kombination dieser Ausprägungen entsteht die *Individualität einer Marke:*

- Die *Markenidee* ist das dynamische Element einer Marke, das sich kontinuierlich verändert. Wandel, Veränderung und Innovation sind feste Bestandteile der Markenwelt.

- Die *Markenidentität* beschreibt das „Sein" einer Marke, so wie sie rational und materiell wahrgenommen werden kann. Die Marke sollte im Markt eine einzigartige Sonderstellung besitzen und den rationalen Bedürfnissen und Wünschen der Kunden entsprechen. Am Ende bestimmt sie die Positionierung der Marke in den Köpfen der Kunden.

- Die *Markenideologie* gibt die Weltsicht einer Marke wieder. Bestimmte Werte und Normen, die im Zusammenhang mit der Marke für wünschenswert gehalten werden, bilden das geistige Gebäude, in dem sich die Marke bewegt. Die Markenideologie zielt auf den Geist und die Seele des Kunden. Sie ist die DNS einer Marke, die ihre wahre Integrität wiedergibt. Sie stellt den Beweis dar, dass eine Marke hält, was sie verspricht.

- Das *Markenimage* ist der „Schein" einer Marke. Wenn das „Sein" der Marke, also die Markenidentität, und der „Schein" der Marke, also das Markenimage, übereinstimmend wahrgenommen werden, wirkt die Marke besonders authentisch. Das Markenimage sollte – über die Funktionalität und die Merkmale eines Produkts oder einer Dienstleistung hinaus – Kunden emotional ansprechen.

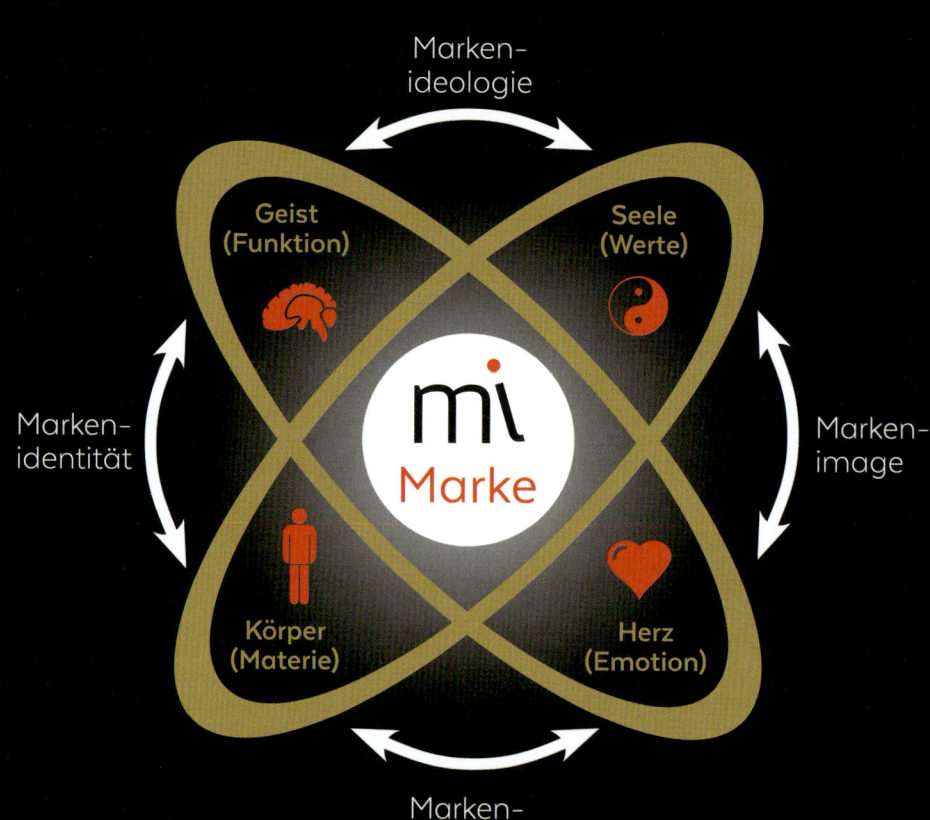

Das mi-Modell der „Marken-Individualität"
(Quelle: von Fournier/Danne 2014, S. 98)

Das Besondere an diesem Modell der Marken-Individualität ist, dass es ein ganzheitliches, dynamisches und mehrdimensionales System darstellt, das die körperliche, emotionale, geistige und seelische Dimension mit einbezieht. Schauen wir uns in den folgenden Abschnitten die einzelnen Markenelemente genauer an.

Der Richtungsgeber: die Markenidee

Damit prägnante innere Markenbilder geschaffen werden können, muss die Markenführung aus einem Guss, das Gesamtbild der Marke also stimmig und konsistent sein. Entscheidend ist, dass sich die verschiedenen Elemente der Markenidee in den Köpfen der unterschiedlichen Zielgruppen zu einem logischen Gesamtbild zusammenfügen lassen. Widersprüchliche Signale sind kontraproduktiv, sie würden die Marke bloß schwächen. Ein konsistentes und stimmiges Gesamtbild lässt sich allerdings nur auf- und ausbauen, wenn es eine Markenidee gibt. Markenideen entstehen manchmal aus dem Widerspruch zwischen materieller und emotionaler Seite einer Marke, wobei – und das ist die Herausforderung – beide Pole nicht beständig sind. Die Marke ändert sich permanent, die damit verbundenen Emotionen ebenfalls, und das ist auch gut so: Ohne Innovation, ohne eine lebendige Verbindung zwischen Tradition und Zukunft, verliert ein Produkt an Attraktivität. Es veraltet, wird vergessen und im Kopf der Kunden ausgelistet.

Decken Sie die Einzigartigkeit Ihrer Marke auf und entwickeln Sie diese aktiv, systematisch und langfristig.

Nehmen Sie Vorwerk, eine Marke, die gerade in jüngster Zeit für neuen Schwung in der Branche sorgt. Mit modernisierten Produkten, einem stimmigen Erscheinungsbild und als Multi-Channel-Anbieter erreicht das traditionsreiche Unternehmen nicht nur die alten Kunden, sondern gewinnt vor allem auch neue dazu. Lange Zeit wurden mit der Marke Vorwerk ausschließlich Staubsauger assoziiert, die es heute auch noch gibt – selbstverständlich mit den entsprechenden Innovationen. So ergänzt beispielsweise ein Roboter die Vorwerk-Produktpalette um eine neue automatische Haushaltshilfe, die selbstständig saugt.

Auch im Geschäftsbereich „Dekoratives" der Vorwerk-Teppichwerke, der übrigens die historische Wurzel von Vorwerk aus dem Jahre 1883 darstellt, bietet das Unternehmen immer wieder innovative Bodenbeläge. Die Küchenmaschine Thermomix® vervollständigt das Portfolio. Der Thermomix® hat in den letzten Jahren in den Haushalten fast aller meiner Freundinnen Einzug gehalten, die damit nicht nur „clever kochen", sondern auch „einfach genießen" können. „Superiority" heißt das Erfolgsmotto von Vorwerk in Bezug auf Technologie (solide Produkte mit hoher Qualität), Design (Produkte sollen Präzision ausstrahlen und als Vorwerk-Produkte erkennbar sein) und Verhalten (die Produkte sollen in der Anwendung intuitiv und nutzerfreundlich sein). Für den „sauber gemachten" Relaunch der letzten Jahre erhielt die mittlerweile global aktive Unternehmensgruppe mit Sitz in Wuppertal den Marken-Award 2015. Dieses Beispiel zeigt: *Die Markenidee stellt die Richtgröße dar, nach der die Entwicklung von Image und Identität geführt wird.*

Eine Frage des Charakters: die Markenidentität

Die Markenidentität ist das Markenelement, das beschreibt, wie der Kunde die Marke wahrnimmt. Man könnte auch sagen: wie die Marke beim Kunden positioniert ist. Im mi-Modell ist sie im Spannungsfeld zwischen Geist (Funktion) und Körper (Materie) platziert. Der Grund: Die Identität von Marken hat sehr viel mit ihrem äußeren Erscheinungsbild (Körper) zu tun und mit dem, wofür sie stehen: im Automobilbereich beispielsweise für Sicherheit, Technik, Fahrvergnügen – was in erster Linie unseren Verstand anspricht. Doch für die Identität der Marke spielt nicht nur die körperliche Dimension eine Rolle, sondern auch die funktionale Dimension.

Die Identität einer Marke ist immer das Ergebnis einer Kombination mehrerer Merkmale und Eigenschaften, die miteinander harmonieren müssen und stets ein und dasselbe darstellen. So wie die Identität eines Menschen über viele Jahre reift,[50] so entwickelt sich eine klare Markenidentität über einen längeren Zeitraum.

Sozialwissenschaftler und Psychologen haben sechs Komponenten bestimmt, mit der sich die *Identität einer Marke* beschreiben lässt:[51]

- *Markenherkunft:* Diese zeigt, woher die Marke kommt, und stellt die Basis der Markenidentität dar.

- *(Kern-)Kompetenz der Marke:* Die Markenkompetenz basiert auf den Ressourcen und organisationalen Fähigkeiten eines Unternehmens. Sie führt zum spezifischen Wettbewerbsvorteil und sichert ihn ab.

- *Art der Markenleistung:* Die Markenleistung bestimmt den funktionalen Nutzen einer Marke. Wie ist diese für den Nachfrager nutzbar?

- *Markenvision und Markenwerte:* Die Markenvision leitet die Gestaltung der Identität. Die Markenwerte geben wieder, woran das Unternehmen bzw. dessen Mitarbeiter glauben.

- *Markenpersönlichkeit:* Die Markenpersönlichkeit prägt den Kommunikationsstil der Marke.

Welcher Stellenwert diesen verschiedenen identitätsstiftenden Komponenten jeweils zukommt, ist stark von den Rahmenbedingungen[52] sowie der jeweiligen Produktkategorie abhängig. So beschäftigen Sie sich wahrscheinlich mehr mit der Identität Ihrer Jeans als mit der Identität Ihres Duschvorlegers.

Schaffen Sie eine starke Markenidentität, mit der Sie die Identität Ihrer Kunden stärken!

Interessant ist, dass die Stärke der persönlichen Identität des jeweiligen Kunden darüber entscheidet, welche grundsätzliche Bedeutung die Markenidentität für sein Verhalten hat. Wer eine tendenziell schwache Ich-Identität hat, wird sich bevorzugt in der Identität einer Marke wiederfinden und sich mit dieser identifizieren als jemand mit einer starken Ich-Identität.[53] Das ist auch der Grund dafür, warum zum Beispiel Jugendliche (mit einer noch nicht so stark ausgereiften Identität) so unglaublich viel Wert auf „Markenkleidung" legen. Oder warum Menschen, die sich gerade selbstständig machen, sehr viel Zeit und Geld in neue Laptops, Kommunikationsgeräte oder Autos investieren. Es geht eben nicht nur um einen mobilen Rechner, ein Telefon und ein Fortbewegungsmittel mit vier Rädern, sondern die gesamte Identität steht auf dem Spiel. In den Marken soll sich der kommende Erfolg bereits heute spiegeln. Und wieder einmal wird deutlich: Marketing und Magie liegen gar nicht so weit voneinander entfernt.

Was unterscheidet nun Porsche von Seat, Warsteiner von Burgkrone oder Telekom von discoTEL? Stark und anziehend ist eine Marke, wenn sie jeder in der relevanten Zielgruppe als „gute Bekannte", ja vielleicht sogar „Freund" bzw. „Freundin" gewonnen hat. Das ist der kleinste gemeinsame Nenner.[54] Bekanntheit – oder hohe Erinnerungswerte bei Kampagnenauswertungen – allein reichen jedoch nicht aus, um auf der Liste der stärksten Marken zu stehen. Zu den Topmarken gehören nur die, die eine dauerhafte Käuferbindung und eine nachhaltige Kundentreue erreicht haben. Im Grunde genommen sind das genau jene Marken, mit denen sich die Käufer identifizieren.

Die Botschaft ist denkbar einfach: Eine starke Marke braucht Käufer und Wiederkäufer, Verehrer und Fans. Erst dann hat sie das Potenzial, eine Love Brand zu werden. Empfehlungen bestimmen direkt oder auch indirekt den Wert der Marke und damit auch den Wert des Unternehmens, der zu einem Großteil vom Markenwert bestimmt wird.[55] Starke Marken sind

Markenidentität

- Markenpersönlichkeit
- Markenwerte
- Markenvision
- Art der Markenleistung
- (Kern-)Kompetenzen der Marke
- Markenherkunft

Die Komponenten der Markenidentität
(in Anlehnung an Burmann/Blinda/Nitschke 2003, S. 7)

sehr geprägt von aktiven Referenzen, also Weiterempfehlungen.[56] Kunden, die Verehrer sind, können zu Botschaftern Ihrer Marke werden. Denken Sie an das iPad. Wie viele Kunden, die bis dato kein iPad hatten und sich nicht sonderlich dafür interessierten, wurden wohl gewonnen, indem ein begeisterter Anwender einem seiner Freunde oder Kunden dieses Gerät vorgeführt hat? Aber nicht nur Freunden oder Kunden werden die neuesten Produkte von Apple leidenschaftlich präsentiert, nein, auch wildfremden Menschen. Als Apple das iPad-Mini auf den Markt brachte, saß ich in einem Flieger nach Zürich. Ein Flugpassagier hatte dieses neue kleine Gerät und Sie glauben gar nicht, was man auf einem solch kurzen Flug darüber erfährt – ob man will oder nicht.

Inszenieren Sie klare Markenidentitäten, damit die Marke in den Köpfen Ihrer Kunden nachhaltig verankert bleibt.

Dank der fortschreitenden technischen Entwicklung haben Unternehmen immer mehr Möglichkeiten, ihre Marken in Szene zu setzen, zu emotionalisieren und somit Kaufentscheidungen zu beeinflussen. So werden in der Online-Welt Marken auf unterschiedlichste Weise erlebbar gemacht und durch multimediale Marketingkampagnen, Landing Pages oder interaktive Specials positiv aufgeladen. Überall im Internet kann Werbung platziert werden, kaum eine Seite öffnet sich, ohne dass noch schnell ein Werbefilm anläuft. Diesen Markeninszenierungen kann sich ein Kunde fast nicht mehr entziehen. Deshalb ist es umso wichtiger, dass Sie mit klaren Markenidentitäten einen bleibenden Eindruck im Kopf der Kunden hinterlassen.

Klare Werte, klare Vision: die Markenideologie

Kommen wir zur Markenideologie. Darunter wird die Weltanschauung verstanden, die eine Marke verkörpert. Machen Sie mal einen Test und überlegen Sie, welche Werte bestimmte Marken repräsentieren und als wünschenswert darstellen. Denken Sie zum Beispiel an NIVEA. Seit Generationen steht die Marke für Familie, Ehrlichkeit, Zuverlässigkeit, Qualität und vor allem auch Vertrauen. Die Marke aus dem Hause Beiersdorf schafft es, in den relevanten Rankings immer wieder auf Platz 1 zu landen. So auch 2015 bei der deutschlandweiten Studie „Deutschlands vertrauenswürdigste Marken" und der Studie „Trusted Brands 2015", die sieben europäische Länder mit einbezieht.[57]

Sie fragen sich, wozu man eine solch klar ausgeprägte Markenideologie braucht und welche Vorteile sie bringt? Weil die Marke dadurch – jenseits von funktionalem Nutzen (in unserem Modell: Geist/Funktion) – einen seelischen Mehrwert (im Modell: Seele/Werte) erhält.

Die Marke wird zu einer Art Zeichensymbolik, zu einer Sprache, die vom potenziellen Kunden verstanden wird. Und gerade das ist für viele Kunden anziehend. Denn in einer von vielen Unsicherheiten geprägten Welt suchen Kunden nach Angeboten von Unternehmen, deren Mission, Vision und Werte ihren Bedürfnissen nach sozialer, wirtschaftlicher und ökologischer Gerechtigkeit entsprechen. Gerade auch vor diesem Hintergrund hat das Thema Nachhaltigkeit in den letzten Jahren so enorm an Relevanz gewonnen (vgl. Kapitel „Bewusstsein, das Werte schafft").

Berücksichtigen Sie die Bedürfnisse der Kunden nach sozialer, wirtschaftlicher und ökologischer Gerechtigkeit!

Themen wie Nachhaltigkeit, Ehrlichkeit und wirklicher Nutzen zählen zu den wichtigen Bausteinen der Markenideologie. Gerade auf diese Themen werde ich im weiteren Verlauf noch näher eingehen. Doch zunächst einmal zu dem, was der Kunde von einer Marke wahrnimmt, dem Markenimage.

Was der Kunde wahrnimmt: das Markenimage

Das Markenimage ist – einfach gesprochen – der „Schein" einer Marke. Es ist das Resultat der individuellen, subjektiven Wahrnehmung und Decodierung aller Signale, die von der Marke ausgesendet und von der relevanten Zielgruppe empfangen werden. Dabei geht es vor allem um die subjektive Wahrnehmung dahingehend, in welchem Maß die Marke in der Lage ist, die Bedürfnisse des Einzelnen zu befriedigen.[58]

Wie die Gestaltung der zuvor beschriebenen Markenidentität und das bei der relevanten Zielgruppe angestrebte Markenimage zueinander in Beziehung stehen, verdeutlicht die Abbildung auf der rechten Seite.

Die Gestaltung der Markenpersönlichkeit, der Markenwerte und der Markenvision bestimmen in erster Linie, wie der symbolische Nutzen der Marke wahrgenommen wird (das heißt zum Beispiel: „Mit einer superschönen Kleidung fühle ich mich selbstbewusster", oder um im Wording des Neuromarketing zu sprechen, „dominanter" – vgl. Kapitel „Die Macht des Unbewussten", S. 25). Der funktionale Nutzen („Meine supertolle Kleidung ist auch qualitativ sehr hochwertig") wird hingegen über die Art der Markenleistungen determiniert.

Das Zusammenspiel dieser vier Identitätskomponenten mit den (Kern-) Kompetenzen und der Herkunft einer Marke bestimmt die Authentizität der verfolgten Markenpositionierung (was wiederum heißt: „Wenn meine superschöne Kleidung nur so wirkt, als würde sie auch qualitativ gut sein, faktisch sich aber die Nähte auflösen, dann fühle ich mich nicht selbstbewusster" – die Rechnung geht sozusagen nicht auf).[59]

Interne Zielgruppe	Externe Zielgruppe
Markenidentität	**Markenimage**

- Markenpersönlichkeit
- Markenwerte → Symbolischer Nutzen der Marke
- Markenvision
- Art der Markenleistung → Funktionaler Nutzen der Marke
- (Kern-)Kompetenzen der Marke → Markenmerkmale (Marken-, Käufer-, Verwendereigenschaften)
- Markenherkunft

Markenbekanntheit

Der Zusammenhang zwischen der Identität und dem Image einer Marke
(in Anlehnung an Burmann/Blinda/Nitschke 2003, S. 25)

Damit sich bei den relevanten Zielgruppen überhaupt ein Markenimage bilden und im Kopf der Kunden eine Vorstellung entstehen kann, muss die Marke einen hohen Bekanntheitsgrad haben. Kurz: Nur was bekannt ist, bleibt im Kopf.

Schaffen Sie einen hohen Bekanntheitsgrad für Ihre Marke, damit diese nachhaltig im Kopf der Kunden verankert bleibt!

Mit dem Bekanntheitsgrad einer Marke beschäftigen sich Trends wie Brain-Branding oder das Neuromarketing (vgl. Kapitel „Die Macht des Unbewussten", S. 25). Sie bringen für die Markenführung außerordentlich wichtige Erkenntnisse. Zumal heute bekannt ist, dass sich kognitive und emotionale Prozesse im Gehirn abspielen.

Denken Sie doch mal an den Eiffelturm. Was taucht da als Erstes vor Ihrem inneren Auge auf? Wohl die charakteristische Form des Bauwerks – und nicht etwa der Gedanke, dass der Eiffelturm zur Weltausstellung 1889 fertiggestellt wurde. Innere Bilder – so wie das vom 324 Meter hohen Eisenfachwerkturm – sind in unserem Gedächtnis gespeichert und spielen eine bedeutende Rolle. Meistens sind sie prägnanter als andere Gedächtnisinhalte wie zum Beispiel technische Daten und Jahreszahlen.

Werner Kroeber-Riel, der als Urheber der Konsumentenforschung gilt, hat nachdrücklich auf die enorme Bedeutung innerer Bilder für den Erfolg einer Marke hingewiesen.[60] Die Imagery-Forschung, ein verhaltenswissenschaftlicher Forschungszweig, beschäftigt sich mit der Entstehung, Verarbeitung und Wirkung von inneren Bildern. Im Brennpunkt steht die Frage: Wie werden durch Bildkommunikation entsprechende innere Bilder bei den Empfängern geschaffen?

Auf einen kurzen Nenner gebracht: Bilder sind wie schnelle Schüsse ins Gehirn, die wesentlich rascher als sprachliche Informationen aufgenommen und verarbeitet werden. Bilder prägen sich besser ein als sprachliche Informationen und werden auch besser erinnert (das sind die

„Bildüberlegenheitswirkungen" im engeren Sinne). Innere Bilder, die im Gedächtnis erzeugt wurden, beeinflussen das Verhalten besonders stark. Gerade vor dem Hintergrund zunehmender Informationsüberflutung und Marktsättigung sind professionell gestaltete und eingesetzte Bilder wahre Wunderwaffen der Beeinflussung.[61]

Schaffen Sie ein Bild in den Köpfen der Kunden, das die gewünschten Assoziationen auslöst.

Apple hat das beispielsweise mit seiner Apfelsilhouette „mit Biss" geschafft. Wenn das Apple-Logo erscheint, spiegelt sich im Kopf des Kunden direkt die Apple-Welt wider, die mit Innovation, Emotion und vor allem auch einzigartigem Design verbunden wird. Zur ironischen Konnotation (natürlicher Apfel und künstlicher Computer) bietet das Design des „Apple" ein subtiles Wortspiel: „Beißen" heißt im Englischen „to bite", was wiederum klingt wie „Byte".

Auch E-Plus hat es mit seinem die Menschen verbindenden Pluszeichen, Red Bull mit seinem kraftvollen roten Bullen, Timberland mit seinem Baum oder die Deutsche Lufthansa mit ihrem aufsteigenden Kranich geschafft, sich in den Köpfen der Kunden zu verankern und dort direkte Assoziationen auszulösen. Dabei zeigt sich: Je näher der Markenname an das Markenbild angelehnt ist (oder auch umgekehrt), umso einfacher prägt sich dieses in den Köpfen der Kunden ein. Ziel ist es, die gewünschten „inneren Bilder" zu finden und zu fokussieren.

Marketing

4.0 Die Zeit ist reif für Communiting

Vor dem Hintergrund der vorangegangenen Ausführungen wird deutlich, dass das klassische Marketing an seine Grenzen stößt. Das Marketing hat im Vergleich zu früher neue Aufgaben zu erfüllen. Damit Sie diese neuen Aufgaben besser nachvollziehen können, nehme ich Sie mit auf einen kurzen Ausflug in die Geschichte des Marketing und möchte Ihnen dabei den Weg zum Marketing 4.0 aufzeigen.

Der Weg zum Marketing 4.0

In den 1950er-Jahren, also in der Zeit, als Neil Borden den Begriff des „Marketing-Mix" prägte, stand der Produktionssektor im Zentrum der US-Wirtschaft.[62] Aus diesem Grund stand das Produktmanagement im Fokus aller Marketingkonzepte. Es machte sich zur zentralen Aufgabe, Nachfrage für Produkte zu generieren. In diesem Zusammenhang ist hier auch vom *Marketing 1.0* die Rede.

In den 1960er-Jahren formulierte Jerome McCarthy mit seinen vier Ps die Aufgaben des Marketing im Rahmen des Produktmanagements:

- *ein Produkt entwickeln,*
- *seinen Preis bestimmen,*
- *es promoten und*
- *für die richtige Platzierung (Distribution) sorgen.*[63]

In Zeiten wirtschaftlichen Aufschwungs musste das Marketing darüber hinaus nicht viel mehr leisten.

Doch Mitte der 1960er-Jahre stagnierten zunehmend die gesättigten Märkte. Gleichzeitig änderte sich die Haltung der Kunden. Themen wie Umweltverträglichkeit und Sparsamkeit rückten aufgrund der Energiekrise in den Mittelpunkt. Vor diesem Hintergrund versuchten die Unternehmen die Nachfrage mit einem drastischen Perspektivenwechsel anzukurbeln: Nicht mehr die Produkte standen von nun an im Mittelpunkt der Marketingaktivitäten, sondern die Kunden (= *Marketing 2.0*). Zum bisher bekannten Produktmanagement kam die Disziplin des Kundenmanagements hinzu. Außerdem wurden Strategien wie Segmentierung, Targeting und Positionierung (STP) entwickelt. Was war die Folge? In dem Maße, in dem sich das Marketing auf den Kunden statt auf das Produkt konzentrierte, entwickelte sich auch seine Ausrichtung, und zwar von einer taktischen hin zu einer strategischen.

Die Internetrevolution Anfang der 1990er-Jahre stellte für das Marketing dann einen Wendepunkt dar. Der Computer hielt Einzug in die Haushalte, das Internet schuf Transparenz, ermöglichte zwischenmenschliche Interaktionen und vernetzte die Menschen. Wie reagierten die Marketingfachleute? Sie witterten ihre Chance und entdeckten hinter Produkten und Kunden ein mächtiges Bindeglied: die menschlichen Emotionen.[64]

Das neue Millennium brach an und brachte Krisen und Krieg, Instabilität und Unsicherheit. Der Anschlag vom 11. September 2001 und die Finanzkrise zählen zu den dunklen Kapiteln des ersten Jahrzehnts des neuen Jahrtausends. Interessant ist in diesem Zusammenhang ein Forschungsbericht von McKinsey & Company, der für die Zeit nach der Finanzkrise 2007 bis 2009 zehn Trends im Unternehmenssektor aufführt. Ein maßgeblicher Trend: Die Unternehmen haben das Vertrauen der Kunden verspielt.[65] Zum gleichen Ergebnis kommt der Chicago Booth/Kellogg School Financial Trust Index.[66]

Ja, wem vertrauen Kunden heute denn überhaupt noch? Klare Antwort: sich selbst. Das heißt: sich gegenseitig. Oder, komplizierter: Vertrauen besteht heute eher in horizontalen als in vertikalen Beziehungen. Verbraucher glauben sich untereinander mehr als den Unternehmen. Die Verlagerung des Verbrauchervertrauens von Unternehmen auf andere Kunden zeigt sich im Boom der sozialen Medien wie Facebook, Twitter und Blogs. Den Empfehlungen, Bewertungen und Kritiken anderer Verbraucher wird Glauben geschenkt. Diese bestimmen im hohen Maße die Kaufentscheidungen vieler Verbraucher. Für Marketingprofessoren wie Philip Kotler, Kellogg School of Management der Northwestern University in Chicago, und meinen Doktorvater Heribert Meffert, Westfälische Wilhelms-Universität Münster, – Begründer des ersten Lehrstuhls für Marketing in Deutschland und zu Recht als Marketingpapst betitelt – wurde genau damit eine neue Dimension des Marketing erreicht, das *Marketing 3.0*.[67]

Auf die Werbung von Unternehmen dagegen verlassen sich immer weniger Verbraucher, so das Ergebnis des Nielsen Global Survey.[68] Vielmehr ist es die Mund-zu-Mund-Propaganda, die für Kunden zunehmend eine glaubwürdige und verlässliche Form der Werbung darstellt. Etwa 90 Prozent der befragten Konsumenten schenken den Empfehlungen von Bekannten Glauben. 70 Prozent halten die von Kunden in das Internet gestellten Meinungen für zuverlässig. Die Forschungsergebnisse von Trendstream/Lightspeed Research zeigen sogar, dass Verbraucher Fremden in ihren sozialen Netzwerken mehr vertrauen als Experten.[69]

Eine Marke, die unter Kunden weiterempfohlen wird, hat schon viel erreicht. Doch hat sie die Seele der Menschen in der Regel noch nicht berührt. Die Zeit ist daher reif für die nächste Stufe, das *Marketing 4.0*. Dieses verfolgt vor allem das Ziel, den Kunden eine Heimat in einer (Werte-)Gemeinschaft von Gleichgesinnten zu geben, ihm einen Sinn zu vermitteln und sie zu Markenbotschaftern zu machen.

Bitte verstehen Sie mich richtig: Das Marketing 4.0 wird nicht das Marketing 1.0 bis 3.0 ablösen. Vielmehr geht es um eine sinnvolle Ergänzung, um die zusätzliche Betrachtung einer neuen Dimension. Es geht darum, auf etwas zu achten, worauf bisher zu wenig geachtet wurde. Die viel beschworene Revolution ist bei genauerem Hinsehen stets eine Weiterentwicklung des Bestehenden gewesen. Wenn ich hier das Marketing 4.0 einführe[70], so möchte ich zur Verdeutlichung der Unterschiede zum Marketing 1.0 bis 3.0 ein besonderes Augenmerk auf die Themen Motiv, Kunden, Angebot und Marketingkonzept richten sowie auf die Marketingausrichtung (vgl. Abbildung rechts).

War im Marketing 1.0 der Verkauf des Produkts das Motiv, im Marketing 2.0 die Vermittlung des Nutzens und im Marketing 3.0 die Vermittlung von Werten, so steht heute im Marketing 4.0 die Bildung von Wertegemeinschaften im Vordergrund. Diese Wertegemeinschaften sollen ihren Mitgliedern eine Heimat geben mit allem, was dazu gehört: Sicherheit, Anerkennung, Status und auch Sinn.

Wurden die Kunden bisher Verbraucher oder Interessenten genannt, so sind es heute Mitglieder einer Marke. Mitglieder treten einer Marke nicht nur bei, sondern sie identifizieren sich mit ihr, sie leben die Marke aktiv. Sie

	Marketing 1.0	Marketing 2.0	Marketing 3.0	Marketing 4.0
MOTIV	Produkte verkaufen	Kunden einen Nutzen vermitteln	Werte vermitteln	Wertegemeinschaft bilden
KUNDEN	Verbraucher	Nutzer einer Marke	Von Interessenten zu Verehrern und Fans einer Marke	Mitglieder einer Marke
ANGEBOT	Definiert sich über Produktnutzen	Definiert sich über Kundennutzen	Definiert sich über Sympathie, gelebte Werte	Definiert sich über den Sinn
MARKETING-KONZEPT	Push-Strategie › USP, Produkt	Push-Strategie › USP, Produkt	Pull-Strategie › Begeisterung	Balance der Kräfte (Yin/Yang) › Gleichgewicht (Harmonie)
MARKETING-AUSRICHTUNG	Fokus auf Produkt (= Körper) › Produktmarketing	Fokus auf Kunden (= Geist) › Kundenmarketing	Fokus auf Emotionen (= Herz) › Neuromarketing	Fokus auf Sinn (= Seele) › „Psychomarketing"

© Danne/von Fournier 2015

tragen die Marke als Botschafter weiter und geben ihrer Marke, ihrer Love Brand, damit auch wieder etwas zurück.

Während sich das Angebot bisher über den Produkt- und Kundennutzen sowie über Sympathie und gelebte Werte definierte, so sollte sich das Angebot im Marketing 4.0 über den Sinn definieren. Vermittelt das Angebot dem Kunden einen Sinn? Wird dem Kunden Sinn gestiftet? Immer mehr Menschen sind auf der Suche nach Sinn (vgl. Kapitel „Bewusstsein, das Werte schafft"), sodass es für den Erfolg eines Unternehmens immer wichtiger wird, dieses Streben nach Sinn entsprechend zu berücksichtigen.

Im Marketing 1.0 und 2.0 stand die Kommunikation des Produkt- und/ oder Kundennutzens im Vordergrund. Produkte und Dienstleistungen wurden mit einer Push-Strategie förmlich in den Markt gedrückt. Charakteristisch für das Marketing 3.0 war die Pull-Strategie. Es galt, Begeisterung zu wecken und eine Sogwirkung aufzubauen. Im Marketing 4.0 geht es nun um die Balance der Kräfte: Push und Pull, Geben und Nehmen halten sich die Waage.

Berücksichtigt man die zuvor aufgezeigten Ausführungen, so wird sehr schnell deutlich, dass der klassische USP nicht mehr ausreicht, um Marken langfristig erfolgreich am Markt zu positionieren. Auch der ESP, der Emotional Selling Proposition, der in den letzten Jahren in das Marketing Einzug hielt und sich rein auf die emotionale Ansprache des Kunden bezieht, wird nicht genügen.

Die Entwicklungen verlangen nach einem anderen, einem neuen Selling Proposition, der sowohl über den USP als auch den ESP hinausgeht. Ein Selling Proposition, der die Menschen auf eine Art und Weise erreicht, die rational und auch emotional nicht mehr begründet ist. Ein Selling Proposition, der die Menschen auf einer neuen Ebene, einer spirituellen Ebene erreicht und sie auf eine ganz besondere Art und Weise vereint. Welcher Begriff könnte dafür treffender sein als Social Selling Proposition (SSP)?

Dem Social Selling Proposition (SSP) gehört die Zukunft

Um sehr klar die drei genannten Selling Propositions voneinander abzugrenzen, möchte ich Sie auf einen kleinen Exkurs mitnehmen.

Der *Unique Selling Proposition* (= einzigartiger Verkaufsvorteil, Alleinstellungsmerkmal) bezeichnet den vom Kunden wahrgenommenen Wettbewerbsvorteil.[71] Im Vordergrund steht hier die Frage: Was ist bei dem Produkt des Anbieters A besser als bei dem Produkt des Anbieters B? Der Nutzen, den ein Produkt bietet, führt zu einer Kaufentscheidung, die hauptsächlich auf rationaler Ebene getroffen wird. Die USP bezieht sich auf die Identität einer Marke, auf das „Sein" einer Marke, so wie sie rational und materiell wahrgenommen wird (vgl. Kapitel „Eine Frage des Charakters: die Markenidentität", S. 124).

Die USP wurde bereits 1940 von Rosser Reeves in die Marketingtheorie und -praxis als einzigartiges Verkaufsversprechen im Rahmen der Werbung für ein Produkt oder eine Dienstleistung eingeführt. Generelle Eigenschaften von Wettbewerbsvorteilen kommen zustande, wenn sie sich auf Leistungsmerkmale eines Anbieters beziehen.[72] Diese müssen bedeutsam und wahrnehmbar für den Nachfrager sowie dauerhaft und effizient gegenüber der Konkurrenz verteidigbar sein.[73] Bei der Positionierung über die USP, die auf einem unverwechselbaren Nutzenangebot basiert,[74] wird ausschließlich der wichtigste Nutzen einer Marke in den Vordergrund gestellt.[75]

Wie bereits dargestellt, zeigt die moderne Hirnforschung jedoch, dass Kaufentscheidungen nicht nur auf rationaler, sondern auch auf emotionaler Ebene getroffen werden (vgl. Kapitel „Die Macht des Unbewussten", S. 25). Deshalb misst sie dem *Emotional Selling Proposition* (= emotionaler Verkaufsvorteil) eine besondere Bedeutung zu. Hier geht es primär darum, Produkte oder Dienstleistungen unter emotionalen Aspekten zu vermarkten. Die vorangegangenen Kapitel zeigen aber auch, dass es Entscheidungen für Marken gibt, die weder rational (USP) noch emotional (ESP) erklärt werden können. Während beim USP die Frage des Kunden, „Welchen Nutzen habe ich?", im Vordergrund steht und es beim ESP darum geht, ein gutes Gefühl und Markensympathie beim Kunden zu erzeugen, geht der *Social Selling Proposition,* der SSP, weit darüber hinaus! Bei der SSP geht es darum, soziale Bindungen und die Zugehörigkeit zu der Marke und zu den Menschen zu schaffen, die dieser Marke ebenfalls verbunden sind. Der Kunde soll eine Heimat finden. Eine Heimat, die ihm über Beziehungen sowohl Sicherheit und Geborgenheit gibt, als auch Sinn stiftet. Der Kunde wird auf einer ganz anderen Ebene, einer spirituellen Ebene und auch auf einer sozialen, einer Bindungsebene erreicht.

Da eine Marke symbolisch und stellvertretend für bestimmte Wertvorstellungen steht, fühlt sich der Kunde zu dieser Wertegemeinschaft hingezogen, er wird Teil dieser Gemeinschaft, er wird Teil der Community dieser Marke. Er ist mit seiner Marke so stark verbunden, dass er sich für seine Marke engagiert und ihr auch gern wieder etwas „zurückgibt". In diesem Sinne wird er zum Markenbotschafter und die Marke zur Love Brand.

Marken mit einer SSP werden vom Kunden nicht nur genutzt und erlebt, er lebt sie vor allem auch. Die Marke wird zu seiner Marke, sie wird zu einer Kundenmarke, ja sie wird zu einer Love Brand. Der Kunde wird zu einem leidenschaftlichen, bedingungslosen Markenfan. Er schätzt nicht nur die Innovationskraft der Marke, die für ihn auf Platz 1 steht. Ihn fesseln nicht nur die Geschichten, die Erzählungen, die Mythen, die er mit der Marke verbindet und die ihn natürlich auch emotional ansprechen. Er erwirbt die Marke nicht nur wegen ihres praktischen Nutzens oder wegen des guten Gefühls à la „Ich besitze etwas Wertvolles". Der Kunde schätzt vor allem an ihr, dass ihm diese Marke eine Heimat gibt, indem er Teil der Wertegemeinschaft wird. Ihre Anziehungskraft ist so gewaltig, dass er sich ihr nicht entziehen kann und auch gar nicht will.

Die begriffliche Abgrenzung zwischen USP, ESP und SSP ist in der Tabelle auf der rechten Seite noch einmal im Überblick zusammengefasst.

	USP	**ESP**	**SSP**
	Unique Selling Proposition	Emotional Selling Proposition	Social Selling Proposition
Kundensicht	Welchen Nutzen habe ich?	Wie fühle ich mich wohl?	Wo habe ich eine Heimat?
Eigenschaft	rational	emotional	sozial
Was steht im Vordergrund	Nutzen · bedeutsam · wahrnehmbar · dauerhaft · effizient	Emotionen · gefühlsbetont · sympathisch · angenehm · motivierend	Sinn · Community · Communication · Content · Culture
Einflussfaktoren auf die Kaufentscheidung des Kunden	Markenverlässlichkeit	Markensympathie	Wertegemeinschaft der Marke
Ziel	> zufriedener Kunde	> begeisterter Kunde	> Kunde als „Markenbotschafter" und vor allem Mitglied der Wertegemeinschaft
Key Facts	Nutzen > Vermittlung von Vorteilen > „Ich besitze etwas Besseres."	Emotionen > Vermittlung eines guten Gefühls > „Ich besitze etwas Wertvolles."	Sinnerfüllung > an einem Wert teilhaben; den Wert verinnerlichen > „Ich bin Teil einer wertvollen Gemeinschaft"
Wie ist die Marke?	nützlich	emotional	vereinend
Primäres Target/ Initiierung	Vermarktung von Marken mit Alleinstellungsmerkmal > Nutzen > rational	Vermarktung von emotionalen Aspekten von Marken > gutes Gefühl > emotional	Vermarktung von etwas Sinngebendem > Sinnerfüllung > spirituell

Die sinnstiftende Wirkung einer Marke, die von Unternehmen durch den Einsatz der Social Selling Propositions beabsichtigt wird, ist wohl eine der herausforderndsten Aufgaben. Geht es doch darum, Marken mit ganz persönlicher Relevanz und Bedeutung aufzuladen, um so eine sehr starke Bindung zwischen Produkt und Kunde zu schaffen. Die Sinnstiftung durch eine Marke selbst, durch ein Produkt an sich, ist sehr vielfältig und deren Thematisierung würde den Rahmen dieses Buches sprengen. Im Folgenden möchte ich mich darauf konzentrieren, wie Ihre Marke zu einem Sinnstifter für die Kunden werden kann.

In der Regel entfalten Marken eine sinnstiftende Wirkung, sobald die Kunden die Eigenschaften einer Marke auf sich selbst übertragen. Das kann natürlich auf individueller Ebene geschehen, aber auch durch die Zugehörigkeit zu einer sozialen Gruppe zum Ausdruck kommen. Und genau das ist es, was Love Brands so erfolgreich macht: Sie entfalten ihre sinnstiftende Wirkung, indem sie dem Kunden die Zugehörigkeit zu einer Wertegemeinschaft ermöglichen, in der die Marke nicht nur erlebt, sondern auch gelebt und weitergetragen wird.

Die Bedeutung von Wertegemeinschaften für Love Brands

Bei der Bezeichnung „Wertegemeinschaften" denken wir oft an religiöse, politische oder familiäre Gemeinschaften: Wir sind in der Wertegemeinschaft unserer Familie groß geworden, bekennen uns zu einer politischen Partei oder gehören einer religiösen Gemeinschaft an. Die Mitglieder einer Wertegemeinschaft verbinden gemeinsame Wertvorstellungen. Wir sind aus Überzeugung in Wertegemeinschaften, fühlen uns als Teil von ihr und leben deren Werte. Ich kann mich noch gut an meine Kindheit erinnern, in der ich mit meinen Eltern und Geschwistern jeden Sonntag in den Gottesdienst in unsere Dorfkirche ging. Es war ein schönes Ritual, mit dem nicht nur der Verbund unserer Familie, sondern auch der

Verbund in der Gemeinde, ja in der gesamten Glaubensgemeinschaft gestärkt wurde.

Das gleiche Muster ist in vielen anderen Bereichen zu finden. Das wöchentliche Verfolgen der Spiele des eigenen Fußballvereins im Stadion oder vor dem Fernseher zusammen mit anderen Fans ist ein Ritual, das manchen „heilig" ist. Gemeinsam wird in brenzligen Situationen gefiebert, gemeinsam wird bei Niederlagen gelitten, gemeinsam werden die Siege gefeiert. Die Fans sind Mitglieder einer großen Gemeinschaft, mit der sie sich mit Stolz identifizieren. Das Tragen von Trikots, einer Mütze, einem Schal oder eines anderes Accessoires ihres Lieblingsvereins sowie der Logosticker auf dem eigenen Fahrzeug sind Ausdruck dieser Identifikation und auch des Stolzes, dazuzugehören.

Oder denken Sie an den Rotary und den Lions Club, die wohl mitgliedsstärksten Serviceclubs weltweit mit jeweils über einer Million Mitgliedern. Wer hier Mitglied ist, weiß, wovon ich spreche. Hier geht es nicht nur um bestimmte Vorzüge, die mit der Mitgliedschaft verbunden sind. Nein, es geht um viel mehr. Der Grundgedanke bzw. das offizielle Motto des Lions Clubs lautet beispielsweise „We serve" bzw. „Wir dienen". Mit dem Eintritt in die Vereinigung verpflichtet sich jedes Mitglied, den Dienst am Nächsten über seinen Profit zu stellen. In freundschaftlicher Verbundenheit sind die Mitglieder bereit, sich im Namen des Lions Club den gesellschaftlichen Problemen unserer Zeit zu stellen und uneigennützig an ihrer Lösung mitzuwirken. Lions helfen, wo immer sie können, und engagieren sich ehrenamtlich für Menschen, die Hilfe brauchen – egal, ob in der unmittelbaren Nachbarschaft mit Kinder- und Jugendprojekten oder in Entwicklungsländern.

Auch Rotary setzt sich mit seinem Motto „Service Above Self – Selbstloses Dienen" als älteste Serviceclub-Organisation der Welt für soziale Projekte ein. Die Rotary-Mitglieder rund um die Erde, die internationale Freundschaften pflegen und nach sozialen Grundsätzen leben, engagieren sich gemeinsam dort, wo Hilfe benötigt wird. Dabei konzentriert sich Rotary auf Schwerpunktbereiche, wie die Förderung von Frieden,

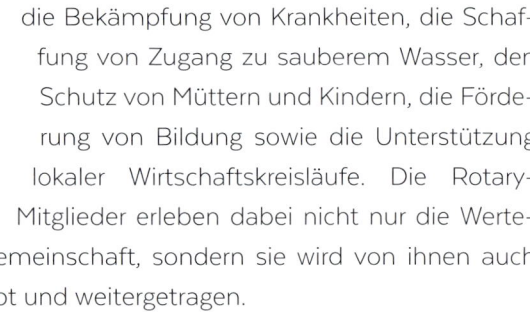

die Bekämpfung von Krankheiten, die Schaffung von Zugang zu sauberem Wasser, den Schutz von Müttern und Kindern, die Förderung von Bildung sowie die Unterstützung lokaler Wirtschaftskreisläufe. Die Rotary-Mitglieder erleben dabei nicht nur die Wertegemeinschaft, sondern sie wird von ihnen auch gelebt und weitergetragen.

Sorgen Sie für eine gelebte Werthaltung Ihrer Marke. Das schafft Beziehung, das schafft Gemeinschaft!

Marken benötigen für den langfristigen Erfolg eine eindeutige, gelebte Werthaltung (vgl. Kapitel „Eine Marke – individuell wie ein Mensch", S. 118). Denn gerade über die gelebte Werthaltung entsteht eine wirkliche Beziehung zu dieser Marke. Den Kunden jedoch auf einer echten Beziehungsebene zu erreichen, das schaffen nur ganz besondere Marken, das schaffen nur Love Brands: Sie werden von den Kunden nicht nur aufgenommen und weiterempfohlen, sondern die Kunden geben der Marke auch selbst etwas zurück – und genau das schafft Beziehung, das schafft Gemeinschaft. Die Beziehung zu einer Marke wird vor allem in einer Love Brand Community deutlich: Hier wird der Markenfan Teil einer ganz besonderen Wertegemeinschaft und erfährt Nähe und Zuwendung von den Community-Mitgliedern. Die Beziehung spielt sich auf einer ganz anderen Ebene ab als bei Marken, die vielleicht eine Community, aber keine derartige Wertegemeinschaft haben. Wertegemeinschaften von Love Brands tangieren die spirituelle und soziale Ebene, sie sind vergleichbar mit Glaubensgemeinschaften, weil sie ähnlich einer Religion Identität verleihen und Sinn stiften.

Ich möchte hier eine klare Grenze ziehen zwischen Communitys, die vor allem durch die digitale Revolution über die diversen Social Networks im World Wide Web ihren Hype erfahren, und den Wertegemeinschaften im zuvor genannten Sinne. Heute werden Communitys zum Teil sogar beschränkt auf Gemeinschaften, die im Word Wide Web agieren, sich virtuell ausschließlich dort treffen und austauschen. Bei Wertegemeinschaften – und damit auch bei Wertegemeinschaften von Marken – geht es jedoch über das virtuelle und auch über das physische Zusammentreffen mit dem damit verbundenen Austausch hinaus.

Auch der Begriff *Brand Community* bringt nicht das auf den Punkt, was ich hier unter Wertegemeinschaft von Marken verstanden sehen möchte. Er liefert uns jedoch eine gute Grundlage, auf der eine Wertegemeinschaft von Marken aufgebaut werden kann. Denn unter einer Brand Community wird grundsätzlich eine Gemeinschaft verstanden, in der die Marke als Dreh- und Angelpunkt eines organisierten Netzwerks fungiert. Die Mitglieder dieses Netzwerks treffen sich physisch – zum Beispiel auf Events – oder tauschen sich virtuell im World Wide Web aus. Initiiert werden derartige Netzwerke sowohl von den Kunden als auch von den Unternehmen selbst. Doch oftmals werden solche Communitys nur zum Austausch von Informationen genutzt, vor allem auch dann, wenn sie von den Unternehmen selbst initiiert wurden.

Legen Sie die Grundlage für eine Wertegemeinschaft für Ihre Marke!

Die Wertegemeinschaften von Marken, die ich meine, gehen weit darüber hinaus. Hier werden nicht nur Informationen ausgetauscht. Hier sind die Mitglieder Teil der Gemeinschaft. Sie identifizieren sich mit ihr. Hier geben die Marken die Richtung an, die die Kunden in sich aufnehmen und in die Welt hinaustragen. Voraussetzung dafür ist, dass die Marken von den Kunden auch wirklich geliebt werden. Daher bezeichne ich diese ganz besonderen Wertegemeinschaften von Marken als Love Brand Communitys.

Eine *Love Brand Community* ist natürlich vom Grundsatz her auch eine Brand Community mit den oben genannten Merkmalen. Doch eine Love Brand Community unterscheidet sich von anderen Brand Communitys vor allem dadurch, dass die Kunden die Marke lieben und sich für die Marke engagieren. Sie versuchen, andere Menschen für die Marke zu begeistern, sie missionieren diese geradezu. Der Erfolg von Love Brands stellt sich so förmlich von allein ein, und zwar durch das von der Love Brand Community gelebte „Communiting".

Die vier Cs des Communiting

Ein sehr authentisches Beispiel dafür, wie Communiting in einer Love Brand Community funktioniert, ist eine Marke, die sich ihre Anhänger sogar eintätowieren lassen: Harley-Davidson. Das amerikanische Unternehmen stellte in seiner Kommunikationsstrategie vor allem den Charakter und die Erlebniswelt der Produkte in den Vordergrund. Der Mythos des amerikanischen Traums von Abenteuer und Freiheit wurde zu einem Synonym für die Marke. Mit diesem Mythos wurde die große „Harley-Davidson-Familie" geschaffen, die in Harley-Treffs auf der ganzen Welt erlebbar wird und in der Harley Owners Group (HOG) ihre Vollendung findet. Dabei geht es um die einzigartige Verbundenheit einer Community, in der jeder stolz ist, dabei sein zu „dürfen", in der Freundschaften geschlossen und Probleme unter Kumpels gelöst werden. Vor Kurzem traf ich Freunde, die auf ihren Harleys eine kleine Tour durch die Serpentinen der Nordwestküste Mallorcas gefahren sind. In ihren begeisterten Erzählungen war die Verbundenheit zur Marke und zur Brand Community förmlich zu spüren.

Bernhard Gneithing, Marketingdirektor der Harley-Davidson GmbH, bringt es in seinem Zitat auf den Punkt: „Wir verkaufen einen Lebensstil – das Motorrad gibt es gratis dazu." Konsequenterweise wird neben dem „reinen" Motorrad auch entsprechende Motorradkleidung angeboten, darüber hinaus auch Freizeitkleidung, Wohn- und Geschenkartikel – natürlich jedes Produkt mit dem Harley-Davidson-Logo „markiert". Gibt es bessere Markenbotschafter als die Harley-infizierten Fans, die das Lebensgefühl „born to be wild" genauso schätzen wie den „Individualismus" der Marke? Wohl kaum. Zusätzliche Sinnstiftung wird dadurch erzielt, dass das Unternehmen mit der Harley-Davidson Foundation vielfältige Charity-Projekte unterstützt.

Die zuvor dargelegten Ausführungen, in denen die Voraussetzungen für eine Love Brand thematisiert wurden, und erfolgreiche Love-Brand-Beispiele wie Harley-Davidson zeigen, dass vier Faktoren den Erfolg von Love Brands bestimmen: Community, Culture, Communication und Content. Diese vier Cs stehen für das Communiting, mit dem eine Marke zu einer Love Brand werden kann. Die Besonderheit des Communiting liegt darin, dass hier nicht allein das Unternehmen im „Driver's Seat" sitzt, sondern dass das Communiting vor allem auch durch die Mitglieder der Community beeinflusst und zum Teil sogar auch gesteuert wird.

Schaffen Sie eine Love Brand mit Communiting und seinen vier Cs!

Eine *Community* ist die Basis einer Love Brand, sie ist eine Wertegemeinschaft, die den Mitgliedern eine Heimat schenkt, in der die Mitglieder sich sicher und geborgen fühlen. Die Beziehung zur Marke und auch zu den anderen Mitgliedern der Community ist geprägt durch eine hohe Verbundenheit, durch ein extrem hohes Commitment. Im Beispiel von Harley-Davidson ist es die große Harley-Davidson-Familie, die diese Community ausmacht. Die Community ist jederzeit für ihre Mitglieder da, egal, wann und mit welcher Intensität diese sich an ihr beteiligen – sie sind immer willkommen. Bei Love Brands ist die Intensität und auch der Umfang der Beteiligung an der Community per se höher als in anderen Brand Communitys, weil die Mitglieder ihre Marke lieben. Sie leben sie, sie identifizieren sich mit ihr und tragen sie in die Welt hinaus.

Nicht zuletzt aufgrund ihrer hohen Beteiligung erfahren die Mitglieder einer Love Brand Community ehrliche Anerkennung und Wertschätzung, der Kern der *Culture* des Communiting. Bei Harley-Davidson genießt das Mitglied nicht nur durch den Besitz eines dieser Kult-Motorräder Anerkennung, sondern auch durch das Fahren von anspruchsvollen Touren, durch die Teilnahme an Harley-Treffs sowie durch das Engagement in der Harley-Davidson Foundation. In Communitys tauschen die Markenfans mehr als „nur" Informationen aus, sie teilen gemeinsame Erlebnisse und üben durch ihr Engagement Einfluss auf die Marke aus.

Über die gemeinsamen Erlebnisse und die Kommunikation, also der *Communication* in einer Love Brand Community zwischen den Mitgliedern der Community und auch zwischen der Marke (bzw. dem dahinter stehenden Unternehmen) und den Mitgliedern – entsteht eine ganz besondere Beziehung, sowohl zu den anderen Mitgliedern als auch zu der Marke selbst. Dies wird bei Harley-Davidson physisch beispielsweise über die zahlreichen Events wie Harley-Treffs gefördert und im Online-Bereich über Foren sowie Facebook. Communication wird beim Communiting in einer Love Brand Community sehr intensiv betrieben. Sie ist die Quelle für das daraus entstehende „Wir-Gefühl", die einzigartige Verbundenheit, die wiederum auf gemeinsamen Interessen basiert.

Auf der Grundlage der gemeinsamen Interessen, die im *Content* des Communiting begründet liegt, entsteht in Love Brand Communitys – und das ist wohl das stärkste Abgrenzungskriterium gegenüber anderen Brand Communitys – ein sinnstiftender Zweck. Bei unserem Beispiel Harley-Davidson ist es der Mythos vom amerikanischen Traum, von Abenteuer und Freiheit. Die Mitglieder sehen in ihrer Beteiligung in der Love Brand Community einen Sinn und fühlen sich einmal mehr mit der Community verbunden. Die Intensität der Beziehung korreliert mit dem der Sinnstiftung der Love Brand Community. Mit den vier „Ps" formulierte McCarthy in den 1960er-Jahren die Aufgaben des Marketing im Rahmen des Produktmanagements (vgl. Kapitel „Marketing 4.0: Die Zeit ist reif für das Communiting"). Analog dazu möchte ich mit den vier „Cs" die Hauptaufgaben des Communiting auf dem Weg zur Love Brand beschreiben, wie in der Grafik rechts zu sehen.
- *Schaffen einer wertebasierten Community mit*
- *einem sinnstiftenden Content,*
- *einer authentischen Communication und*
- *einer wertschätzenden sowie anerkennenden Culture.*

Lassen sich auch Ihre Kunden – wie die Harley-Fans – bereits Ihr Markenzeichen eintätowieren? Wenn nicht, haben Sie auf jeden Fall noch Potenzial. Ansätze dafür, wie Sie dieses Potenzial erschließen können, möchte ich Ihnen im Folgenden zeigen.

Ihr Weg zur Love

Brand
mit Communiting

Wie Sie am Beispiel Harley-Davidson im vorangegangenen Kapitel gesehen haben, ist es nicht zwingend notwendig, ein offensichtlich sinnstiftendes Produkt zu haben, damit eine Marke Sinn stiften kann. Ein Motorrad per se hat keine sinnstiftende Wirkung, sehr wohl dagegen das, wofür es steht. Im Fall Harley-Davidson also der amerikanische Traum von Abenteuer und Freiheit. Der Sinn, den der Kunde erfährt, wird also weniger durch das Produkt als vielmehr durch die Aufladung der Marke und die Inszenierung um sie herum geschaffen. Diese wiederum wird durch das Communiting über Community, Communication, Culture und Content getragen. Und genau darum geht es im Folgenden.

Nutzen Sie das Potenzial Ihrer Community

Der Erfolg von Love Brands beruht auf gelebten Wertegemeinschaften, beruht auf der Verbundenheit der Mitglieder in einer Love Brand Community (vgl. Kapitel „Die Bedeutung von Wertegemeinschaften für Love Brands", S. 144). Eine Community kann grundsätzlich von einem Unternehmen oder von den Mitgliedern selbst gegründet und betrieben werden. In beiden Fällen zeichnen sich Love Brand Communitys dadurch aus, dass sie von den Unternehmen zwar gefördert werden, diese sich aber mit der Einflussnahme zurückhalten.

Halten Sie sich mit der Einflussnahme auf die Community Ihrer Marke zurück.

Unternehmen, die hinter allgemeinen Brand Communitys stehen, üben oftmals hohen Einfluss auf die Community aus, weil sie dessen Mitgliedern nicht trauen und befürchten, diese könnten ihre Marke schädigen. Diese Befürchtung müssen Unternehmen hinter Love Brand Communitys nicht haben. Sie können ihren Mitgliedern vertrauen, denn diese werden ihrer geliebten Marke keinen Schaden zufügen. Diese Unternehmen sollten ihren Communitys aber dennoch Aufmerksamkeit schenken, weil sie von diesen sehr viele wichtige und gewinnbringende Informationen erhalten. Engagierte Kunden haben jede Menge kreative Energie und stellen dem Unternehmen gern ihr Wissen und ihre Ideen zur Verfügung, die diese bei der künftigen Entwicklung der Marke und auch der Markenführung nutzen können.

Machen Sie sich bewusst, dass die Community Ihrer Marke zur Wertschöpfung Ihres Unternehmens beiträgt!

Eine Brand Community zeichnet sich durch eine extrem hohe Markenloyalität und Weiterempfehlungsquote aus.[76] Die Markenbildung wird von deren Mitgliedern selbst beeinflusst, in einer Love Brand Community noch stärker als in einer „normalen" Brand Community. Insofern tragen die Kunden zur Wertschöpfung des Unternehmens bei. Ein Grund mehr für die Unternehmen, sich um die Communitys ihrer Marken zu kümmern.

Im Zentrum einer Brand Community steht die Marke, um die sich die Aktivitäten ihrer Mitglieder drehen. Marken sind fester Bestandteil im Leben der Kunden geworden. Die im September 2014 erschienene Studie von Havas Worldwide „Hashtag Nation: Marketing to the Selfie Generation" belegt, dass bei 45 Prozent der 16- bis 34-Jährigen Marken eine wichtige Bedeutung in ihrem Leben einnehmen, was u.a. auf ein gewisses Zugehörigkeitsgefühl zu Marken und zu deren Brand Communitys zurückzuführen ist. Insgesamt gaben 60 Prozent dieser Gruppe an, dass es sich einfach gut anfühlen würde, wenn man jemanden sieht, der die gleiche Marke trägt.[77] Die Studie „brandshare 2013" von Edelmann belegt, dass 87 Prozent der deutschen Konsumenten sich mehr Möglichkeiten wünschen, um an der Welt ihrer Marken teilzuhaben. Nur sieben Prozent sind der Meinung, dass Marken darin heute schon gut sind. Dabei zahlt sich – wie die Untersuchung zeigt – die Einbeziehung von Konsumenten wirtschaftlich aus.[78] Entscheidend ist jedoch, wie und über welche Kommunikationsplattformen die User einbezogen werden. Darauf gehe ich im Kapitel „Communication", S. 165, intensiver ein.

Viele Unternehmen denken bei Communitys sofort an Facebook, die sowohl weltweit als auch deutschlandweit am zweithäufigsten besuchte Website.[79] Doch eine Ogilvy-Studie aus dem Frühjahr 2014 belegt, dass die organische Reichweite von Inhalten, die auf Facebook-Seiten publiziert werden, auf zwei Prozent gesunken ist. Interaktionen finden laut der Studie nur mit 0,07 Prozent der Fans statt.[80] Damit verliert Facebook bei Communitys und auch im Social-Media-Marketing an Bedeutung.

Nutzen Sie Ihre eigene Brand Community! Verlassen Sie sich nicht nur auf die allgemeinen Social-Media-Netzwerke!

Der Forrester-Analyst Nate Elliott zieht vor den aufgezeigten Hintergründen in einem Blogbeitrag die Schlussfolgerung, dass Facebook nicht länger im Fokus des Beziehungsmarketing von Unternehmen stehen sollte, und schreibt: „It's time for marketers to start building social relationship strategies around sites that can deliver value."[81]

Er empfiehlt den Aufbau eigener Brand Communitys. Unternehmen sollten insbesondere vor diesem Hintergrund die strategische Verankerung der Social-Media-Maßnahmen überprüfen. Denn der „Kanal" Facebook werde nach wie vor als klassisches Push-Marketingwerkzeug missverstanden und im Sender-Empfänger-Modell bearbeitet. Ohne die interne Vernetzung würden die Social-Media-Marketingmaßnahmen jedoch Gefahr laufen, keine Wirkung zu zeigen.[82]

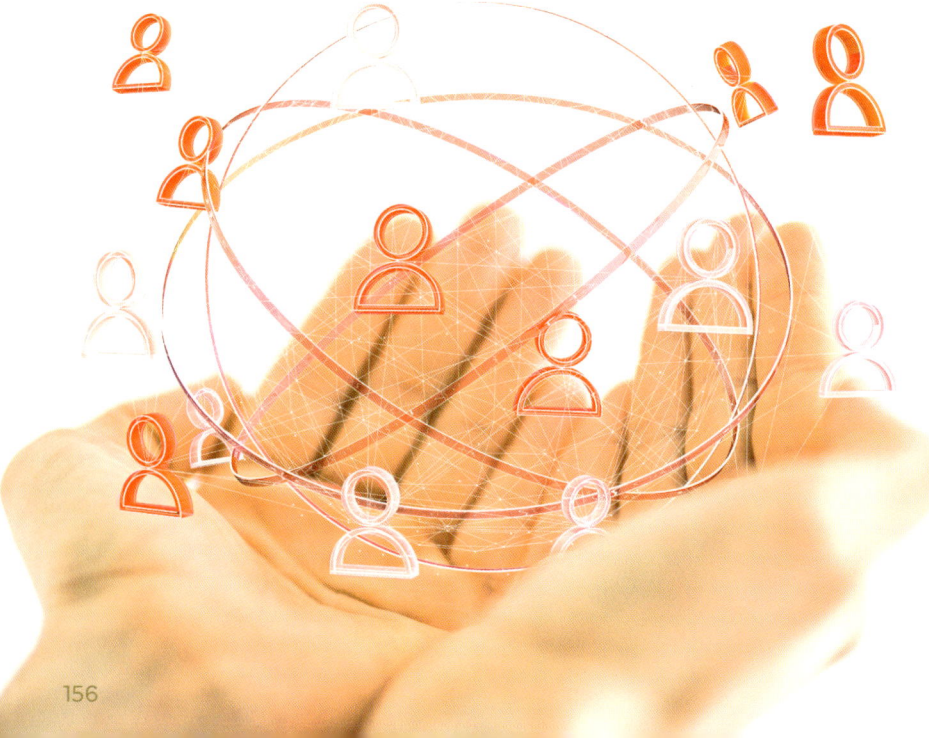

Entwickeln Sie eine übergreifende Social-Media-Marketingstrategie, die eine nachhaltige Monetarisierung ermöglicht!

Viele Unternehmen sind auf Social-Media-Kanälen aktiv, dennoch verfügen die wenigsten über eine Strategie, mit der eine nachhaltige und systematische Monetarisierung ermöglicht wird. Das Fehlen einer funktionsübergreifenden Strategie zeigt eine gemeinsame Studie der Universität Zürich und Lithium: Sie belegt, dass 92 Prozent der Unternehmen Facebook, aber nur 17 Prozent eigene Foren oder Communitys haben.[83] Markenunternehmen werden die Community auf der eigenen Website als Gegenmittel (wieder-)entdecken, so die Prognose des Forrester-Analysten Elliott.[84]

Sinnstiftender Content als Basis einer Love Brand Community

Beim Communiting ist der Content, also der Inhalt der Community, das Fundament. Dabei geht es in der Love Brand Community über die inhaltliche Komponente der Marke weit hinaus. Auf dem Markt ist der Trend zu beobachten, dass immer mehr Marken selbst hochwertige Inhalte produzieren und auf die derzeit beliebte Owned-Media-Strategie statt auf Paid-Media setzen. Unternehmen versuchen immer stärker, statt bezahlter Werbemaßnahmen über TV und Print selbst produzierte Inhalte über unternehmenseigene Websites, Kundenzeitschriften, Business TV, Corporate Blogs sowie Facebook, Twitter und YouTube zu verbreiten.

Wertvoller Content überzeugt nicht nur, sondern begeistert Menschen und lädt zur Interaktion ein. Bei Love Brands werden aber nicht nur von den Unternehmen wertvolle Inhalte produziert, sondern von der Love Brand Community, also auch von den Kunden selbst.

Das Produzieren von Inhalten durch die Mitglieder der Community ist, so wie auch die Art und der Umfang einer Beteiligung der Mitglieder an der Community an sich, davon abhängig, inwiefern die Mitglieder einen sinnstiftenden Zweck darin erkennen. Wie zuvor dargestellt, sind immer mehr Menschen auf der Suche nach Sinn (vgl. Kapitel „Bewusstsein, das Werte schafft"). Dies gilt nicht nur für die Generation Y, bei der an die Stelle von Status und Prestige eher Freiräume, mehr Zeit für Familie und Freizeit, die Möglichkeit der Selbstverwirklichung, die Freude an der Arbeit und vor allem die Sinnsuche ins Zentrum rücken. Der Trend- und Zukunftsforscher Matthias Horx beschäftigt sich seit Langem mit diesem Thema und bestätigt diese Entwicklung in seiner Studie „Sensual Society. Die neuen Märkte der Sinn- und Sinnlichkeitsgesellschaft".[85]

Stellen Sie einen sinnstiftenden Zweck für die Beteiligung der Mitglieder Ihrer Brand Community sicher!

Ein sinnstiftender Zweck entsteht grundsätzlich dann, wenn Menschen in einer Aktivität einen tiefen Sinn entdecken. Dieser kann in Communitys ganz unterschiedlicher Natur sein, wie beispielsweise das Engagement für eine gute Sache, das gemeinschaftliche Lösen von Problemen, die sogenannte Co-Creation, oder auch die Einbindung in Geschichten.

Bei einer Community, die einen *Charity*-Gedanken verfolgt, ist der Sinn des Engagements offensichtlich. Eine der wohl jüngsten Initiatoren in diesem Bereich ist Felix Finkbeiner, der 2007 als Neunjähriger die Schülerinitiative Plant-for-the-Planet gründete. Vor Kurzem erfuhr ich von Felix – in einem seiner mittlerweile zahlreichen Vorträge – die Geschichte des Gründens und Wachsens der Community aus erster Hand. In einem Referat, inspiriert von Wangari Maathai, die in Afrika in 30 Jahren 30 Millionen Bäume gepflanzt hatte, formulierte Felix 2007 seine Vision: „Kinder könnten in jedem Land der Erde eine Million Bäume pflanzen. Und so auf eigene Faust einen CO_2-Ausgleich schaffen, während die Erwachsenen nur darüber reden. Denn jeder gepflanzte Baum entzieht der Atmosphäre pro Jahr ca. zehn Kilogramm CO_2."[86] Heute sind in der Community weltweit über 100.000 Kinder aktiv. 70.000 von ihnen sind Botschafter für

Klimagerechtigkeit. Diese neun- bis zwölfjährigen Botschafter geben ihr Wissen an andere weiter und bilden diese ebenfalls zu Botschaftern aus. Dadurch erreicht Plant-for-the-Planet möglichst viele Kinder und motiviert sie, für ihre Zukunft aktiv zu werden. Bis heute wurden über 15 Milliarden Bäume gepflanzt, bis 2020 sollen es eine Billion sein. Wer als Pate oder Mitglied die Community unterstützt, auf seiner Tree-Card, der Baumsammelkarte, seine gepflanzten Bäume sammelt oder einfach nur die Plant-for-the-Planet-Schokolade genießt, trägt zum Erreichen dieses ambitionierten, aber durchaus realistischen Ziels bei.

Während die Paten, Mitglieder und Botschafter der Community von Plant-for-the-Planet vor allem durch reale Begegnungen ihre Ziele zu erreichen versuchen, gibt es andere Communitys, die vor allem die neuen Möglichkeiten des digitalen „Mitmachnetzes" nutzen. Ein Vorzeigebeispiel dafür ist „RESET – Times for a better world", die von einem Freund und Geschäftspartner, Bodo Kräter, Managing Partner Skillnet, 2007 mit gegründet wurde. Seine Erfahrungen aus über 25 Jahren Projektmanagement für internationale TIMES-Konzerne (Telekommunikation, Internet, Medien, E-Business, Service Provider) fließen aktiv bei RESET ein, um Umwelt- und Entwicklungsprojekte effektiver zu planen, zu managen und zu refinanzieren. Die www.reset.org ist die erste Plattform im deutschsprachigen Netz, die tagesaktuelle News zu ökologischen und humanitären Fragen mit Hintergründen, Informationen zu ausgewählten Projekten sowie direkten Handlungsmöglichkeiten verknüpft. Sie vermittelt fundierte Informationen aus den genannten Bereichen und verlinkt diese mit internationalen Projekten, Petitionen sowie Angeboten, selber aktiv zu werden. www.reset.org fördert zudem den kommunikativen Austausch der User, ist ein virtueller Spendenguide sowie Ratgeber für einen nachhaltigen Lebensstil. So wurde RESET bereits mehrmals von der UNESCO-Kommission zum offiziellen Projekt der UN-Dekade „Bildung für nachhaltige Entwicklung" erklärt. Mit dieser Auszeichnung werden Initiativen geehrt, die das Anliegen der weltweiten Bildungsoffensive der

Vereinten Nationen vorbildlich umsetzen und nachhaltiges Denken und Handeln erfolgreich vermitteln. Bereits wenige Monate nach dem Launch der Plattform, die zwischenzeitlich für Indien adaptiert wurde, wurde RESET im Juni 2008 zum ersten Mal als offizielles Projekt der UN-Dekade ausgezeichnet. Schon damals hatte die Fachjury die vorgegebenen Kriterien als erfüllt angesehen.[87]

Binden Sie die Kunden sinnstiftend in die Community Ihrer Marke ein! Co-Creation kann dazu ein geeigneter Weg sein!

Aber nicht nur bei Communitys, die Charity verfolgen, erfährt das Mitglied Sinn in seinem Engagement. Auch andere Engagements, wie zum Beispiel *Co-Creation,* können ein sinnvoller Weg sein. Bei Co-Creation werden nicht nur wichtige Erfahrungen zwischen dem Unternehmen und Mitgliedern der Community geteilt, sondern darüber hinaus hat der Kunde die Möglichkeit, aktiv zu gestalten. Bei Love Brand Communitys ist dies unabdingbar, da die Markenfans sich dadurch einbringen können, Wertschätzung erfahren und sich so mit der Community noch stärker verbinden.

Einige Unternehmen nutzen bereits Co-Creation gemeinsam mit ihren Kunden. Dabei ist die Co-Creation so variantenreich wie die Unternehmen selbst. Die Wohnplattform Airbnb zum Beispiel nutzt Co-Creation, indem sie ihre Mitglieder auf ihrer Website aufruft: „Mache Airbnb zu Deinem Airbnb. Gestalte Dein Symbol, erzähl Deine Geschichte." Oder nehmen Sie Lindt: Wer feine Pralinés, Chocolate Bits oder eine Tafel Schokolade mit einem ganz persönlichen Gruß versehen möchte, kann unter lindt.de seine eigene, ganz persönliche Geschenkverpackung gestalten und seine „Süßen Grüße" zu besonderen Anlässen an Freunde, Verwandte und Bekannte versenden.

Eines der ersten Unternehmen, das mit Co-Creation Massenindividualisierung ermöglicht hat, ist wohl mymuesli.de aus Passau. Gegründet wurde mymuesli.de von drei Studenten, die ein zuckerfreies Müsli aus biologischen Zutaten anbieten wollten, das sich jeder nach seinen Vorlieben zusammenstellen kann. Mittlerweile hat das Unternehmen sogar Ladengeschäfte in ausgewählten Städten eröffnet und die Facebook-Fangemeinde ist auf über 270.000 Fans angestiegen.

Mitglieder einer Community können über Co-Creation auch in den Innovationsprozess des Unternehmens einbezogen werden: Die Unternehmen generieren gemeinsam mit den Mitgliedern der Community Ideen und lassen deren Perspektiven in den Entwicklungsprozess einfließen.[88] Tchibo beispielsweise ermöglicht Usern der Tchibo-Community auf der Website tchibo-ideas.de, auf der auch an Produkttests, Votings und Workshops teilgenommen werden kann, Aufgaben zu stellen, die sie gern gelöst hätten. Egal, ob „Mein Toast wird nie, wie ich ihn gerne hätte" oder „Der Hausschlüssel lässt sich nie auffinden" – die Community versucht, eine Lösung für das Problem zu finden. Aus besonders guten Ideen lässt Tchibo dann ein Produkt entwickeln.

Co-Creation wird nicht nur für Innovationen im B2C-Bereich, sondern auch im B2B-Bereich eingesetzt, wie das folgende Beispiel von FedEx zeigt: Das Logistikunternehmen suchte nach einer Lösung, wie ein Gewebe für Organspenden ohne Unterbrechung der Transportkette auf den Punkt genau geliefert werden kann. So entwickelte FedEx gemeinsam mit Zulieferern und Medizinern eine innovative Logistiktechnologie, die die Schlüsseldaten des Gewebetransports wie Ort, Temperatur und Druck managt.

Ausschlaggebend für den Erfolg von Innovationen durch Co-Creation in einer Brand Community sind unter anderem eine klare, verständliche Aufgabenstellung bzw. Zielsetzung sowie Inspirationen, die die Community in Kombination mit bestehenden Ideen auf neue, idealerweise geniale Ideen bringt. Hier ist eine anwenderfreundliche Archivierung der Inhalte, die den Mitgliedern jederzeit zugänglich ist, unabdingbar.

Kunden von Love Brands sind in hohem Maße daran interessiert, Einfluss auf Innovationen, auf die Entwicklung ihrer Marke zu nehmen. Das bestätigt auch die Studie „brandshare 2013" von Edelmann, in der 95 Prozent der Befragten in Deutschland angeben, dass sie am Design- und Entwicklungsprozess teilhaben möchten.[89]

Kunden wollen an den Geschichten Ihrer Marken teilhaben. Binden Sie sie als Teil der Story mit ein!

Geschichten werden erzählt, seit es Menschen gibt. Neben Mythen sind Geschichten die wichtigsten Sinngeber des Lebens. Ohne Geschichten wären auch Religionen sinnleer – schließlich werden religiöse Inhalte auf der ganzen Welt als Geschichten vermittelt. Wir suchen in unserer westlichen Kultur aber den Sinn nicht nur in der Religion, sondern auch im Konsum. Der Konsum ist nicht nur nach dem Philosophen Walter Benjamin längst zu einer „Ersatzreligion" geworden. Deshalb sind auch Marken „Sinnvermittler" und „Sinngeber". Unser Gehirn, vor allem unser emotionales Großhirn, versucht unsere individuellen Lebenserfahrungen, kulturell übernommenen Bilder und Geschichten mit aktuellen Erfahrungen und Erlebnissen zu ganzheitlichen Sinneszusammenhängen zu verknüpfen.

Geschichten helfen damit Erzählern und Zuhörern nicht nur, Erlebtes zu einem Ganzen zusammenzufügen, sondern ihm auch einen Sinn zu verleihen (vgl. Kapitel „Erzählungen, die begeistern"). So nutzen einige Communitys das Geschichtenerzählen zur Sinnstiftung, wie im Fall der hippen „Knutschkugel", dem Fiat 500. Fiat ging dazu Ende 2014 erstmals mit einem eigenen TV-Format on Air. In den „Urban Stories" werden Geschichten rund um den Fiat 500, das perfekte Auto für die Stadt, erzählt. Im Mittelpunkt der 16 Sendungen stehen – neben dem Fiat 500 – Künstler, Musiker und Kreative, deren Leidenschaften durchaus sehr außergewöhnlich, ja sogar verrückt und skurril sind.

So zum Beispiel Tattoo-Model Victoria van Violence oder der Magier und Illusionist Farid. Annemarie Carpendale, die die Serie moderiert, besuchte jede Woche einen dieser außergewöhnlichen Menschen und lud sie in ihren Fiat 500 ein. Die Serie lebt von Geschichten sowie Lebensstilen und zeigt die Vielfalt des städtischen Lebens in den unterschiedlichsten Facetten. In dem sechsminütigen Doku-Talk-Format fungiert die „Knutschkugel" Fiat 500 als Brücke und kontinuierlicher Bestandteil. Das Leitmedium der Kampagne ist TV, und zwar mit jeweils acht Folgen auf Sixx für die weibliche Zielgruppe und ProSieben MAXX für die männliche Zielgruppe. Diese wurden in Zusammenschnitten auf Pro Sieben mit Spots geteasert. Ergänzt wird die Kampagne durch Display-Ads auf den Online-Plattformen der Sendergruppe. Das verbindende Element der gesamten Aktivitäten der Kampagne ist die Landingpage www.fiat-urban-stories.de, auf der die verliebten Knutschkugel-Fans beispielsweise in Breakdance- oder Make-up-Tutorials eingebunden werden.

Geschichten schaffen eine globale Markenwelt, an der die postmodernen Kunden in einer Community teilhaben wollen. Der Empfänger will Teil der Story sein, die Geschichte vielleicht selbst weiterspinnen oder auch selbst eine Geschichte erzählen. Er möchte gern in Interaktion treten, wozu sich die sozialen Medien ideal eignen.

So hat auch das Zielpublikum des Online-Magazins „Journey" von Coca-Cola die Chance, mittels Kommentar- und Share-Funktionen die Beiträge in den sozialen Netzwerken zu teilen. Das Magazin umfasst die Rubriken Unternehmen, Marken, Gesellschaft, Entertainment, Happiness und Mythos.[90] Die Idee, die dahintersteckt: narratives Erleben – die kognitive und emotionale Erfahrung authentischer Geschichten. Mit Songs, in denen der Limo-Name auftaucht, Filmen von Mitarbeitern, die von dem Unternehmensengagement in Indien berichten oder erzählen, welche Rolle Coca-Cola in den 50er-Jahren in ihrem Leben spielte. Die jüngste Initiative heißt „Share a Coke" und produziert personalisierte Dosen und Flaschen, die als beliebte Mementos gern aufgehoben werden und nicht in den Müll wandern. Dieser Ansatz entspricht dem *New Storytelling*. Auf den Punkt gebracht bedeutet er, dass die Marke nicht wie gewohnt eine Geschichte über alle Kanäle hinweg kommuniziert, sondern die Marke die Geschichte ist, d.h. die Marke (inter-)agiert mit den Kunden, sodass die Geschichte der Marke erst im Kopf des Kunden Form annimmt. Die Marke wird zur virtuellen offenen Plattform für Geschichten und Gespräche.

Ein weiteres Beispiel hierfür ist GoPro. Das 2002 in Kalifornien gegründete Kameraunternehmen, das kleine, wasserdichte und ausgesprochen robuste Videokameras herstellt, animiert seine Kunden, die schönsten

Momente ihres Lebens auf ihrer GoPro festzuhalten und auf den Social-Media-Plattformen von GoPro zu veröffentlichen. Tausende von Kunden, die tagtäglich diesem Aufruf folgen, ließen GoPro zu einer der führenden Adressen für faszinierende Videos werden. Die Kunden entwickeln durch die mit GoPro-Produkten aufgenommenen Videos die Geschichte des Unternehmens, das so – ohne große Kosten – von einem einfachen Kamerahersteller zu einem legendären Lifestyle- und Medienkonzern mutiert und dabei die Marke GoPro entsprechend auflädt. Wenn Kunden dazu animiert werden, sich selbst einzubringen und die Markenstorys mit zu gestalten, mit zu entwickeln und mit zu steuern, wird auch von *Storymaking* gesprochen.[91]

Bieten Sie immer wieder neue, für die Community interessante Aspekte an!

Für jede Community ist es wichtig, eine hohe Attraktivität für ihre Mitglieder zu haben. Schafft sie dies nicht, läuft sie Gefahr, zu einer sogenannten Zombie-Community zu mutieren, also einer Community, die zwar noch existiert, aber nicht mehr funktioniert, weil dessen Mitglieder nicht mehr aktiv sind. Deshalb ist es auch wichtig, immer wieder neue Inhalte anzubieten. Das dürfte auch der Grund dafür sein, dass Instagram künftig nicht mehr „nur" eine Foto-Community sein will, sondern auch das Thema Musik mit einbezieht. Die erste Post, die den User auf seinem account@music empfängt, lautet: „Musik ist ein großer Teil unseres Lebens hier auf Instagram. Es ist unsere Leidenschaft und wir wissen, dass es auch eure Leidenschaft ist. Also folgt @music – wir denken, ihr werdet etwas Neues entdecken." Die Nachricht stammt von Instagram-Gründer Kevin Systrom. Auf dem neuen Account soll sich dann alles rund um das Thema Musik „abspielen": Bilder von Künstlern über Musik-Fotografen bis hin zu Album-Illustratoren oder Instrumentenherstellern.

Bleiben wir beim Thema Musik, die den Zusammenhalt bestimmter Communitys emotional „triggert". Hier bietet beispielsweise Spotify, der erfolgreiche Musik-Streaming-Dienst mit über 83 Millionen aktiven Usern weltweit und über 15 Millionen zahlenden Kunden, Marken wie Adidas die Möglichkeit, ihre eigene gebrandete Playlist zu entwerfen und von der Community zusammenstellen zu lassen. BMW setzte noch eins drauf: Der Autohersteller schloss sich mit Spotify zusammen und ließ sich für den 320i Musiksammlungen passend zu fünf kultigen Road-Trips in den USA zusammenstellen. Das Ganze hinterlegte BMW mit einer App und einer Kampagne. So wurde das Fahrvergnügen mit dem Community-generierten Markensound vernetzt.

Communication – transparent, verständlich und authentisch

Der aktive Austausch über den zuvor beschriebenen Content, also die Communication im Rahmen des Communiting, nimmt bei Love Brand Communitys eine zentrale Bedeutung ein. Grundsätzlich entsteht für uns Menschen Wert durch Austausch. Denn es gehört zur sozialen Intelligenz, dass Menschen voneinander lernen, an Verbesserungen mitarbeiten und Empfehlungen aussprechen. Dieses menschliche Sozialverhalten hat sich durch die technischen Entwicklungen in die digitale Welt verlagert[92] und wird gerade in Love Brand Communitys intensiv gepflegt, während sich im Vergleich dazu andere Communitys in der Regel – wenn überhaupt – auf die Weitergabe von Informationen beschränken.

Kommunizieren Sie mit der Community Ihrer Marke transparent, nachvollziehbar und glaubwürdig!

Eine Grundvoraussetzung für den Erfolg – zum Beispiel auch der zuvor genannten Co-Creation-Projekte – ist eine transparente und nachvollziehbare Kommunikation. Wenn ein Unternehmen die besten Köpfe und Ideen für sich aktivieren möchte, muss es der Community kommunizieren, was ihre Mitglieder mit ihrer Teilnahme an der Community bewirken können, welchen Sinn eine Beteiligung stiften kann. Beteiligen sich die Mitglieder, erwarten sie schnelle Reaktionen von dem Unternehmen und insgesamt ein hohes Interaktionstempo. Der direkte Austausch zwischen den kreativsten Köpfen – sei es zwischen den kreativsten Köpfen des Unternehmens und den kreativsten Köpfen der Community-Mitglieder oder den kreativsten Köpfen der Mitglieder untereinander – ist dabei von hoher Bedeutung. Deshalb müssen hier entsprechende Kommunikationsmechanismen zur Verfügung gestellt werden, die diesen direkten Austausch unterstützen. Dabei ist es unabdingbar, dass glaubwürdig kommuniziert wird sowie die Mitglieder und ihre Beiträge ehrlich geachtet werden. Nur dann fühlen sich die Teilnehmer der Community fair behandelt und wertgeschätzt.[93]

Die weltweite Markenstudie „brandshare 2014" von Edelmann bestätigt, dass Konsumenten Transparenz in der Kommunikation von Marken, vor allem auch in Bezug auf Ressourcen und die Herstellung von Ressourcen, immer wichtiger wird. Hielten 2013 noch 43 Prozent der Konsumenten transparente Kommunikation für wichtig, so waren es 2014 bereits 69 Prozent.[94]

Motivieren Sie die Mitglieder Ihrer Community durch regelmäßige und wertschätzende Feedbacks!

Besonders wichtig ist eine kontinuierliche Kommunikation mit den Mitgliedern einer Community. Durch das virtuelle Kooperieren werden (hierarchische) Grenzen zwischen dem Unternehmen und seinen Kunden aufgehoben. Co-Creation-Projekte sollten als langfristige Prozesse angelegt sein, da dies Einfluss auf die Motivation der Community-Nutzer hat. Denn wenn die Mitglieder den langfristigen Nutzen ihrer Aktivitäten verstehen, dann ist den Unternehmen deren kontinuierliches und dauerhaftes Engagement so gut wie sicher. Ein Lob vonseiten des Unternehmens allein für das Lesen oder Bewerten von Beiträgen ist deshalb nicht nur sinnvoll, sondern förderlich für die Interaktion der Mitglieder. In der nächsten Stufe meldet sich der User vielleicht bereits mit Ideen und Vorschlägen zu Wort. Auch dann sollte das Unternehmen reagieren, zum

Beispiel mit Feedbacks wie „Gratuliere, zwei deiner eingereichten Ideen haben wir bereits in die Umsetzung gegeben. Vielen Dank dafür! Deine Beiträge unterstützen uns sehr!". Solche Feedbacks müssen aber auch authentisch sein, nur dann wirken sie wertschätzend und motivierend.[95]

Communitys haben im Vergleich zu Special-Interest-Plattformen den Vorteil, dass sie den Kunden eine höhere Wertschätzung vermitteln und ihnen das Gefühl geben, einen größeren Einfluss auf das Geschehen im Unternehmen – wie zum Beispiel auf die beschriebenen Innovationen von Produkten – zu nehmen. Bei den einzelnen Mitgliedern der Community kommt an: „Wir schätzen es sehr, dass du dich so sehr engagierst, und dafür möchten wir dir weitere Möglichkeiten geben, dich weiter einzubringen. Du gibst uns Hinweise zu etwas, über das wir selbst noch nicht nachgedacht haben. Du gibst uns Lösungsansätze für Probleme, an denen wir schon lange arbeiten." Das Community-Mitglied erkennt bei einer derartigen Kommunikation, dass das Verhältnis zwischen ihm und dem Unternehmen etwas ganz Besonderes ist, und das wiederum spornt an.

Aber nicht nur der Kommunikation in der eigenen Brand Community, sondern auch der Kommunikation auf Social-Media-Plattformen wie Facebook, YouTube, Xing, Google+ und Twitter – um nur die aktuell fünf größten in Deutschland zu nennen[96] – sollte das Unternehmen Aufmerksamkeit schenken. Die Full-Service-Agentur webguerillas untersuchte die Aktivität ausgewählter Automarken in Deutschland (Audi, BMW, Ford, Hyundai, Mercedes, Opel, Renault, Seat, Skoda, Toyota und Volkswagen) auf Facebook, YouTube und Twitter. Die 2015 erschienene Studie zeigt, dass unter den untersuchten Automarken Audi im Social Web am meisten von sich heraus kommuniziert. Audi bestückt seine Social-Media-Portale regelmäßig und in kurzen Abständen mit neuen Inhalten. Allein der Audi-Deutschland-YouTube-Kanal beinhaltet derzeit über 1.500 Videos – die meisten davon aus dem vorangegangenen Jahr. Audi verfügt über die größte Facebook-Fanbase (1,9 Mio.) im Test sowie über die meisten Abonnenten (über 530.000) auf YouTube. Auch bei den Reaktionszeiten auf den Social-Media-Plattformen sowie bei der Anzahl der Likes, Shares und Kommentare auf Facebook in Relation zu den Fans liegt Audi weit vorn. Lediglich im Vergleich zu den Abonnenten des YouTube-Kanals werden die Inhalte weniger im Netz geteilt. Dennoch ist Audi insgesamt auf den Plattformen Facebook, YouTube und Twitter am aktivsten und erhält dort auch insgesamt die höchste Aufmerksamkeit sowie die meiste Zustimmung der User. Bei der Viralität – also dem selbstständigen Weiterverbreiten von Markeninhalten – hat allerdings Opel die Nase vorn. Im Vergleich zu seinen Konkurrenten veröffentlicht Opel auf seinen Social-Media-Profilen zwar deutlich weniger Content, dafür wird dieser aber sehr gern und häufig im Netz geteilt. So beispielsweise das simple Bildbekenntnis „Ja, ich fahre Opel! ", das auf Facebook mehr als 30.000 Likes erzielte. Zudem sind es insbesondere auch Videoformate, die deutlich zugenommen haben.[97]

Haben Sie Respekt vor der digitalen Markenmacht!

Das Internet und die sozialen Medien führen zu einer Demokratisierung, die den Communitys eine enorme digitale Markenmacht verleiht. Umso wichtiger ist, dass ihnen die entsprechende Aufmerksamkeit geschenkt wird. Denn diese Demokratisierung hat schon ganze Regierungen zum Scheitern gebracht und macht auch vor Marken nicht halt. Ein prominentes Beispiel hierfür ist wohl Danone mit seiner Marke Actimel. Bereits im Frühjahr 2009 wählten Verbraucher Actimel bei einer Online-Abstimmung der Verbraucherorganisation Foodwatch zur dreistesten Werbelüge des Jahres. Die Imagewerte sanken nach der Wahl zum

Goldenen Windbeutel 2009 im Yougove-Brandindex um 50 Prozent ab und konnten sich bis heute nicht davon erholen. Von dieser schlechten Bewertung waren weitere Marken von Danone wie zum Beispiel Fruchtzwerge und Activia betroffen und auch die Dachmarke selbst verlor an Wert: Sie erreichte nach einem guten Wert von 75 Brandindex-Punkten 2009 im Mai 2014 nur noch 58 Punkte.

Ein weiteres Beispiel für die digitale Marktmacht, das im Gegensatz zu Actimel positiv ausging, ist Rügenwalder Mühle: Kunden protestierten bei der Einführung der vegetarischen „Schinken Spicker" im Netz gegen die Verwendung von Eiern aus Bodenhaltung. So stieg das Unternehmen auf die teureren Eier aus Freilandhaltung um und kommunizierte im Netz, dass man gelernt habe, was die Menschen bewegt, und deshalb dem Wunsch der Konsumenten folge. Sicherlich trug diese Reaktion zu den positiven Entwicklungen bei den vegetarischen Produkten bei, die der mittelständische Wursthersteller aus Bad Zwischenahn danach verzeichnen durfte.

Insgesamt gibt es offline und online eine Vielzahl von Kommunikationsplattformen für Communitys, die sowohl von dem Unternehmen oder auch von den Community-Mitgliedern selbst initiiert werden können. Offline erfolgt der Austausch überwiegend in Form von physischen Zusammentreffen, in der Regel über Events. Bei dem zuvor genannten Harley-Case kommunizieren die Fans online sowohl über eigene Plattformen wie das Harley-Davidson-Forum und die Harley-Davidson-Community als auch über Social Networks wie Facebook oder auch Fachportale wie motor-talk.de, auf denen es eigene Harley-Davidson-Foren gibt. Online wird wiederum auf die Offline-Treffen, den zahlreichen und variantenreichen Harley-Davidson-Events wie die lokalen und überregionalen Harley-Davidson-Treffs oder auch auf Messen, Rallyes und Rennen, hingewiesen.

In Love Brand Communitys spielt die gefühlte Kommunikationsfreiheit für die Community-Mitglieder eine zentrale Rolle. Der Anteil an der Markenkommunikation, die von Unternehmen selbst stammt, ist im Vergleich zu anderen Brand Communitys eher gering. In Love Brand Communitys sind die Mitglieder die maßgeblichen Player.

Werte und Wertschätzung in der Culture – von der ICH- zur WIR-Kultur

Die Mitglieder einer Community empfinden eine Art Verantwortung gegenüber ihrer Gemeinschaft. Sei ihr Wunsch nach Freiheit auch noch so groß, bedarf es Grenzen, bestimmter Spielregeln und Rituale, die von allen Mitgliedern befolgt werden. Dadurch wird nicht nur ein gemeinsames Bewusstsein hinsichtlich Kultur und Traditionen gesichert, es werden auch verhaltensrelevante Normen und Werte entwickelt. Die einzelnen Mitglieder der Community fühlen sich schon allein dadurch gegenüber der gesamten Community sowie deren Mitgliedern verpflichtet.

Die Kunden fühlen sich ihrer Community verpflichtet. Das sollten Sie auch!

Eine Love Brand Community ist geprägt durch eine besondere Culture, die von allen Mitgliedern nicht nur gelebt, sondern auch verinnerlicht wird. Die Mitglieder verfolgen ein von der Marke vorgegebenes, aber auch ihr eigenes Wertesystem. Sie haben eine Vision und wollen auch andere davon überzeugen.

Den Mitgliedern einer Love Brand Community ist wichtig, dass die Werte des Unternehmens sozial, wirtschaftlich und ökologisch gerecht sind. Einige Unternehmen haben das bereits erkannt und arbeiten dies nicht nur für sich als Wettbewerbsvorteil heraus, sondern schließen sich mit anderen Unternehmen wiederum in Form von Communitys zusammen, um gemeinsam an diesen Themen zu arbeiten. So zum Beispiel ein Kreis von Bio-Unternehmen, die zu den Pionieren der Branche zählen und sich zu den „WerteMarken" zusammenschlossen, um sich in kollegialer Diskussion mit der Frage auseinanderzusetzen, wie Ethik im Bereich des wirtschaftlichen Handelns heute aussehen sollte und gelebt werden kann. Das erklärte Ziel der WerteMarken ist es, diese Debatte auch branchenübergreifend auf möglichst breiter Ebene zu führen, um mit- und voneinander zu lernen. Dazu gibt es einen regen Erfahrungsaustausch über die Machbarkeit und die Konsequenzen einer ganzheitlichen Ethik.[98]

Achten Sie auf eine wertschätzende Kultur in Ihrer Brand Community!

Das Communiting in einer Love Brand Community ist von hoher Anerkennung und Wertschätzung geprägt. Wir erhalten als Mitglied einer Love Brand Community Feedbacks, die uns in unserem Engagement immer weiterbringen. Sowohl eine glaubwürdige Kommunikation als auch die ehrliche Achtung der Mitglieder und ihrer Beiträge sind im Rahmen von Love Brand Communitys nicht nur wichtig, sondern unabdingbar. Nur so können sich Mitglieder der Community fair behandelt und auch wertgeschätzt fühlen. Es dürfen niemals Zweifel an den Absichten des Unternehmens aufkommen.

Ein Unternehmen, das es geschafft hat, die Beteiligung seiner Kunden auf besondere Art und Weise wertzuschätzen, ist Spreadshirt. Das 2002 in Leipzig gegründete Unternehmen ermöglicht nicht nur eine Individualisierung von Produkten, sondern bietet jedem Kunden die Chance, mit einem umfangreichen Shoppartner-System einen eigenen Shop im World Wide Web „zu eröffnen" und bei Bedarf diesen in bereits existierende Websites zu integrieren. Dabei werden die gesamten Geschäftsvorgänge über das Internet abgewickelt. Der Shopbetreiber designt seine Produkte mit seinen hochgeladenen Grafiken und Logos, alle anderen Aufgaben zum Vertrieb der designten Produkte übernimmt Spreadshirt: von der Produktion über die Lagerhaltung, den Versand und die Zahlungsabwicklung bis hin zum Kundenservice. Dabei beschränken sich die Produkte, die design und verkauft werden können, nicht mehr nur auf T-Shirts. Von Polo- und Longarmshirts, Pullover, Jacken über Accessoires wie Taschen, Rücksäcke, Caps und Schals bis hin zu Handyhüllen kann jeder Kunde auf der Website www.spreadshirt.de nicht nur kaufen, sondern auch individuell designen und verkaufen. Damit ermöglicht Spreadshirt jedem Einzelnen, nicht nur Designer, sondern auch Anbieter seiner Kreationen im World Wide Web zu sein, und schafft damit einen Wert für jeden einzelnen Kunden.

Von der ICH- zur WIR-Kultur (WeQ)

Communiting wird begleitet und unterstützt von einem allgemeinen Kulturwandel in der Gesellschaft, der ebenfalls auf einem Community-Gedanken beruht. Viele Jahrzehnte prägten Ich-Qualitäten (IQ) unsere Vorstellungen von Erfolg. Heute ist jedoch der Abschied von der Ich-Kultur, die rein auf das Eigenwohl beschränkt ist, eingeleitet. Der Umstieg vom IQ- in den WeQ-Modus[99] ist der neue Megatrend, der sowohl die Kultur als auch die Wirtschaft und Politik revolutioniert. Leistungen durch die alleinige Konzentration auf die Intelligenz Einzelner haben ausgedient. Ob freie Lernsoftware, Design Thinking oder Share Economy – überall offenbaren Wir-Qualitäten ihre herausragenden und bestechenden Potenziale. Während unter IQ mit Ich-Denke, Beschränkung, Enge und Stillstand subsumiert wird, öffnet WeQ das Spektrum zur Wir-Qualität, Gemeinschaft, Kreativität, Innovation und Emanzipation.

Immer mehr Menschen erkennen diese Chancen und verabschieden sich aus der Welt der Ich-Kultur. Stattdessen entwickeln sie gemeinsam Innovationen, arbeiten in Communitys und schaffen Infrastrukturen einer Wir-Kultur. Wir-Qualitäten sind der Antrieb für Veränderung, weil sie Teamorientierung und soziale Innovation fördern und die Möglichkeit schaffen, Herausforderungen gemeinschaftlich zu bewältigen. Ein Mehr an Wir-Kultur stärkt nicht nur Gemeinschaften, sondern belebt auch die demokratische Kultur, indem sie die gesellschaftliche Beteiligung an gemeinschaftlichen Prozessen und Entscheidungen fördert und so sozialen und kulturellen Wandel vorantreibt.

WeQ-Orientierung ist damit nicht nur ökologisch und sozial deutlich nachhaltiger, sondern auch intelligenter, kreativer, leistungsstärker und bereichernder. Die Wir-Kultur rückt die Qualität der zuvor beschriebenen Kommunikation, Interaktion und Kollaboration ins Zentrum der Bedeutung. Neben Wikipedia als Plattform kollektiven Wissensmanagements lebt auch Open Source auf der Grundlage einer Wir-Kultur. Auch die bereits zuvor thematisierte und für das Communiting so bedeutende Co-Creation leistet ihren Beitrag zur WeQ-Revolution: Kunden können ihre ethischen und individuellen Ansprüche in die Entwicklung von Produkten einfließen lassen und so zu Mitentwicklern werden. Auch Social Entrepreneurship, Design Thinking und Sharing Economy sind gelebte Beispiele des WeQ-Konzeptes.

Das Erlernen von Wir-Qualitäten ist das Herz der WeQ-Revolution, weil sie jeden Menschen mit den zentralen Fähigkeiten ausstattet, die er heute braucht. Engagement, Verantwortungsgefühl und kooperative Gestaltungslust stärken sowohl den lebenspraktischen Bezug als auch die Handlungskompetenzen von Menschen. Wie auch im Sinne einer Bildung für nachhaltige Entwicklung steht nicht die Wissensvermittlung im Vordergrund der Aktivitäten. Viel wichtiger ist die Vermittlung von Gestaltungskompetenzen, welche die persönlichen Werte und die Eigeninitiative ins Zentrum des Lernprozesses stellen. Dazu ermutigen sie zu Reflexionsfähigkeit, kritischem Umgang mit Information, Kooperation und Achtsamkeit.

Die WeQ-Revolution fördert Love Brands, da sie nicht nur das Community-Building auf Kundenseite unterstützt, sondern auch die WeQ-Orientierung der Mitarbeiter, die die Voraussetzungen für den Weg zur Love Brand schaffen. Denn eine Love Brand muss immer von innen heraus wachsen, wie bereits zu Beginn des Kapitels II thematisiert wurde.

Love Brand

nach „innen und außen"

Wie schafft ein Unternehmen die Voraussetzungen, dass eine Love Brand von innen heraus wachsen kann? Im zweiten Kapitel habe ich bereits ausgeführt, wie es Ihnen gelingt, beispielsweise Leidenschaft bei den Mitarbeitern zu entzünden, Innovationen in Ihrem Unternehmen zu fördern und auch ein Bewusstsein der Mitarbeiter für die Werte Ihrer Marke entstehen zu lassen. Wie aber schaffen Sie es, dass sich Ihre Marke nicht nur zu einer Love Brand Ihrer Kunden, sondern auch zu einer Love Brand Ihrer Mitarbeiter entwickelt? Um diese Frage zu beantworten, ist es notwendig zu wissen, was den Mitarbeitern von heute überhaupt wichtig ist. Wer kann das besser einschätzen als eine Expertin, die seit über 20 Jahren in der Personalberatung tätig ist und mit diesem Thema tagtäglich auf Arbeitgeber- und auf Arbeitnehmerseite konfrontiert wird.

Expertengespräch mit Nicola Sievers[100]

Nicola Sievers ist seit 1995 im Bereich Executive Search tätig. Auf der Grundlage der Erfahrungen als Gesellschafterin in verschiedenen Personalberatungen gründete sie 2008 mit Inner Circle Consultants ihr eigenes Unternehmen und führt dieses heute gemeinsam mit drei Partnern in Hamburg, London, Wien und Salzburg. Ihr Tätigkeitsschwerpunkt ist die Besetzung von Positionen der ersten und zweiten Führungsebene sowie von Vorstandspositionen im Bereich Finanzdienstleistungen/Private Equity in Europa und den USA sowie Finanzpositionen in der Industrie. Darüber hinaus berät die Expertin im Personalbereich Unternehmen bei der Besetzung von Non-Executive-Positionen.

In den über 20 Jahren, in denen Nicola Sievers in dem Bereich Executive Search tätig ist, hat sich aus ihrer Sicht die Arbeitswelt drastisch verändert. „Als ich mich damals für meinen ersten Job bewarb, war ich froh und dankbar, ein Vorstellungsgespräch zu bekommen, und ich hätte mich niemals getraut, großartige Forderungen zu stellen", so die erfolgreiche Personalberaterin heute. „Die Berufseinsteiger heute hingegen fragen bereits in ihrem ersten Bewerbungsgespräch nach einem Homeoffice-Tag und nach Möglichkeiten für ein Sabbatical. Das erfordert natürlich ein Umdenken bei den Unternehmen."

Dabei ist es jedoch nicht notwendig, alles auf den Kopf zu stellen, was sich bisher bewährt hat. Viel wichtiger ist es, zielgruppenspezifisch vorzugehen, denn die Ansprüche und Bedürfnisse sind je nach Alter der Angestellten in der Regel unterschiedlich. Die über 50-Jährigen beispielsweise kennen noch die traditionellen Arbeitsverhältnisse: morgens früh ins Büro zur Arbeit zu fahren, und dies fünf Tage die Woche. Was jedoch gerade bei den Executives auffällt, ist, dass - anders als in der Vergangenheit – deren Familien bei einem mit dem Jobwechsel verbundenen Ortswechsel nicht mitziehen. Dazu ist heute der Arbeitsplatz zu unsicher geworden und oft steht der nächste Wechsel im Vergleich zu früher doch schneller vor der Tür als erwartet. Während in der Vergangenheit eine lange Firmenzugehörigkeit vom Arbeitsmarkt honoriert wurde, sind es heute hingegen eher die vielfältigen Erfahrungen in unterschiedlichen Unternehmen. Lebt die Familie nicht am gleichen Ort wie der Arbeitgeber, kommt dann doch auch von der „älteren" Generation schon einmal die Forderung nach einem Homeoffice-Tag am Freitag oder aber auch nach der Option, sich um das Wochenende herum Termine in der Nähe des Hauptwohnsitzes legen zu können.

Die Jüngeren hingegen verlangen – egal, in welcher familiären Situation sie sich befinden – vom ersten Tag an die Möglichkeit, auch von daheim, oder von wo auch immer, zumindest temporär arbeiten zu können. Zudem nimmt bei ihnen die Work-Life-Balance einen viel höheren Stellenwert ein, ebenso wie die Vereinbarkeit von Beruf und Familie. Genau auf diese Bedürfnisse der Führungskräfte von morgen müssen sich die HR-Abteilungen der Unternehmen einstellen, wenn sie es nicht eh schon getan haben.

Grundsätzlich fällt den Konzernen diese Umstellung auf die neuen Bedürfnisse leichter als mittelständischen und inhabergeführten Unternehmen. Bei den Letzteren haben doch eher die tradierten Arbeitsbedingungen Vorrang, auch wenn sie dadurch den einen oder anderen Bewerber nicht für sich gewinnen können. Die Gefahr, dass der Mitarbeiter nicht arbeiten könnte, wenn er sich nicht im Unternehmen aufhält, wird als zu hoch eingeschätzt. Der Wunsch nach Kontrolle ist größer als das Vertrauen in die Selbstverantwortlichkeit der Mitarbeiter. Die großen Konzerne hingegen sind flexibler. Sie sind eher geneigt, betriebliche Kindergärten einzurichten und auch Vätern ihre Babypause zu genehmigen, ohne dass diese so wie früher Gefahr laufen, dadurch einen Karriereknick in Kauf nehmen zu müssen. Gerade Tech-Unternehmen und allgemein Start-ups bieten Mitarbeitern Freiheiten, die die jüngeren Generationen zu schätzen wissen."

Was Ihre Mitarbeiter von Ihnen auf Ihrem Weg zur Love Brand erwarten

In Zeiten von umkämpften Personalmärkten kommt es – so wie das Experteninterview bestätigt - für Unternehmen immer mehr darauf an, ein hohes Maß an Arbeitgeberattraktivität zu bieten. Dabei ist die eigene Darstellung als Arbeitgeber, das Employer Branding, besonders wichtig. Es ist essenziell, die Zielgruppe der Bewerber anzusprechen und diesen die entsprechenden Möglichkeiten wie Weiterbildung, Aufstiegschancen, betriebliche Alterssicherung oder finanzielle Beteiligung zu gewähren.

Um die eigene Attraktivität zu steigern, haben Arbeitgeber viele Möglichkeiten. Welcher Weg gewählt wird, hängt von der Zielgruppe der Bewerber ab, die das jeweilige Unternehmen ansprechen will. Neben familienfreundlichen Arbeitsmodellen und finanziellen Anreizen müssen Unternehmen auch auf eine Führungskultur setzen, die heute von Vertrauen und Verantwortungsbewusstsein geprägt sein sollte. Sollen Führungskräfte oder andere hochqualifizierte Mitarbeiter gewonnen werden, sind Handlungs- und Entscheidungsfreiräume für diese Mitarbeiter erforderlich, verbunden mit flachen Hierarchien. Ein

strategisches Personalmarketing und Talent Management sind hier von besonderer Bedeutung.

Gerade wenn Bewerberinnen gesucht werden, sind flexible Arbeitszeiten wichtig. Arbeitgeber müssen ihre Kerneigenschaften analysieren und dabei ihre Ziele klar formulieren und fokussieren. Die interne Perspektive kann durch Mitarbeiterbefragungen dabei umfassend untersucht werden. Die Mitarbeiter nach ihrer Zufriedenheit zu fragen und dabei ihre Wünschen sowie Ziele zu eruieren, gibt den Unternehmen klare Hinweise dafür, was sie gut machen und noch besser machen könnten. Auch die von Mitarbeitern geäußerten Vorschläge, was im Unternehmen verbesserungswürdig ist, können Unternehmen im „War for Talents" weit nach vorn bringen.

Die externe Perspektive, wie ein Unternehmen von außen betrachtet wird, lässt sich gut anhand von Medienberichten und Vergleichen zu Wettbewerbern ermitteln. Die Arbeitgeberattraktivität kann beispielsweise relativ einfach mit Sozialleistungen, individueller Karriereplanung und modernen Arbeitsmitteln gesteigert werden. Aber ob das reicht, hängt – wie zuvor ausgeführt – von der Zielgruppe ab.

Unabhängig von der Zielgruppe steht aber fest, dass das Gehalt – so wie von den Unternehmen jahrzehntelang vermutet - nicht das Allheilmittel ist, um Mitarbeiter zu motivieren und an das Unternehmen zu binden. Heute wissen die Unternehmen mehr denn je, dass Lohn nicht das allerwichtigste Kriterium zur Mitarbeiterbindung und auch -gewinnung ist, sondern vor allem auch soziale Aspekte wie ein attraktives Betriebsklima.

Gerade in Zeiten von Führungskräftemangel sind Unternehmen gut beraten, zu reagieren und Strategien zu entwickeln, um als attraktiver Arbeitgeber wahrgenommen oder besser noch, sich zu einer „Love Employer Brand" zu entwickeln. Eine Arbeitgebermarke mit starker, auch emotionaler Anziehungskraft stärkt nicht nur die Bindung bestehender Mitarbeiter, sondern unterstützt auch bei der Gewinnung neuer Mitarbeiter. Deutsche Unternehmen haben in den letzten Jahren erkannt, dass sie auf die veränderten Ansprüche der Bewerber eingehen müssen. Das zeigen auch die Ergebnisse der Studien „Recruiting Trends" und „Recruiting Trends im Mittelstand", die das Centre of Human Resources Information Systems (CHRIS) der Universität Bamberg in Zusammenarbeit mit dem Karriereportal Monster seit einigen Jahren durchführt.[101]

Unternehmen betrachten das Binden von Mitarbeitern und den Aufbau einer starken Arbeitgebermarke als die größten Herausforderungen in der Personalbeschaffung. Start-ups machen es vor, alteingesessene Unternehmen folgen – der Kicker im Pausenraum soll das gemeinsame Abschalten nach Feierabend fördern und Rafting-Ausflüge in Neoprenanzügen sollen die Firmenkultur widerspiegeln. Doch sind diese Maßnahmen der universale Schlüssel zum Erfolg?

Wohl kaum. Ein gutes Employer Branding verlangt mehr als das. Wie zuvor ausgeführt, ist die individuelle Ansprache bestehender und auch potenzieller Mitarbeiter die notwendige Voraussetzung, dass eine Love Employer Brand entstehen kann. Wo beispielsweise ein hippes Start-up mit viel Spaß und Action punkten kann, könnte sich ein etablierter Mittelständler vor allem auf Authentizität und eine gute Vereinbarkeit von Familie und Beruf konzentrieren. Wichtig ist also, dass Unternehmen wissen, was ihre Bewerber wollen. So sind beispielsweise 2018 die Arbeitsbedingungen das wichtigste Merkmal bei der Attraktivität eines Unternehmens, gefolgt von Entlohnung und Sachleistung sowie Unternehmenskultur, also der Culture.[102]

Unternehmenskultur steigert die Attraktivität als Arbeitgeber

Mitarbeiter wünschen sich Wertschätzung von dem Unternehmen, in dem sie arbeiten. Neun von zehn Mitarbeitern (91 Prozent) ist es laut der Studie „Bevölkerungsbefragung: Jobzufriedenheit 2017" wichtig, dass ihr direkter Vorgesetzter seine Wertschätzung für sie zeigt. Ebenso viele wünschen sich ein regelmäßiges, ehrliches Feedback. Aber nicht nur über ein berufliches, auch über ein privates Interesse an ihrer Person würde sich ein Großteil der Mitarbeiter (88 Prozent) freuen.[103] Ein positiver, wertschätzender Umgang steigert die Jobzufriedenheit und damit auch die Bindung der Mitarbeiter. Der bilaterale Austausch zwischen Mitarbeitern und Vorgesetzten macht einen Arbeitgeber attraktiv, ebenso eine authentische Kommunikation mit dem gesamten Mitarbeiter-Team, der internen Unternehmens-Community.

Mit den vier Cs des Communiting können Sie Ihre Marke nicht nur zur Love Brand für Ihre Kunden entwickeln, sondern auch zu einer Love Brand für Ihre Mitarbeiter. Entscheidend dafür ist eine authentische Communication mit relevantem Content sowie eine wertschätzende Culture, die eine starke Mitarbeiter-Community fördert und trägt. So schaffen Sie es, dass Ihre Mitarbeiter in Ihrem Unternehmen eine Heimat finden und in ihrer tagtäglichen Arbeit auch eine Sinnerfüllung verspüren. Sie fühlen sich als Teil einer wertvollen Gemeinschaft und sind stolz darauf. Damit gelingt es Ihnen, Ihre Mitarbeiter zu Ihren Markenbotschaftern zu machen, sowohl für Ihre Love Brand als Produkt oder Dienstleistung als auch für Ihr Unternehmen als Arbeitgeber, als echte Love Employer Brand.

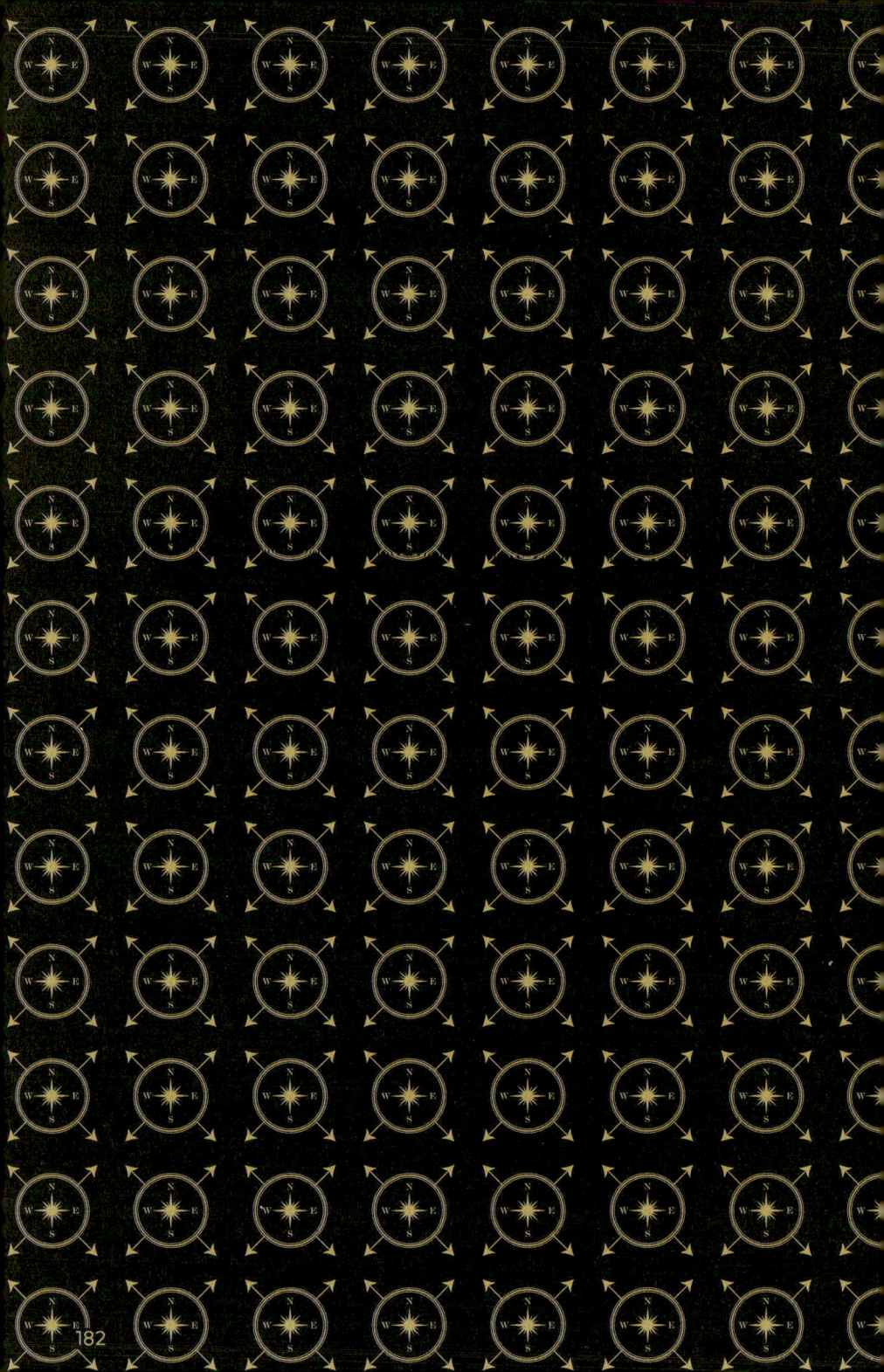

BEST PRACTICES: WAS SIE VON MARKEN AUF IHREM WEG ZUR LOVE BRAND LERNEN KÖNNEN

Nun geht es direkt in die Praxis. Anhand einiger Best Practice Cases erfahren Sie hier, wie Unternehmen das Love-Brand-Konzept erfolgreich in die Praxis umgesetzt haben. Dazu habe ich variationsreiche Beispiele aus den verschiedensten Branchen ausgewählt. Nicht zuletzt, um zu zeigen, dass das Konzept für jeden umsetzbar ist. Mit Marketing 4.0, dem Social Selling Proposition (SSP) und dem Communiting schafft es jede Marke, erfolgreicher zu werden als bisher. Die Cases sollen Sie dazu inspirieren, in Aktion zu treten, damit Kunden Ihre Marken nicht nur noch mehr lieben als bisher, sondern auch Markenbotschafter Ihrer Love Brand werden.

Der Weg zu einer

Love Brand
in verschiedenen Branchen

Die folgenden Best Practice Cases sind Paradebeispiele für die erfolgreiche Entwicklung von Love Brands. Hier präsentiere ich Ihnen starke und begehrenswerte Marken, die nicht nur die Herzen der Kunden erobert haben, sondern von den Kunden auch in Communitys erlebt und gelebt werden. Marken, die es geschafft haben, ihre Kunden zu Markenbotschaftern zu entwickeln und damit profitables Umsatzwachstum zu erwirtschaften.

Eine Love Brand zum Hochgenuss: Das fera

Manche Marken benötigen Jahre, um eine Love Brand zu werden, einige schaffen es in wenigen Wochen. Gerade Marken auf lokalen Märkten haben das Potenzial dazu, aber auch nur dann, wenn die Inhaber mit Leidenschaft und Emotionen das Geschäft vorantreiben, dabei innovativ sind, das richtige Wertesystem verfolgen und dazu noch eine Geschichte zu erzählen haben. Eine Marke, die dies geschafft hat, durfte ich persönlich von Anfang an mitbegleiten. Zunächst war es „nur" ein Lunch zum Thema eines klassischen Konzerts (so dachte ich zumindest), doch was mich erwartete, war weitaus mehr als das: das Restaurant fera in Palma.

Ich trete ein in die Beletage eines historischen, denkmalgeschützten Altstadtpalais in Palma, in dem auch der älteste und angesehenste Club Mallorcas – der „Círculo Mallorquín" – residiert. Mich erwartet eines der wohl kunstvollsten und besten Restaurants auf Mallorca. Schnell wird mir bewusst, dass hier nicht nur Gourmets auf ihren Genuss kommen, sondern auch Liebhaber exquisiter Kunst mallorquinischen Ursprungs und internationaler Relevanz. Ein exklusives Konzept, das das multikulturelle Publikum begeistert. Davon zeugte der unmittelbar nach der Eröffnung prall gefüllte Reservierungsplan, der vor allem der positiven Mund-zu-Mund-Propaganda der fera-Community zuzuschreiben ist, die sich in Windeseile entwickelt und das Restaurant in nur wenigen Wochen an die Spitze der Restaurant-Szene in Palma gebracht hat.

Mit positiver Mund-zu-Mund-Propaganda in Windeseile an die Spitze

Kulinarisch verwöhnt hier Simon Petutschnig seine anspruchsvollen Gäste mit einer köstlichen Fusion aus mediterraner und asiatischer Cuisine auf Sterneniveau: ein kulinarischer Hochgenuss, geboren aus der sonnigen Wärme und Leidenschaft des Mittelmeers in raffinierter Kombination mit

asiatischer Kochkunst. Dazu warten mehr als 60 handverlesene Weine darauf, neue Liebhaber zu finden. Ausgewählte Weine gibt es exklusiv nur im fera.

Nicht nur Haute Cuisine und exquisites Ambiente erschließen im fera neue Horizonte für Genussmenschen. Dafür stehen die Schweizer Gründer Ivan und Sheela Levy, einst Inhaber von 50 „Body Shop"-Geschäften in der Schweiz, die sich heute für Hilfsprojekte einsetzen und auch Bio-Olivenöl produzieren. Das Interior des einzigartigen Restaurants trägt die Handschrift von Sheela, deren Interior-Projekte auch in New York, Zürich und Indien zu finden sind (sheelalevy.com).

Die von den Levys ausgewählten außergewöhnlichen Kunstpräsentationen, kuratiert vom berühmten ABA ART LAB der Geschwister Alejandra und Maria Isabel Bordoy Bennàsar, geben dem Gourmetgenuss darüber hinaus völlig neue Dimensionen. Mit zeitgenössischen Skulpturen, Fotografien, Gemälden bis hin zu speziell auf die Räume abgestimmten Installationen. Die Arbeiten aus der Kunstsammlung Levy stammen von renommierten Künstlern wie Lin Utzon, Toni Garau, Ñaco Fabré, Toni Pedraza, Liliane Csuka, Oscar Mariné, Katharina Pfeil, Enric Riera, Selwyn Senatori, Naja Utzon Popov, Fabian Schalekamp & Alex Proba. „Im fera sollen sich die Gäste wie zu Hause fühlen", umschreibt Ivan das Credo des Restaurants, das von der gesamten fera-family – angefangen von den leidenschaftlichen Köchen bis hin zu dem exzellenten Service-Personal – gelebt wird (siehe auch beigefügte Bilder).

Exquisites Ambiente und leidenschaftliche Mitarbeiter lassen Gäste sich wie zu Hause fühlen

Egal, ob in der heimeligen „Bibliothek", in dem größeren Restaurant „upstairs", in der gemütlichen Bar oder der idyllischen Innenhofoase: Hier fühlt sich jeder Gast wohl sowie in einer ganz besonderen Art und Weise herzlichst willkommen in der fera-Community!

Das Erlebnis „Thermomix®", bei dem Kunden zu Markenbotschaftern werden

Der Thermomix® des Wuppertaler Familienunternehmens Vorwerk, der seit 1984 in Deutschland Erfolgsgeschichte schreibt, ist für mich ein echtes Phänomen: Obwohl die Kult-Küchenmaschine mit einem Preis von über 1.000 Euro nicht gerade günstig ist, rissen sich die Kunden so sehr darum, dass das Unternehmen mit der Produktion nach der Einführung des aktuellen Modells Thermomix® TM5 kaum nachkam. So nahmen die Kunden für ihren geliebten Thermomix, der mittlerweile eine Markenbekanntheit von über 90 Prozent aufweist, oftmals wochenlange Wartezeiten in Kauf, die man eher von Hermès-Handtaschen, Rolex-Uhren oder exklusiven Porsche-Modellen kennt.

Der Thermomix® – mehr als nur eine Küchenmaschine

Was macht ihn bei allen Besitzern – angefangen von Kochmuffeln über Hobbyköche bis hin zu Sterneköchen (sechs der zehn Drei-Sterne-Köche Deutschlands kochen mit dem Thermomix®, TM31 und TM5) – nur so beliebt? Ganz einfach: Mit ihm kann einfach jeder kochen, und neben seiner leichten Handhabung vereint er zwölf Funktionen in einer Maschine: Er wiegt, mixt, vermischt, zerkleinert, mahlt, knetet, schlägt, rührt, kocht und erhitzt. Der Thermomix® kann eigentlich alles, was man sich von einer Küchenmaschine nur so wünscht. Somit gilt er bei seinen weltweit über vier Millionen Käufern als echtes Küchenwunder. Ein Küchenwunder, das für weitaus mehr als „nur" für eine multifunktionale Küchenmaschine steht.

Für Barbara Schöneberger ist bspw. Robbie Williams der „Thermomix® der Entertainer".[104] Für die Wirtschaftswoche stellt der Thermomix® ein „gesellschaftliches Lagerfeuer dar, wie es früher die großen Samstagabend-Shows oder die Bundesliga waren".[105] Und für mich ist

Das Erlebnis „Thermomix®"

er ein „Meisterwerk des Marketing", das die Idee des Multichannel-Marketing aufgreift, seine Kunden auf allen Kanälen begeistert und den „Haben-wollen-Effekt" perfekt initiiert. Jeder zehnte Verkauf beginnt online – mit einem Klick auf den Web-Button „Den will ich haben". Dabei ist der Thermomix® online gar nicht erhältlich. Auch im Handel gibt es ihn nicht zu kaufen, sondern nur im Direktvertrieb. Aus Marketingperspektive steht der Thermomix® darüber hinaus für ein qualitativ sehr hochwertiges und vielseitiges Produkt, dem es gelungen ist, durch persönliche Beratung und relevanten Content eine Community zu schaffen, die in dieser Form ihresgleichen sucht. Das dabei angebotene umfassende Servicepaket, das dem Kunden ein einzigartiges Erlebnis bietet, rundet das Angebot auf eine ganz besondere Art und Weise ab.

Kennenlernen des Thermomix® in geselliger Runde

Das Erlebnis „Thermomix®" beginnt bereits vor dem Kauf – bei Interessierten zu Hause. Mehr als 13.000 Repräsentantinnen (ca. 90 Prozent sind weiblich) sind Dreh- und Angelpunkt sämtlicher Maßnahmen. Mit ihrer

Leidenschaft für das Multitalent sind sie einer der wichtigsten Erfolgstreiber, denn der Thermomix® ist in Deutschland ausschließlich über sie erhältlich. Das Recruiting beginnt oftmals bei Neukunden, die im Anschluss häufig Repräsentantin werden. Kunden werden so zu Markenbotschaftern, die den Thermomix® mit echter Begeisterung, Herzblut und aus voller Überzeugung präsentieren. Ein perfekt choreografiertes Demonstrationskonzept und ein umfangreiches Servicepaket stehen den Repräsentanten zur Verfügung, um die Produktvorführung zu einem echten Erlebniskochen zu machen.

Dieses Erlebniskochen findet bei den Interessenten zu Hause statt. Wer keine Repräsentantin daheim haben möchte, kann die Wundermaschine auch in den eigenen Vorwerk-Stores erleben, von denen es mittlerweile in Deutschland mehr als 50 gibt. Bei Kochkursen, zu denen sich jeder mit einem kleinen Kostenbeitrag anmelden kann, wird bei Wein, Prosecco, Wasser und Kaffee von thailändischer und italienischer Küche über Sushi bis hin zu süßen Verführungen alles zubereitet und genossen. Gekauft werden kann der Thermomix® in den Stores – im Gegensatz zu den Kobolds und anderen Vorwerk-Produkten – allerdings trotzdem nicht. Die Stores dienen ausschließlich als Marketing- und Kommunikationstool, um Kundenbedürfnisse zu generieren, die dann im Direktvertrieb bedient werden.[106]

Mit Social Selling zum Erfolg

So setzt Vorwerk nach wie vor – und das seit 1930 – bei fast all seinen Produkten auf Direktvertrieb und generiert über 80 Prozent des Umsatzes auf diesem Weg mit seinen weit über 600.000 weltweiten Beratern. Aus den Vertretern der Vergangenheit, die von Tür zu Tür die Vorwerk-Produkte verkauften, sind heute – vor allem durch den Thermomix® – Eventmanager geworden, die das Erlebniskochen mit dem Thermomix® inszenieren. Da Kochen und Essen per se mit positiven Emotionen verbunden sind, dazu noch besonders in der Gesellschaft von Freundinnen und Bekannten Vergnügen bereiten sowie Lust und sinnliche Erfahrung bieten, ist die Begeisterung der Teilnehmer bereits vorprogrammiert –

vor allem auch dann, wenn kompliziert klingende Gerichte schnell und unkompliziert gelingen und außerdem köstlich schmecken. Jeder, der danach vom Thermomix® überzeugt ist und ihn kaufen will, zahlt gern den stolzen Preis – und wenn die Freundin das dann sieht, ist der „Auch-haben-wollen-Effekt" gesetzt.

Der Verkauf des Thermomix® in gemütlicher und vertrauter Atmosphäre funktioniert damit perfekt, wie der in 2016 erwirtschaftete Umsatz von 1,29 Mrd. Euro, der 42 Prozent des Umsatzes bei Vorwerk ausmacht, dokumentiert. Von den 11,2 Millionen Bestellungen wurden in diesem Jahr 72 Prozent in geselliger Runde getätigt. Der Thermomix® verkörpert damit auf exzellente Weise den vom Kapitel III definierten Social Selling Proposition.

Content bindet die Fans und stärkt die Community

Nachdem Thermomix® 2014 mit dem aktuellen Thermomix® TM5 den Quantensprung in Richtung Digitalisierung geschafft hat, eroberte Thermomix® 2017 neue Geschäftsfelder und stieg in das Streaming Business ein. Das gab dem Umsatz einen weiteren Push durch den Verkauf von digitalen Rezept-Abonnements – zugeschnitten auf das Multitalent in der Küche. So lautet die Antwort von Thermomix® auf eine der häufigsten Fragen unserer Zeit, „Was koche ich heute?": Cookidoo®. Dank des exklusiven Rezept-Portals Cookidoo® hat der Kunde nicht nur die Auswahl aus einem wachsenden Rezeptschatz von mehreren Tausend Rezepten mit Guided-Cooking-Funktion. Auch App, Wochenplaner und Einkaufsliste erleichtern den Alltag und lassen Thermomix®-Kunden jede kulinarische Herausforderung mit Bravour bestehen.

Die heißgeliebten Thermomix®-Rezepte sind fester Bestandteil jeder Maßnahme und führen zu unvergleichlichen Response-Raten der Kunden. In Wuppertal arbeitet ein Team von Rezeptentwicklern daran, in dem digitalen Rezept-Portal Cookidoo®, in Kochbüchern, im THERMOMIX®-Magazin etc. ein immer interessantes und alltagstaugliches Portfolio speziell auf den Thermomix® zugeschnittener Rezepte anzubieten.

Jedes Rezept, das die Rezeptentwicklung verlässt, wurde mehrfach geprüft und optimiert, bis es die Thermomix®-„Gelinggarantie" erhält. Eine Erfolgsgarantie, die Kunden kleine und große kulinarische Erfolge feiern lässt und das Erlebnis Thermomix® mit auszeichnet. Erfolgreiche Kooperationen, wie beispielsweise mit „essen&trinken" oder Disney, eröffnen ganz neue Zielgruppen.

Kochmuffel und Hobbyköche können die Guided-Cooking-Funktion der digitalen Rezepte nutzen: Auf dem Display erscheint dann eine Schritt-für-Schritt-Anleitung für verschiedene Gerichte, die Temperatur und die Garzeit regelt das Gerät selbst. So gelingt – egal, welche Kochkünste der Anwender vorhält – garantiert jedes Gericht. Dank des „Cook-Key" werden die Rezepte aus dem Internet aus dem Rezept-Portal Cookidoo® direkt auf den Thermomix® synchronisiert. Neue Thermomix®-Kunden können Cookidoo® in einem kostenlosen 6-Monate-Probe-Abo mit Zugriff auf alle Thermomix®-Rezepte testen. Nach den 6 Monaten steht dem Thermomix®-Fan ein Jahres-Abo Cookidoo® für 36 EUR oder der Kauf einzelner Rezept-Kollektionen zur Verfügung. Wenn der Koch keine Lust hat, vorher einkaufen zu gehen, lassen sich die Zutaten für die Cookidoo®-Rezepte online über den Kooperationspartner Rewe bestellen.

Stetige Aktivierung und Wertschätzung der Thermomix®-Community

Durch permanente Impulse zur Aktivierung der Thermomix®-Fans wird die tägliche Vernetzung, online und offline, angestoßen. Die Community bekommt wechselnde Plattformen, um sich über neue Rezepte, Inspirationen, Kreationen und Erfahrungen auszutauschen. Kreative Anlässe stärken die Leidenschaft der Community und dynamisieren die Interaktion. So animiert die langfristig angelegte Kampagne „Thermomix® it yourself" (kurz: TIY) Kunden und Repräsentantinnen, Selbstgemachtes aus dem Thermomix® kreativ zu verpacken und anderen damit eine Freude zu bereiten. Mit der Thermomix®-Rezeptwelt, Facebook, Instagram, Pinterest und YouTube bietet die Marke eine Bühne für die Präsentation und den Austausch der Fans. Der digitale Etikettendesigner ist dabei ein ideales Tool, um Kreationen noch stärker zu individualisieren und die Co-Creation zu stimulieren.

So bietet die Thermomix®-Rezeptwelt-Community seinen Mitgliedern mittlerweile über 70.000 Rezepte. Einloggen kann sich der User auch über sein Facebook-Profil, er kann Rezepte runterladen oder auch einstellen, Kommentare abgeben sowie Nachrichten senden und empfangen, Freundschaftsanfragen senden und auch annehmen und eine Einkaufsliste an den Kooperationspartner Rewe senden. Je aktiver sich der Thermomix®-Fan an der Rezeptwelt beteiligt, umso mehr Punkte erhält er. Diese katapultieren ihn in bestimmte Ränge und bestimmen damit seine „Rezeptwelt-Karriere". Die Idee hinter der Rezeptwelt-Karriere ist es, die Aktivität von Usern, die sich an der Vergrößerung der Rezeptwelt beteiligen, zu würdigen. Deshalb werden die Aktionen der User in der Rezeptwelt mit Punkten belohnt. Durch das Erreichen einer bestimmten Anzahl von Punkten bekommt der Thermomix®-Fan automatisch den nächsten Rang. Durch die unterschiedlichsten Aktionen, wie bspw. an Wettbewerben teilnehmen beziehungsweise gewinnen, Rezepte einstellen, Rezepte bewerten, Freunde hinzufügen oder Kommentare schreiben, erhält der User entsprechende Punkte. Mit Rezeptwelt.de hat Thermomix® eine eigene Community inkl. Rezept-Plattform von Usern für Usern mit über 8,5 Millionen Besuchern pro Monat und über 700.000 registrierten Mitgliedern geschaffen. Über 400.000 Fans davon haben den Thermomix®-Newsletter abonniert; auf Facebook wird die Thermomix®-Community mit über 300.000 Fans mit Aktionen für und mit Kunden inszeniert, Tipps und Tricks werden verraten und damit Kundenbindung per excellence gelebt.

Auf rezeptwelt.de gibt es auch den Forumthread „Quatsch & Tratsch", aus dem sich über die Jahre Freundschaften entwickelt haben. Die Nutzerinnen sind täglich in Kontakt, treffen sich seit 2011 auch „offline", zweimal pro Jahr mit 30 bis 40 Teilnehmerinnen. Dazu wird auch die Thermomix®-Social-Media-Managerin eingeladen. Es gibt ein Mitbring-Thermomix®-Buffet und es werden Thermomix®-Gedichte aufgesagt. Die Gruppe tauscht sich online nach wie vor über Rezepte aus, viele stellen selbst – wie zuvor beschrieben - Rezepte in der Rezeptwelt ein. Auch bei Rezeptwettbewerben sind häufig User aus dieser Gruppe unter den Gewinnern. Die Neuerungen auf rezeptwelt.de werden gerne von den „Quatsch & Tratsch"-Mitgliedern im Vorfeld getestet und die Erfahrungen entsprechend ausgetauscht.

Der Thermomix®-Erfolg hat viele Facetten.

84 Prozent der Thermomix®-Nutzer sind der Überzeugung, dass sich ihr Kochverhalten durch den Thermomix positiv verändert hat. Über 70 Prozent der Thermomix®-Besitzer haben durch den Thermomix® mehr Spaß am Kochen, ihren Koch-Horizont erweitert sowie ihren Fertiggerichte-Konsum deutlich eingeschränkt. Rund zwei Drittel kochen heute gesünder und abwechslungsreicher. Das beliebteste Rezept auf Cookidoo® ist beispielsweise der Fitness-Salat. Schon allein dafür hätte der Thermomix® einen Preis verdient, so wie er ihn in anderen Disziplinen erhalten hat.

So wurde Thermomix® im Jahr 2017 der Deutsche Marketing-Preis verliehen. Den Preis erhielt das Küchenwunder wegen des innovativen Wandels, der erlebbaren Digitalisierung und der gesamtheitlichen Marketingstrategie. Die Jury war sich einig, dass Thermomix® es schafft, im Direktvertrieb die digitale Welt konsequent zu leben und dabei das Kundenerlebnis auf einem einzigartig hohen Niveau zu halten. So beruht die Erfolgsstory vor allem auf der erlebten Erfahrung mit dem Produkt, auf dem Weitererzählen einer Geschichte, dem Leben der Werte Spaß und Gesundheit sowie der daraus resultierenden Weiterempfehlung. Damit hat sich der Thermomix® zweifelsohne zu einer Love Brand entwickelt und strahlt positiv auf die gesamte Produktpalette des Wuppertaler Familienunternehmens aus.

Konsequenterweise arbeitet das Unternehmen seit einiger Zeit daran, seine Produkte als „Must-haves" und Lieblingsstücke zu inszenieren.[107] Zusammengefasst ist das Erfolgsrezept eine Mischung aus der Vertriebsstrategie, den arbeitserleichternden Features, dem relevanten Content und der Preispolitik, mit der Vorwerk seine Kunden begeistert und zu

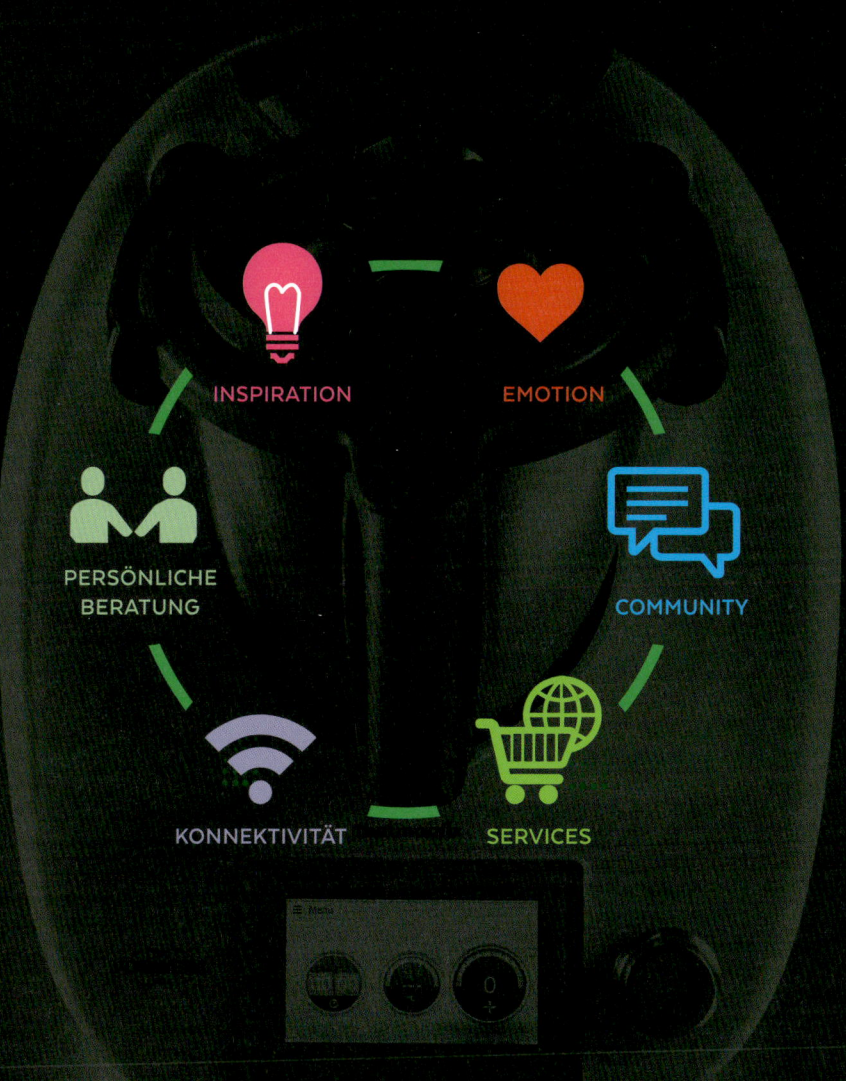

Thermomix® – das integrierte Leistungsangebot

treuen Fans werden lässt. Mit Kundenevents, einem überschaubaren Produktportfolio und innovativen Produktfeatures hat das Unternehmen eine neue Art des Marketing definiert.

Die Zufriedenheit der Thermomix®-Kunden steigt proportional zur Häufigkeit der Nutzung. Daher zielen sämtliche Marketingmaßnahmen auch darauf ab, den Kunden in die „daily usage" zu bringen, um möglichst viele Erfolgserlebnisse zu schaffen und ihn zu einem Multiplikator zu machen. Individuelle Betreuung und persönlicher Kontakt – auch nach dem Kauf – sind dafür essenziell. So steht die Repräsentantin nicht nur bei Fragen als persönliche Ansprechpartnerin zur Verfügung, sondern inspiriert beispielsweise mit Rezepten. Die Kundenbindung spielt dabei eine Schlüsselrolle und mit ihr das für den Erfolg der Marke entscheidende Empfehlungsmarketing – bei dem derzeit auf klassische Werbung weitestgehend verzichtet wird.

Erfolgsfaktor Digitalisierung und ein Blick in die Zukunft

Der Thermomix® kann nicht nur alles, was man sich von einer Küchenmaschine wünscht, auch künstliche Intelligenz ist bei Vorwerk längst kein Fremdwort mehr. Von dem Familienunternehmen lässt sich lernen, wie Digitalisierung konkret aussehen kann und wie sie ein Geschäftsmodell verändert. Dabei können – aufbauend auf den vorangegangenen Ausführungen – drei wesentliche Erfolgsfaktoren herauskristallisiert werden:[108]

1. Integration der Kunden auf dem Weg zur Digitalisierung

Vorwerk hat seine in den Sechzigerjahren entwickelte Küchenmaschine Thermomix® in den vergangenen Jahren vernetzt. Die Kunden melden sich heute in der eigenen Online-Community an, suchen sich ein Rezept aus und übertragen es per WLAN direkt auf die Küchenmaschine – diese leitet den Koch dann Schritt für Schritt an. Doch auch echte Menschen spielen beim Direktvertrieb und bei der Kundenbindung weiterhin eine Rolle. Wer trotz „Guided-Cooking" die Bolognese nicht hinbekommt, kann bei einer Thermomix®-Repräsentantin anrufen und es sich erklären lassen.

2. Lösungen statt Produkte

Vorwerk baut nicht nur eine Küchenmaschine, sondern bietet auch Dienstleistungen wie Rezepte und eine Plattform, auf der sich die Kunden vernetzen können. Der nächste Schritt: Die Maschine und das Unternehmen denken noch weiter mit. Schon heute könnte Vorwerk erkennen, wenn in einer Region eine Grippewelle losrollt. Dann steigt die Zahl der Nutzer, die heiße Suppe kochen, sprunghaft an. Das Unternehmen nutzt diese Daten derzeit noch nicht, hätte aber die Möglichkeit, sie auszuwerten, nach dem Motto „Big Mixer is watching you". Auch wenn jemand im Haushalt schwanger ist, könnte der Thermomix® ein verändertes Kochverhalten beobachten – und dann zum Beispiel passende Rezeptvorschläge anbieten. Der Kunde kauft vielleicht künftig die Dienstleistung „10 Kilo abnehmen" statt eine Küchenmaschine.

3. Fokus auf das ganze System

Vorwerk kooperiert seit Jahren mit dem Kochbox-Lieferdienst „Hello Fresh". Einige Tausend Boxen mit bestellten Lebensmitteln werden schon heute täglich durch die Republik geschickt. Die Zukunftsvision des Wuppertaler Familienunternehmens ist es, dass der Thermomix® weiß: „Mein Besitzer Silvie mag gern Thai-Curry" – und nicht nur das passende Rezept vorschlägt, sondern die Zutaten gleich noch frei Haus liefert. Vorwerk sucht weltweit strategische Partner, um diese Idee umzusetzen, wie zum Beispiel große Supermarktketten. Die Kooperation mit Rewe ist ein erster Schritt dorthin.

So wird es das Wuppertaler Familienunternehmen auch künftig schaffen, die Welt um den Thermomix® immer wieder neu zu erfinden und damit nicht nur seine Fans stets neu zu begeistern, sondern sie sich auch als Markenbotschafter zu sichern.

Die Munich Consulting Group: Vom regionalen Start-up zur international agierenden Love Brand

Kennen Sie eine Unternehmensberatung, bei der die Mitarbeiter aktiv zum Überstundenabbau aufgefordert werden, wo man gemeinsam mit den Mitarbeitern große Erfolge feiert und auf Teamevents auch mal Seifenkisten baut und Rennen veranstaltet? Willkommen bei der Munich Consulting Group, die mit 150 Mitarbeitern in München, Stuttgart, Memmingen sowie Bonn vertreten ist.

Zunächst aber zu den Anfängen des Unternehmens: „Die Vision ist die Quelle der Motivation von einzelnen Menschen, aber auch einer ganzen Gruppe von Menschen, eines gesamten Unternehmens." Dr. Christian Grams und Dr. Markus Schöppler haben sich den Inhalt dieser Aussage zum Leitsatz ihrer Unternehmensgründung 2005, die in einer „Studentenbude" stattfand, gemacht. Die beiden hatten die Vision, ein eigenes Unternehmen zu gründen, das einerseits professionell agiert, andererseits aber das Thema Menschlichkeit - in Bezug auf Mitarbeiter und Kunden – in den Fokus aller Aktivitäten stellt. Um es vorwegzunehmen: Den beiden sympathischen Unternehmensgründern ist dies auf eine ganz besondere Art und Weise gelungen.

Die Unternehmensgruppe bietet als Partner der Industrie (Automobil- und Nutzfahrzeugindustrie, Luftfahrtindustrie sowie Maschinen- und Anlagenbau) und des produzierenden Mittelstands ihre Expertise in den Bereichen Industrial Engineering, Product Compliance, Marketing & Sales und Personaldienstleistungen an. Dr. Christian Grams und Dr. Markus Schöppler wussten bereits bei der Gründung des Unternehmens, dass gerade bei komplexen Projekten der Faktor Mensch der Schlüssel zum Erfolg ist.

Fähigkeiten wie mitdenken, den Überblick behalten und auf permanente Änderungen flexibel reagieren sind - neben dem exzellenten fachlichen Know-how - die zentralen Erfolgsfaktoren in ihrem Business.

Jeder Mitarbeiter der Unternehmensgruppe sieht sich gegenüber dem Kunden gerne als Dienstleister. Dienstleistungsmentalität wird damit in der Munich Consulting Group ganz großgeschrieben. Sie wird höflich forciert, aber bei Bedarf auch tough ausgelebt. Trotzdem oder gegebenenfalls auch gerade deshalb treffen sich die Projektteams, die aus Mitarbeitern der Munich Consulting Group und des Kunden bestehen, abends oftmals auf ein gemeinsames Bier oder zum Biken.

Die Munich Consulting Group versteht sich stets als Partner, der gemeinsam Seite an Seite mit dem Kunden dafür Sorge trägt, ein Projekt erfolgreich zum Abschluss zu bringen – egal, wie groß die Herausforderung ist. In diesem Zusammenhang gehen die Mitarbeiter oftmals - stets den Erfolg des Projektes im Visier - einen Schritt weiter, als die Kunden erwarten. Dabei schaffen sie es, egal, in welcher stressigen Situation ein solches Projekt sich befindet, die Balance aus Professionalität und Menschlichkeit zu wahren und zu leben.

Ein wertebasiertes, familiäres Betriebsklima als Grundlage des Erfolgs

Wie selbstverständlich werden die von der Unternehmensgruppe angebotenen Beratungsdienstleistungen - die vom Grundsatz her doch eher sehr sachlich, analytisch und distanziert klingen - durch gelebte Menschlichkeit und mit Leidenschaft von den Mitarbeitern erbracht. Dies liegt sicherlich auch an der wertebasierten Philosophie der Munich Consulting Group, die auf ein familiäres Betriebsklima und professionelles Agieren setzt. Das Team arbeitet gelassen, aber stets sehr diszipliniert an den Ergebnissen, die die Kunden begeistern. Die Projekte werden in Teamarbeit erfolgreich vorangetrieben, wobei jedes Teammitglied eigenverantwortlich agiert. Das ergebnisorientierte Handeln wird dabei immer begleitet von Spaß an der Arbeit, die wiederum die Leidenschaft der Mitarbeiter befeuert. Diese

Leidenschaft ist schon beim Eintritt in das moderne Büro in München zu fühlen, in welchem der Hauptsitz der Munich Consulting Group Familie beheimatet ist. Hier spürt jeder Gast und Kunde, dass Menschlichkeit, Zuverlässigkeit und Fairness ganz großgeschrieben werden.

Die Munich Consulting Group weiß, dass jede Umgebung und jedes Projekt einzigartig ist und für das Team eine neue Herausforderung darstellt. Dass diese gern gemeinschaftlich mit Expertise, Flexibilität und Ausdauer angenommen und zum Erfolg geführt wird, wissen sowohl die Großkunden wie OEMs (Original Equipment Manufacturer) als auch die produzierenden Mittelstandsunternehmen sehr zu schätzen. Die Kontakte zu den namhaften Kunden, die oftmals Marktführer ihrer Branche sind, sind dabei vorwiegend emotional geprägt, sodass die Projektteams, bestehend aus Mitarbeitern der Munich Consulting Group und den Kunden, gemeinsam alles geben und der Erfolg der Projekte schon vorprogrammiert ist. So wundert es nicht, dass auf ein erfolgreich abgeschlossenes Projekt oft gleich das nächste folgt.

Damit die Unternehmensgruppe auch künftig so erfolgreich bleibt, legt sie großen Wert auf eine individuelle Personalentwicklung. Dabei genießt jeder Mitarbeiter der Munich Consulting Group von Anfang an eine individuelle Betreuung sowie fachliche und persönliche Förderung, die einhergeht mit einem individuell auf jeden Mitarbeiter abgestimmten Karriereplan. Im Rahmen der Einarbeitungsphase nimmt jeder Einsteiger beispielsweise an einem zweitägigen Start-up-Modul teil und bekommt einen Mentor, der - gemeinsam mit der Abteilungsleitung und dem Personalmanagement - durch regelmäßige Rücksprachen die wichtigsten Ziele dieser Phase realisiert. Da das Zusammenspiel aus fachlicher und sozialer Kompetenz – wie zuvor ausgeführt - ausschlaggebend ist, setzt die Unternehmensgruppe auch gezielt auf das Training von Soft Skills, da diese die wesentliche Voraussetzung für eine erfolgreiche Kommunikation und Motivation bilden. Gemeinsam mit der School of Skills von der TH Deggendorf hat die Munich Consulting Group ihr eigenes Fortbildungsprogramm „Human Skills and Leadership" entworfen, das im Rahmen von fünf Modulen die Soft Skills eines jeden Einzelnen stärkt.

Vom traditionellen Familienunternehmen zur weltweiten Love Brand: Frauscher „Engineers of Emotions"

Sicherlich kennen Sie dieses Gefühl: Sie sehen etwas, sind fasziniert davon und können es kaum fassen, wenn es auf einmal ganz nah ist. So ging es mir vor einigen Jahren, als in der Nähe von Palma ein wunderschönes Boot mit dem einzigartigen Design der Marke Frauscher an mir vorbeirauschte und ich einige Tage später mit Freunden auf diesem Boot eingeladen war und selbst mit einem der Inhaber der Frauscher Bootswerft, Michael Frauscher, durch das Mittelmeer brauste. Ein Erlebnis der besonderen Art, nicht nur dann, wenn man bereits eine Leidenschaft fürs Bootfahren hat.

Der Claim von Frauscher „Engineers of Emotions" sagt eigentlich alles, was das österreichische Familienunternehmen mit Sitz am Traunsee so einzigartig macht. Gleichzeitig ist er die treibende Maxime der Gründerfamilie und des gesamten Frauscher-Teams, das aus 60 Mitarbeitern besteht, von denen jeder Einzelne für Frauscher brennt. Die wunderschönen Yachten und Boote, die sicherlich nicht nur ich als Kunstwerke betrachte, werden ausschließlich in der betriebseigenen Werft in Oberösterreich gefertigt. Das Familienunternehmen, das in der dritten Generation geführt wird, hat sich in den letzten 90 Jahren von einem traditionellen Handwerksbetrieb zu einem international agierenden, modernen Wirtschaftsunternehmen entwickelt und liefert seine Yachten und Boote heute weltweit aus.

Das markante „F", das Logo von Frauscher, steht gleichermaßen für stylisches und klares Design, Premiumqualität, Freude und Familientradition. Die Marke begeistert mit ihrem Motto „Tradition creates Future" jeden Kenner und Liebhaber von Yachten und Booten weltweit und weckt bei ihnen auf eine ganz besondere

Art Emotionen. Sie personifiziert eine große Leidenschaft für klassisches „Craftmanship" und kombiniert diese auf eine sehr stilvolle Art und Weise mit „State of the Art"-Design. Das virtuose Design, faszinierende Innovationen, beeindruckende Fahreigenschaften und die herausragende Qualität der Frauscher-Boote und -Yachten erfreuen jeden Entdeckergeist. Die Motoryacht, das Motorboot, die Elektroyacht oder das Elektroboot von Frauscher werden somit zum Statement jedes Bootseigners.

„Mitbewerber sind das Reitpferd, der Swimmingpool oder der Sportwagen. Zuerst müssen wir schauen, dass sich Menschen fürs Bootfahren interessieren. Wir schauen nicht, was irgendein anderer baut, sondern gehen unsere Linie."
Stefan Frauscher, CEO

Dabei fokussiert das Unternehmen im Vertrieb nicht auf die traditionellen Bootsbesitzer, die eh als Bootsinteressierte auf die Marke Frauscher stoßen. Das Unternehmen spricht vor allem auch Kunden an, die heute noch gar nicht wissen, dass sie morgen ein Boot fahren werden. Die Vertriebsphilosophie besteht darin, Bedarf zu wecken, wo derzeit noch keiner ist. Ziel der Kommunikation ist es somit, Menschen von den Frauscher-Yachten und -Booten zu begeistern, die das Potenzial haben, sich ein solches Boot zu kaufen, aber vielleicht noch nie darüber nachgedacht haben, eines zu besitzen.

Den Fokus legt das Unternehmen bei seiner Strategie auf einzigartige und emotionale Erlebnisse. Dazu zählt bspw., Potenzialkunden, die selbst noch nie ein Boot gefahren haben, mit auf eine Frauscher-Spritztour – die schon einzigartig für sich ist - durch das Mittelmeer zu nehmen, sie selbst fahren zu lassen, irgendwo zu ankern, eine Champagnerflasche zu öffnen und exklusives Fingerfood zu offerieren. Oder bestehende Kunden, die ihr Boot einige Stege weit entfernt von den ausgestellten Frauscher-Yachten und -Booten stehen haben, nicht dorthin zurücklaufen zu lassen, sondern sie auf direktem Wasserweg zu ihrem Boot zu shutteln. Die Begeisterung bei bestehenden wie potenziellen Kunden durfte ich selbst hautnah miterleben.

Flankiert wird diese Strategie von Influencern, die die Marke Frauscher und ihre Yachten und Boote aus unterschiedlicher Perspektive betrachten und promoten. Insgesamt hat sich die Strategie in den letzten Jahren in Richtung einer Community-Strategie entwickelt, wie auf dem Bild unten zu sehen ist. Getragen wird diese Community-orientierte Frauscher-Erfolgsstrategie selbstverständlich durch die Frauscher-Linie an sich. Dass sie etwas ganz Besonderes ist, zeigen auch die über 20 Awards, die den Frauschers in den letzten 10 Jahren verliehen wurden – angefangen von European Powerboat of the Year über Nautic Design Award und Concours DÈlegance Cannes bis hin zum Staatspreis Marketing Österreich für die Frauscher-Yacht „1414 Demon", die im Februar auch den German Design Award 2018 verliehen bekam. Das innovative Design der „1414 Demon" überzeugt nicht nur die Jury, sondern auch viele Bootsfans, die die Übertragung der Designsprache aus dem Lifestyle-Bereich auf das Thema Yacht zu schätzen wissen – so wie auch das Ergebnis: eine gelungene Kombination aus klassischen Elementen des Yachtbaus, Automobildesign, einer hohen Funktionalität mit intelligenten Detaillösungen und luxuriösem Komfort.

All dies hat den Erfolg der Marke in den letzten Jahren stark beflügelt. So wundert es nicht, dass die Marke Frauscher erfolgreicher ist denn je: Das Familienunternehmen hat 90 Jahre nach seiner Gründung im Jahre 1927 das erfolgreichste Geschäftsjahr der Unternehmensgeschichte abgeschlossen.

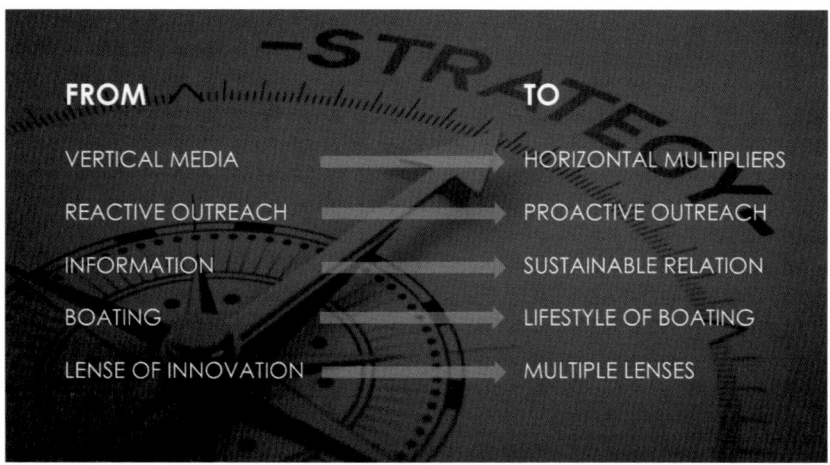

Die Community-orientierte Erfolgsstrategie der Frauscher Bootswerft

Faszination Porsche: Ein Traum, der von den Porsche-Fans nicht nur *er*lebt, sondern auch *ge*lebt wird

Was genau steckt hinter der Faszination Porsche? Ist es der unglaubliche Pioniergeist des Unternehmens, der immer wieder Meilensteine setzt? Ist es die Verbindung von einzigartigem Design und innovativer Technik? Oder sind es die außerordentliche Performance und die Leidenschaft für Perfektion? Die Antwort: Porsche vereint alles. „Die Geschichte beginnt mit einer großen Idee ... und sie erzählt davon, wie diese Idee Wirklichkeit wurde." Ferry Porsche tat das, was einen echten Visionär und Unternehmer ausmacht: Er hatte eine großartige Idee und realisierte diese.

„Am Anfang schaute ich mich um, konnte aber den Wagen, von dem ich träumte, nicht finden. Also beschloss ich, ihn mir selbst zu bauen."
Ferry Porsche

Und genau das ist es, was die Mitarbeiter von Porsche tagtäglich zu einer großartigen Performance motiviert: „Sein Traum vom perfekten Sportwagen treibt uns an – schon immer. Und wir kommen ihm täglich ein Stück näher. Mit jeder Idee. Mit jeder Entwicklung. Mit jedem Modell. Dabei folgen wir einem Plan, einem Ideal, das uns alle eint. Das Prinzip lautet: aus Möglichkeiten das Maximum herausholen. Denn seit Sekunde 1 geht es um die intelligente Art, Leistung in Geschwindigkeit – und Erfolg – umzusetzen. Nicht mit mehr PS, sondern mit mehr Ideen pro PS. Es kommt von der Rennstrecke und steckt in jedem unserer Fahrzeuge. Wir nennen es ‚Intelligent Performance'."[109] Dies ist nicht nur ein Bekenntnis auf der Website von porsche.de, sondern dies wird auch von den Mitarbeitern gelebt. Tagtäglich setzen die Mitarbeiter von Porsche alles daran, dass Kunden ihre Marke lieben. Und wenn sie dann – wie es zum Beispiel einem ehemaligen Marketingleiter widerfahren ist – einen roten Kuss mit einem Lippenstift auf ihrem Dienstwagen finden, dann wissen sie, dass sich ihr

Engagement gelohnt hat. Tatsächlich: Der rote Kuss auf dem Porsche drückt das aus, was die Porsche-Fans empfinden: die uneingeschränkte Liebe zu dieser einzigartigen Marke.

Porsche ist einzigartig. So einzigartig ist auch die Porsche-Community.

Drei Ziffern, die jeder kennt. Ein Schriftzug, der für Tradition und Zukunft steht. Ein legendäres Sportwagenkonzept: der Porsche 911. Bis heute erzählt er viele Geschichten von heldenhaften Rennsiegen. Von einem ikonisch gewordenen Design. Und von einer zeitlosen Idee. Von unzähligen Kindheitsträumen … und auch von unzähligen Männerträumen. Das Porsche-Museum, in dem die Fans mit auf die Zeitreise Porsche genommen werden, hat es zu „50 Jahre Porsche 911" auf den Punkt gebracht: „Wovon haben Männer eigentlich vor 1963 geträumt?"

Für manche bleibt es ein Traum, für manche geht der Traum in Erfüllung. Aber für alle bleibt es eine unglaubliche Faszination. Eine Faszination, die gelebt und auch weitergetragen wird, und das über Generationen. Eine Faszination, die ihresgleichen sucht. „Dabei bauen wir Produkte, die eigentlich kein Mensch wirklich braucht. Eigentlich", so Andreas Henke. „Wir erklären den Kunden aber auch, warum die Welt Dinge braucht, die unvernünftig sind." So verwundert es nicht, dass im Porsche-Marketing filmreife Sätze und Fragen entstehen, wie zum Beispiel: „Wie wäre die Welt, wenn alles nur noch rational wäre?" Im Ernst: Wie sähe die Welt denn aus, wenn Geschenke rational wären? Würden wir uns Tacker schenken oder Kleiderbürsten? Gerade diese Irrationalität macht die Faszination Porsche aus: Kein Mensch braucht ihn wirklich, aber fast jeder will ihn haben.

Einer der Kampagnen-Claims des 911er, „Die deutsche Sprache hat mehr als 500.000 Wörter. Aber nur 3 Ziffern können das Gefühl beschreiben", bringt es auf den Punkt. Und obwohl die Motive der Porsche-Fahrer so unterschiedlich wie die Wörter der deutschen Sprache sein können, so kann man den Ursprung ihrer Gemeinschaft auf drei Ziffern und das, was sie verbindet, auf eines reduzieren: auf die Liebe zur Marke Porsche, auf die Liebe zum 911.

Die Performance der Marke überträgt sich auf das Involvement der Porsche-Fans auf den Social-Media-Plattformen.

Allein der Porsche 911 hat eine Million Fans auf Facebook – weltweit posten die Mitglieder in ihrer Love Brand Community ihre Stars, ihre Heroes, ihre Erlebnisse, ihre Geschichten – leidenschaftlich und authentisch. Oder sie beteiligen sich in Form von Co-Creation-Projekten, wie beispielsweise an der Gestaltung des Außenhautdesigns eines 911ers für das Porsche Driving Experience Center in Silverstone.

Darüber hinaus gibt es viele weitere Porsche-Facebook-Seiten zu einzelnen Porsche-Zentren und auch Porsche-Händlern, zum Porsche Owners Club, zum Porsche Sports Cup Deutschland, zum Porsche-Museum und zur Porsche-Arena – um nur eine Auswahl zu nennen. Einige Porsche-Community-Seiten werden dabei als geschlossene Gruppen geführt, wie beispielsweise der Porsche Garagen Talk, in dem man sich über die Leidenschaft Porsche in Bezug auf Berichte, Meinungen, Erfahrungen, Bilder, Videos sowie Tipps und Tricks austauscht. Aber nicht nur auf Facebook sind die Porsche-Fans für ihre Love Brand aktiv, sondern auch auf zahlreichen weiteren Social-Media-Kanälen, wie beispielsweise Twitter. Auf YouTube werden zahlreiche und variantenreiche Porsche-Videos oftmals millionenfach geteilt, so zum Beispiel das Video „Nelly – Hey Porsche" knapp 30 Millionen Mal! Die Porsche-Fans können außerdem über den 2014 gelaunchten Porsche Newsroom newsroom.porsche.de alle Informationen gebündelt erhalten und auch hinter die Kulissen ihrer geliebten Marke schauen.

Die Community erlebt und lebt gemeinsam die Faszination der Marke auf zahlreichen und variantenreichen Porsche-Events.

Die Community trifft sich aber nicht nur virtuell, sondern auch physisch auf selbst organisierten oder auch vom Konzern initiierten Porsche-Events. Hier werden Interessen geteilt und Träume erlebt und gelebt. Angefangen bei Produktpräsentationen über Porsche-Fahrsicherheitstrainings und zahlreichen Trainingsspecials auf den internationalen Porsche

Sport Driving Schools bis hin zu regionalen, themenspezifischen Porsche-Touren, auf denen die Porsche-Fans die Faszination ihrer Love Brand gemeinsam erleben und leben. Porsche weiß um die Wichtigkeit seiner Community und hat dafür eigens ein Porsche Community Management eingerichtet, das strategische und koordinierende Aufgaben wahrnimmt und Serviceleistungen für Porsche-Clubs ebenso wie für Porsche-Vertriebspartner oder Endkunden und Fans anbietet.

„Der große Erfolg von Porsche basiert darauf, dass Porsche sich immer treu geblieben ist hinsichtlich dessen, was wir gerne die ‚drei hohen Cs der Kommunikation' nennen: Continuity (Kontinuität), Consistency (Konsistenz) und Credibility (Glaubwürdigkeit)", ist sich Henke sicher. Und dieser Erfolg wurde mit dem Doppelsieg von Porsche in Le Mans 2015 bei der 83. Auflage des 24-Stunden-Rennens einmal mehr bestätigt, bei dem sich Porsche den 17. Gesamtsieg für die Marke sicherte. Kein anderer Hersteller hat beim härtesten Langstreckenrennen der Welt so viele Erfolge vorzuweisen und ist so eng mit dem Mythos Le Mans verknüpft wie Porsche. Damit ist Porsche der Vision des Unternehmensgründers wieder einen Schritt nähergekommen.

„Das letzte Auto, das gebaut wird, wird ein Sportwagen sein."
Ferry Porsche

Mitarbeiter
als wichtigste Begleiter

auf dem Weg zu einer
Love Brand

Im Folgenden möchte ich Ihnen Best Practice Cases vorstellen, die Ihnen zeigen, wie nicht nur Ihre Kunden, sondern vor allem auch Ihre Mitarbeiter zu Markenbotschaftern Ihres Unternehmens werden. Auch hier habe ich für Sie bewusst Beispiele aus unterschiedlichen Branchen ausgewählt. Egal, ob Sie im Gesundheitswesen Dienstleistungen anbieten, Lifestyle-Produkte vertreiben oder auch im B2B-Bereich tätig sind – die Beispiele dokumentieren, dass eine Love Brand stets von innen nach außen wächst.

Auf dem Weg zur Love Brand mit Asklepios' „Gesund werden. Gesund leben."

Wer gesund werden und gesund bleiben will, hat viele Fragen. Was macht meinen Körper krank, was hält ihn gesund? Was bedeuten die Diagnosen der Mediziner? Welche Therapieverfahren gibt es und wer kann mir helfen? Wo bin ich am besten aufgehoben, wenn ich einen akuten Anlass habe und auf ärztliche Hilfe angewiesen bin? Fragen, die sich jeder einmal stellt und die manchmal schneller beantwortet werden wollen, als einem lieb ist.

So kann ich mich noch gut an den 25. Mai 2017 erinnern, an dem die letzte Frage innerhalb weniger Minuten beantwortet werden musste. Bei meiner morgendlichen Jogginrunde um die Alster fiel ich einer Stolperkante auf dem Gehweg zum Opfer. Neben den blutigen Schürfwunden machte mir vor allem mein kleiner Finger Sorgen, der nach dem Sturz in einer sehr unnatürlichen Position senkrecht von der rechten Hand abstand. Mit schmerzverzerrtem Gesicht schockierte ich zunächst einen Taxifahrer, der mich dann aber sicher in die Notaufnahme der Asklepios Klinik Barmbek brachte. Ich wusste, dass Asklepios einer der führenden Klinikbetreiber Deutschlands ist und ich dort sicherlich auch im Notfall gut aufgehoben war. Von den langen Wartezeiten aus anderen Krankenhäusern war – trotz des Feiertags (es war Christi Himmelfahrt) – nichts zu spüren. Das diensthabende Personal kümmerte sich rührend um mich, sodass ich trotz des gebrochenen Fingers, der am nächsten Tag operiert werden musste, nicht durchgedreht bin – was sonst bei meinem Temperament schon einmal passieren kann. Nun hatte ich die rechte Hand in Gips, drei großartige Projekte parallel am Start und dazu noch dieses vorliegende Buch, welches in der zweiten Auflage am Ende des Jahres publiziert werden sollte. Wie Sie dem Erscheinungstermin dieser Auflage entnehmen können, hat mich die kleine Stolperkante – trotz der erstklassigen Versorgung in der Klinik – ein ganzes Jahr gekostet.

Was steckt nun hinter der Klinik, die zu meinem Retter in der Not wurde? Asklepios wurde 1985 von dem Unternehmer Dr. Bernard gr. Broermann gegründet, beschäftigt heute über 47.000 Mitarbeiter in über 160 Gesundheitseinrichtungen in 14 Bundesländern und betreut dort pro Jahr mehr als zwei Millionen Patienten, die nicht nur gesund werden, sondern auch gesund leben wollen. Dafür steht Asklepios! Denn Asklepios hat sich zum Ziel gesetzt, einen Beitrag für eine bessere Gesundheitsversorgung und Prävention in Deutschland zu leisten, und richtet deshalb all seine Aktivitäten nach dem Grundsatz „Gesund werden. Gesund leben." aus.

Vor diesem Hintergrund hat die Asklepios-Klinik-Gruppe unter anderem im Mai 2017 den Fernsehsender „health tv" gelauncht. Das health tv-Team folgt dem Motto „Mehr wissen. Gesünder leben." bei seiner Berichterstattung, deren Fokus auf einem gesunden Leben mit all seinen positiven Facetten liegt. Dazu zählen gesundes Reisen oder gesunde Ernährung genauso wie das allmorgendliche Mitmachprogramm. Das Motto des Senders und der Grundsatz von Asklepios liegen im Trend, denn das Bedürfnis nach einem gesunden Leben ist sehr groß. 87 Prozent der Deutschen schätzen Gesundheit als ihr höchstes Gut ein, wie das Ergebnis einer repräsentativen Studie der Konrad-Adenauer-Stiftung aus dem Jahr 2017 belegt.[110] So wundert es nicht, dass bereits ein Jahr nach Sendestart health tv täglich 400.000 Zuschauer und – mit einer Reichweite von rund 35 Millionen – mehr als 90 Prozent aller TV-Haushalte erreicht.

Der Anspruch von Asklepios im klinischen Bereich ist, den höchsten Standard bei der medizinischen Behandlungsqualität zu gewährleisten. Kontinuierlich widmet sich Asklepios der Qualitätsverbesserung und erreicht dadurch ein Niveau, das weit über dem gesetzlich geforderten Maß liegt. Qualitätsmanagement genießt somit bei Asklepios seit

Jahrzehnten oberste Priorität und steht Pate für eine ganze Generation von Qualitätsmanagementsystemen in Deutschland. Bei Asklepios kann der Patient darauf vertrauen, dass für seine Behandlung höchste Qualitätsstandards gelten und seine Sicherheit immer an erster Stelle steht. Die speziellen Programme wie Patientensicherheit, Hygiene und die Optimierung der Prozesse und Strukturen stehen dabei im Fokus und werden kontinuierlich weiterentwickelt.

Moderne Medizin ist für Asklepios viel mehr als nur Selbstverständlichkeit. Neue Erkenntnisse und Technologien aus Wissenschaft, Forschung und Technik erfolgreich zur Verbesserung der Behandlungsqualität zu nutzen, setzt Offenheit für Ideen, innovative Konzepte und Methoden voraus. Für diese Offenheit steht Asklepios. So arbeitet das Unternehmen bspw. auf Hochtouren an einem umfassenden Angebot der Telemedizin, die von den Verbrauchern immer mehr gefordert, derzeit aber noch von keinem Anbieter umfassend eingesetzt wird. Das Unternehmen fördert aktiv neue Formen der Zusammenarbeit, stärkt die Einbindung der Patienten in den Organisations- und Behandlungsprozess und unterstützt die medizinische Forschung. Mit dem modernen Wissensmanagement sorgt Asklepios zudem für die Verbreitung der neuesten wissenschaftlichen Erkenntnisse in ihren Kliniken.

Als Familienunternehmen verfolgt Asklepios langfristige unternehmerische Ziele und bekennt sich zu der Rolle als ein Unternehmen mit einer besonderen gesellschaftlichen Bedeutung und Verpflichtung. Asklepios übernimmt mit den Krankenhäusern den ihr übertragenen öffentlichen Versorgungsauftrag und damit eine wichtige, verantwortungsvolle und ethisch wertvolle Aufgabe. Nicht zuletzt deshalb hat das Unternehmen das Prinzip höchster Integrität zum Maßstab für alle Handlungen nach innen und außen erhoben. So unterstützt das Unternehmen zum Beispiel Mitarbeiter bei der Kinderbetreuung und bietet betriebliche Gesundheitsförderung in den eigenen Einrichtungen an. Das Engagement für die Prävention bei Schulkindern an möglichst allen Standorten rundet das Bekenntnis zur Übernahme gesellschaftlicher Verantwortung ab.

Für Asklepios sind die Mitarbeiter die wichtigsten Markenbotschafter

Das alles motiviert die Mitarbeiter, die mit Leidenschaft tagtäglich ihr Bestes geben und denen ein breites Leistungsspektrum mit abwechslungsreichen Aufgaben und spannenden Herausforderungen geboten wird. Der Klinikbetreiber ist sich sicher, dass die Mitarbeiter die wichtigsten Botschafter der Marke Asklepios sind. Nur wenn sie die Positionierung ihrer Marke jeden Tag in ihrem Job leben und das Gefühl haben, einen Beitrag zu einer großen, gemeinsamen Mission zu leisten, kann eine Identifikation der Mitarbeiter mit der Marke Asklepios gesteigert werden. Deshalb ist es Ziel, die Mitarbeiter von Asklepios noch stärker zum Teil der Marke werden zu lassen, sie noch intensiver einzubinden und mitzunehmen.

Bei so vielen unterschiedlichen Standorten, die über die Jahre durch Akquisitionen ergänzt wurden, ist diese Zielsetzung aufgrund der unterschiedlichsten Kulturen eine ganz besondere Herausforderung. Deshalb wurde 2017 von den CEOs, Kai Hankeln und Dr. Thomas Wolfram, ein Projekt aufgesetzt, in dem alle Geschäftsführer, Geschäftsführenden Direktoren, Regionalgeschäftsführer, Konzernbereichsleiter und die Konzerngeschäftsführung integriert wurden. Dabei wurden zunächst in rund 30 Interviews und Workshops eine Bestandsaufnahme vorgenommen und auf Ebene der Konzern- und Regionalgeschäftsführung ein ökonomisches und eine kulturelles Zielbild für Asklepios entwickelt. Dieses legte die Basis für die gemeinsame Klausurtagung aller Führungskräfte im November 2017. Die Tagung wurde von einem Team der Schweizer Unternehmensberatung Manres begleitet, die auf die Realisierung von Transformationsprozessen in Unternehmen spezialisiert ist. Der damit bei Asklepios eingeleitete Transformationsprozess in Bezug auf die Struktur, die Zukunft und die Unternehmenskultur von Asklepios wird von den involvierten Führungskräften in die Organisation getragen.

Das ökonomische Zielbild sieht die Erweiterung und Ergänzung des Asklepios-Geschäftsmodells vor, das heißt den Erhalt des Erfolgsmodells von Asklepios als Klinikbetreiber und die Transformation des Unternehmens hin zu einem Gesundheitsdienstleister. Um dieses Zielbild zu erreichen, wurde eine neue Matrixstruktur eingeführt. Während sich auf der horizontalen Leitungsebene die Regionalgeschäftsführer mit ihren jeweiligen Kliniken befinden, wird die vertikale Leitungsebene von den Konzernbereichsleitern besetzt. Diese Struktur wurde von den Regionalgeschäftsführern durch Projekte, Prozesse und Konzepte entsprechend mit Leben gefüllt.

Ein erster Auftrag war die Überarbeitung der Führungsleitsätze von Asklepios. Der neuen Struktur liegt das klare Bekenntnis zur Zentralisierung und zum Heben von Synergien im Konzern zum gegenseitigen Nutzen der Kliniken zugrunde. Das unternehmerische Denken und Handeln im Sinne des Konzerns wird als Eckpfeiler der neuen Struktur gefördert. Um das ökonomische Zielbild bis zu den Mitarbeitern zu tragen, wird das kulturelle Zielbild unterstützend hinzugezogen, das ebenfalls in der Phase der Bestandsaufnahme entwickelt wurde. Es ist in den folgenden fünf Punkten zusammengefasst:

1. Wir pflegen einen wertschätzenden Umgang miteinander.
2. Wir übernehmen unternehmerische Verantwortung im Sinne der Zentralisierung.
3. Wir lernen von den Besten auf Basis von Transparenz.
4. Jeder hilft dem anderen und bietet seine Hilfe aktiv an.
5. Wir fördern und fordern innovative Ideen für das Gesamtunternehmen.

Im Follow-up der Tagung im November 2017 wurden weitere Vertiefungsworkshops umgesetzt, um die Führungskräfte des Konzerns in diesem Veränderungsprozess zu stärken und zu begleiten. Im April 2018 traf sich der involvierte Führungskräftekreis, d.h. die Geschäftsführer, Geschäftsführenden Direktoren, Regionalgeschäftsführer, Konzernbereichsleiter und die Konzerngeschäftsführung, auf einer zweiten gemeinsamen Tagung zu dem Projekt. In Vertiefungsworkshops wurde die Multiplikation des Transformationsprozesses bis zu jedem einzelnen Mitarbeiter in der Organisation forciert. Dieser sehr breit angelegte und sehr aufwendige Transformationsprozess, der bereits jetzt seine ersten Erfolge in unterschiedlichsten Dimensionen zeigt, ist in der Klinikwelt wohl einzigartig.

Vielfältige Maßnahmen unterstützen das Community-Building

Mit unterschiedlichsten Maßnahmen wird dieses Community-Building unterstützt. Ein neu aufgesetztes Mitarbeiter-Intranet mit den unterschiedlichsten Features zählt genauso dazu wie die umfassend angelegte Imagekampagne „Ich will dabei sein", die seit 2017 präsent ist.

Ein Motiv der Imagekampagne 2017/2018 von Asklepios: „Ich will dabei sein"

Asklepios setzt dabei auf Emotionen, denn Menschen stehen im Mittelpunkt jeglicher Maßnahmen. Sie alle erzählen in der Kampagne persönliche Geschichten und schlagen damit den Bogen zwischen den eigenen Bedürfnissen und den konkreten Leistungen von Asklepios: „Ich will dabei sein, wenn meine erste Knie-OP auch die letzte bleibt", spricht ein Mann in einem Motiv. In einem anderen Motiv spricht ein Junge: „Ich will dabei sein, wenn mein Urenkel sein erstes Kind bekommt."

Die Headline beschreibt beispielhaft den eigentlichen Kern der Kampagne: gesund bleiben, um zu erleben, was im Leben wichtig ist. Nicht nur Patienten und die interessierte Öffentlichkeit werden mit den unterschiedlichen Kampagnen-Motiven angesprochen, sondern auch Mitarbeiter und die, die es noch werden wollen. Die Motive der Imagekampagne, die sich auf das Employer Branding beziehen, adressieren direkt Pflegekräfte und Ärzte. Vielseitig wird auch hier verdeutlicht, dass hinter jeder Position, jedem Beruf, ein Mensch steht, den etwas antreibt. So spricht eine Ergotherapeutin: „Ich will dabei sein, wenn ich alles gebe und noch mehr zurückbekomme." Oder eine Ärztin: „Ich will dabei sein, wenn Momente genauso wichtig sind wie Medikamente."

Die Kampagne kommt in reichweitenstarken Medien (Print, Bewegtbild, Out of Home) zum Einsatz. Dazu werden umfangreiche

Die übergreifende Imagekampagne 2017/2018 von Asklepios, die sowohl Patienten, die Öffentlichkeit und auch bestehende sowie potenzielle Mitarbeiter anspricht

Social-Media-Maßnahmen (Retargeted Online Ads, PreRolls, Facebook, YouTube) umgesetzt. Das Herzstück der digitalen Formate ist die neu entwickelte Kampagnen-Website www.gesundleben.asklepios.com, die den Gedanken des Gesundheitsbegleiters interaktiv erlebbar macht und eine Klammer schafft. Denn unter dem Motto „Gesundheit hat viele Gesichter" werden über die Gesichter Geschichten aus dem Leben erzählt. Geschichten, die zeigen, wie viel Gesundheit für jeden Patienten und seine Liebsten bedeutet. Oft beginnt gesundes Verhalten bei so kleinen Dingen wie dem täglichen Apfel. Egal, ob kleine Maßnahme oder großer Eingriff – der Klinikkonzern macht deutlich, dass Asklepios der Begleiter ist, wenn es darum geht, gesund zu werden und gesund zu leben.

Eine kampagnenbegleitende Marktforschung belegt, dass die Kampagne das Asklepios-Markenbild in allen relevanten Zielgruppen (Öffentlichkeit, Patienten, bestehende und potenzielle Mitarbeiter) deutlich verbessern konnte. Das Markenimage von Asklepios wurde gestärkt – gerade auch mit Blick auf zentrale Kommunikationsinhalte wie „menschlich und nahbar" sowie „Vor- und Nachsorge". Auch das Arbeitgeberimage konnte positiv beeinflusst werden. Schließlich zeigen sich bereits nach einem Jahr auch in der eher langsam reagierenden (ungestützten) Markenbekanntheit spürbare Effekte. In Hamburg bspw. kennen inzwischen 83 Prozent Asklepios (Nullmessung: 73 Prozent, Erste Messung: 78 Prozent). Auch

die gestützte Markenbekanntheit konnte – trotz der bereits sehr hohen 94 Prozent in den ersten Wellen – noch einmal gesteigert werden (auf 97 Prozent). Sicherlich auch ein Ergebnis der sichtbar gestiegenen Werbeerinnerung besonders in Hamburg.

Asklepios wurde für die Kampagne im Juni 2018 in der Kategorie „Excellence in Branding – Health & Pharmaceuticals" mit dem German Brand Award in Gold ausgezeichnet. „Der Klinikbetreiber Asklepios versteht sich vor allem als Begleiter für Gesundheit und bietet daher ein umfassendes Präventionsangebot sowie eine intensive Nachversorgung seiner Patienten. Durch die sorgfältige Markenkommunikation, die Patienten und Personal gleichermaßen in den Fokus nimmt, wird diese Haltung nachvollziehbar, glaubwürdig und authentisch zum Ausdruck gebracht. Eine klare Positionierung, die sich aufgrund des Perspektivenwechsels von anderen Kliniken abhebt, Interesse weckt, zur Identifikation anregt und damit nach innen genauso wie nach außen wirkt", so die Jury.

Diese Auszeichnung belegt, dass die Imagekampagne 2017 eine sehr gute Grundlage für den weiteren Markenaufbau bildet, der bekanntlich ein langfristiger, stetiger Prozess ist. Ziel in der weiterführenden Kampagne 2018 ist es jetzt, die Markenpositionierung kontinuierlich weiter zu stärken, durch substanzielle Inhalte zu beweisen und die Marke für die Menschen fühl- und erlebbar zu machen. Dazu wurden in einer rein digitalen Imagekampagne durch Bewegtbild-Banner der „Ich will dabei sein-Kampagne" neues Leben eingehaucht. Durch die bewegten Bilder wurde das Thema Storytelling noch einmal mehr in die Motive eingebunden. Dabei werden die einzelnen Motive der Imagekampagne themenspezifisch über digitales Targeting gezielt an die richtige Zielgruppe zur richtigen Zeit und am richtigen Ort ausgespielt.

Um die Marke Asklepios im alltäglichen Leben anfass- und erlebbarer zu machen, lädt der Klinikbetreiber die Menschen in ihrem Alltag zum Mitmachen in einer ergänzenden Imagekampagne ein. Mit einer Reihe aktivierender Initiativen und Aktionen will Asklepios die Menschen bewegen,

Ein Motiv der Imagekampagne 2017/2018 von Asklepios „Ich will dabei sein" mit Fokus auf Employer Branding

etwas für ihre Gesundheit zu tun. Über die sozialen Kanäle wird deutschlandweit auf die unterschiedlichsten Initiativen aufmerksam gemacht. Zu den Initiativen zählen bspw. Themen wie „Sommersicher", bei der Promoter kleine Asklepios-gebrandete Sonnencreme-Döschen mit einer Mini-Info zum Thema Hautkrebs-Prävention an öffentlichen Orten verteilen, an denen gerne die Sonne genossen wird, wie zum Beispiel in Parks oder am Wasser.

Ergänzt werden diese Aktivitäten durch eine Pflege-Recruitment-Kampagne. Dazu wurde ein interaktiver Online-Video-Pflege-Test produziert, bei dem jeder herausfinden kann, ob er für den Pflegeberuf geeignet ist oder eben auch nicht. Dabei wird eine echte Pflegerin durch ihren Job-Alltag begleitet und in kurzen Video-Schnipseln kann man mehr über den Beruf und dessen Voraussetzungen erfahren. Am Ende jedes Clips stellt die Pflegerin dem Zuschauer eine Frage, um herauszufinden, wie gut er sich die eben gezeigte Tätigkeit vorstellen kann. Danach reagiert die Pflegerin auf die vom Zuschauer getroffene Entscheidung.

Der in diesem Zusammenhang platzierte Asklepios-Imagefilm „I love Pflege" als Zwei-Minuten-Clip wurde bereits wenige Tage nach dem Online-Launch prämiert: Die Fachjury von Healthcare Marketing hat den Film in der Kategorie „Spot des Monats" (Mai 2018) mit einer Bronze-Medaille ausgezeichnet! Der Kurzfilm, der auf YouTube präsentiert und auch auf vielen Klinik-Websites veröffentlicht wird, erzählt in einer sehr emotionalen Art und Weise davon, dass Teamwork, Vielseitigkeit und Aufstiegschancen zu den vielen Vorteilen zählen, die für den Pflegeberuf sprechen. Der Film, der im Frühjahr in der Asklepios Klinik Nord gedreht wurde, begleitet eine Krankenschwester bei ihrem spannenden, emotionalen, aber manchmal auch anstrengenden Alltag. Ziel ist es, mit dieser Art „Liebeserklärung" mehr Menschen für die Pflege zu begeistern und zugleich Wertschätzung für die Kollegen zu schaffen. Eine wunderbare Liebeserklärung an die Marke Asklepios, die sich nicht nur über das Personal, sondern auch über die Patienten und die Öffentlichkeit verbreitet.

PUMA: Die Bedeutung von Employer Branding für Love Brands

Eine erfolgreiche Kunden-Community basiert auf einer funktionierenden internen Mitarbeiter-Community. Dabei ist vor allem eine mitarbeiterfreundliche Unternehmenskultur unabdingbar. Zudem – und da sind sich Rekrutierungsexperten einig – ist heute die Kultur der Hauptgrund, warum sich Kandidaten für ein Unternehmen entscheiden. Waren es vor ein paar Jahren noch Gehalt und Sozialleistungen, so sind es heute die Werte, die die Unternehmenskultur prägen. Die Kultur verinnerlicht das, was das Unternehmen als Arbeitgeber auszeichnet, es einzigartig macht und die Mitarbeitermotivation stärkt. Dies belegt auch die Studie „Mitarbeitermotivation 2018" der ManPowerGroup Deutschland.[111] Grund genug, dass sich immer mehr Unternehmen – egal, ob große Konzerne oder mittelständische Unternehmen – intensiv mit ihrer Kultur auseinandersetzen.

So auch PUMA! Der attraktive Arbeitgeber rief 2016 ein umfassendes Employer-Branding-Projekt ins Leben, das bereits Anfang 2017 in den globalen Rollout startete. In diesem Projekt beschäftigte sich eine globale Projektgruppe eingehend damit, die Unternehmenskultur von PUMA, die von einem sehr starken Community-Gedanken geprägt ist, aufzuarbeiten bzw. aufzuspüren. Pia Madison, Head of Employer Branding & HR Communication, die die Mission leitete, beschrieb es so: „Jeder spürte unsere starke PUMA-Kultur, aber es war sehr schwer, in Worte zu fassen, was uns einzigartig macht." Das war der Anlass, dieses Projekt zu starten.

Während andere Unternehmen die Unternehmenskultur prägen wollen, indem sie auf der Grundlage von Vision und Mission die Leitlinien und Werte ausarbeiten, welche die Mitarbeiter zu befolgen haben, ging es bei

PUMA eher darum, in Worten auszudrücken, was bereits vorhanden war: Das, was PUMA so einzigartig und für die bestehenden Mitarbeiter so begehrenswert macht, auf Papier zu bringen, um es vor allem auch an potenzielle Mitarbeiter kommunizieren zu können.

Kultur als Basis einer erfolgreichen PUMA-Mitarbeiter-Community

In dem Employer-Branding-Projekt wurde die Unternehmenskultur von PUMA mit den Worten „SPEED & SPIRIT" betitelt. Unter dieser Maxime subsumiert PUMA ein Versprechen an die Mitarbeiter, das Hand in Hand mit der Markenpositionierung FOREVER FASTER geht und bereits bei der Unternehmensgründung von dem PUMA-Gründer Rudolf Dassler vertreten wurde. Denn er war der Überzeugung, dass alle PUMA-Mitarbeiter die Fähigkeit besitzen, schneller und besser zu werden, und dabei niemals den PUMA-Spirit aus den Augen verlieren sollten. Seit 2017 werden also offiziell die Unternehmenskultur SPEED & SPIRIT sowie die vier, durch das Projektteam identifizierten Unternehmenswerte „Be Driven", „Be Vibrant", „Be Together" und „Be You" kommuniziert.

Mit dem Wert „Be Driven" möchte das Unternehmen seine Mitarbeiter dazu auffordern, eine klare Vorstellung von ihren Zielen zu entwickeln. Bei einem solch schnelllebigen Unternehmen wie PUMA ist es sehr wichtig, dass Ziele den Mitarbeitern Orientierung geben.

Bei „Be Vibrant" geht es um die unermüdliche Energie, mit der neue Produkte auf den Markt gebracht werden. Es geht auch um die Energie, die entsteht, wenn die Mitarbeiter zusammenarbeiten und Projekte nach vorne treiben. Jeder spürt die Energie und sie spiegelt sich wider in den Mitarbeitern, denn sie sind es, die alles möglich machen.

Der Teamgeist, der sich, wie auf den Bildern rechts zu sehen ist, in vielfältiger Form ausdrückt, wird unter dem Wert „Be Together" subsumiert. Die PUMA-interne Community zeichnet sich durch einen sehr starken

Zusammenhalt unter den Mitarbeitern aus. Bei PUMA wird in Teams gearbeitet, sodass hier auch nur echte Teamplayer erfolgreich sein und sich wohlfühlen können. Die Begeisterung für die Zusammenarbeit schweißt die PUMA-Mitarbeiter so eng zusammen, dass oft auch von der PUMA-Family gesprochen wird.

Bei „Be You" geht es um die Persönlichkeit jedes einzelnen Mitarbeiters. Jeder kann und soll bei PUMA so sein, wie er ist: angefangen von der Kleidung – nur das Tragen von PUMA-Schuhen wird von dem Unternehmen als eine Selbstverständlichkeit angesehen – bis hin zur Artikulation der eigenen Sichtweise, egal, ob sie konform mit der des Unternehmens ist oder nicht. Dietmar Knoess, Global Director Human Resources, drückt es treffend aus: „It is the people who make PUMA a great place to work. Be you."

Definierte Werte unterstützen eine klare interne Kommunikation

Solch formulierte Werte helfen, klarer zu kommunizieren, was die Unternehmenskultur ausmacht und was von derzeitigen sowie auch künftigen Mitarbeitern erwartet wird. Dass diese Kommunikation bei PUMA authentisch ist, wurde in zahlreichen Gesprächen mit Mitarbeitern bestätigt: „Ja! Das sind wir!" – Dies macht PUMA zu dem, was PUMA ist. Bereits wenige Monate nach dem Rollout des Projekts wird deutlich, dass dieses sehr präzise formulierte Arbeitgeberbild PUMA hilft, die richtigen Talente anzuziehen. Gerade auch individualistische Charaktere finden bei PUMA eine Heimat. Denn bei diesem toleranten Arbeitgeber können sie ihre Individualität ausleben und eigenverantwortlich arbeiten. Das Resultat sind zufriedene Mitarbeiter und ein erfolgreiches Unternehmen.

Vielfalt erfordert ein gemeinsames Wertesystem und eine offene Kommunikation

Als Global Player verkauft PUMA Produkte in mehr als 120 Ländern. Deshalb sind kulturelle Vielfalt und unterschiedliche Sichtweisen bei Mitarbeitern wichtig. In einem international tätigen Unternehmen wie PUMA gibt es viele Ansichten und wahrscheinlich ist das beste Ergebnis eine Mischung aus ihnen, sodass Vielfalt für die gesamte Organisation sehr bereichernd ist. Allein im Hauptsitz in Herzogenaurach beschäftigt das Unternehmen mehr als 60 Nationalitäten. PUMA weiß, dass eine Vielfalt an Nationalitäten, beruflichen Hintergründen und Erfahrungen der Schlüssel zu erfolgreichen und konkurrenzfähigen Teams ist. Deshalb hat das Unternehmen bereits im Jahr 2005 den PUMA-Ethikkodex definiert und sich der Charta der Vielfalt (Diversity Charter) verpflichtet.

Der Wille, Diversität zu fördern, und der Mut, anders zu denken und zu sein, tragen zu der einzigartigen Unternehmenskultur bei. So eine Kultur kann weniger in Worte gefasst als vielmehr mit Leben gefüllt werden. Dies schafft PUMA vor allem mit den fünf unternehmenseigenen Handlungsfeldern, die im Rahmen des Employer-Branding-Projekts definiert wurden und sowohl das unternehmenseigene Wertesystem als auch die offene Kommunikation widerspiegeln. Zu diesen Servicebereichen zählen „People@PUMA", „Learn@PUMA", „Wellbeing@PUMA" sowie „Careers@PUMA" und „Engage@PUMA".

Zu „People@PUMA" zählt, dass PUMA systematische Talentkonferenzen durchführt, bei denen alle Mitarbeiter evaluiert werden. Dabei werden Talente kontinuierlich anhand der persönlichen Leistung, des Potenzials, der Zielsetzung, der beruflichen Entwicklung, der Mobilität und anderer Kriterien überprüft. Diese Analyse von Mitarbeiterprofilen ermöglicht es, individuelle Entwicklungspläne zu erstellen und Talente bereichsübergreifend im Blick zu behalten. Alle Vakanzen werden mit den als Talente identifizierten Mitarbeitern abgeglichen und bei Übereinstimmung innerhalb des Unternehmens besetzt. Durch diese Art des Talentmanagements bietet PUMA seinen Mitarbeitern attraktive Karriere- und Entwicklungschancen und stellt gleichzeitig eine vorausschauende Nachfolgeplanung sicher. Dabei ist authentische Kommunikation die Grundregel Nummer 1.

Mit „Learn@PUMA" wird verdeutlicht, dass Lernen bei PUMA eine Selbstverständlichkeit ist und zur Unternehmenskultur gehört. Denn anhaltender

Erfolg und nachhaltiges Wachstum sind nur mit qualifizierten und motivierten Mitarbeitern möglich. Daher bietet PUMA eine Vielzahl von Schulungen und Workshops sowohl online als auch offline, standardisiert oder speziell auf individuelle Bedürfnisse zugeschnitten an. Jährlich kommen neue Ideen dazu, die die bestehenden Konzepte weiterentwickeln und/oder ergänzen.

PUMA bietet umfassende Benefits, die das Wohlbefinden der Mitarbeiter sichern – maßgeschneidert für alle Lebensphasen und -umstände. Diese fasst das Unternehmen unter dem Begriff „Wellbeing@PUMA" zusammen und verleiht ihnen durch die WellbeingMap auf den nächsten zwei Seiten den nötigen Ausdruck.

Diese „Landkarte" ist in allen Büros weltweit präsent und berücksichtigt sowohl die allgemeinen als auch die regionalspezifischen Bedürfnisse der Mitarbeiter. Ein Grundpfeiler von „Wellbeing@PUMA" ist FLEX: Der attraktive Arbeitgeber ermöglicht den Mitarbeitern in vielen Ländern beispielsweise flexible Arbeitszeiten und Homeoffice-Optionen. Darüber hinaus ist Sport ein Teil der PUMA-DNA. Deshalb bietet das Unternehmen den Mitarbeitern unter ATHLETE unzählige Sportangebote, die das Team einmal mehr stärken. Weitere Benefits liegen im SOCIAL- und im FINANCE-Bereich.

Der Bereich „Careers@PUMA" bezieht sich sowohl auf neue als auch auf bestehende Mitarbeiter bei PUMA. Ziel ist es, dabei sicherzustellen, dass zu jeder Zeit passende Mitarbeiter eingestellt werden können, die die Marke voranbringen. Dabei wird Absolventen eine Vielzahl von Möglichkeiten angeboten, ins Berufsleben einzusteigen. Angefangen von einer Ausbildung bis hin zu einem dualen Studium. Um frühzeitig Talente zu gewinnen, hat PUMA eine Vielzahl an Kooperationen mit Universitäten in Deutschland und im Ausland initiiert und verstärkt.

Aber auch bei bestehenden Mitarbeitern steht die Karriereförderung selbstverständlich stets im Fokus. Im Rahmen des Personalentwicklungsprogramms SPEED UP² wird eine Gruppe von Top-Talenten durch fachübergreifende Projekte und Aufgaben, gezieltes Training, Mentoring und Coaching sowie Jobrotationen umfassend auf den nächsten Schritt in ihrer Karriere vorbereitet. Auch die erhöhte Sichtbarkeit bis hin zur obersten Führungsebene, die Schaffung von funktionsübergreifenden Kooperationen und die Etablierung eines starken Netzwerks sind wesentliche Bestandteile des Programms.

Community-Denke in allen Facetten – von „Cool stuff that matters" bis hin zu „Be part of something good"

Abgerundet wird diese einzigartige Unternehmenskultur, die zu einer außergewöhnlich starken PUMA-Community führt und deren Basis und Kern die eigenen Mitarbeiter sind, von einem umfassenden gemeinnützigen Engagement.

Im Oktober 2017 wurde dazu „Engage@PUMA" eingeführt, das neue PUMA-Programm für gemeinnütziges Engagement der PUMA-Mitarbeiter weltweit. Unter dem Motto „Cool stuff that matters" fördert das Unternehmen das Engagement der Mitarbeiter, gemeinnützige Initiativen zu unterstützen. Den Schwerpunkt bilden Projekte wie Sport & Gesundheit, Bildung, Gleichberechtigung & Nichtdiskriminierung sowie Umweltschutz. Damit spiegeln sich in dem gemeinnützigen Engagement die über das Employer-Branding-Projekt definierten Werte vorbildhaft wider und stärken auch den Teamgeist der Mitarbeiter. Das Employer-Branding-Projekt hat damit das zu Papier gebracht, was die PUMA-Familie so einzigartig macht: eine auf Community basierende Unternehmenskultur!

ATHLETE

FREE GYM
COMPANY SPORTS
SOCCER FIELD
BASKETBALL COURT
PUMA ACTION EVENTS
COMPANY DOCTOR
MASSAGE / PHYSIOTHERAPY
HEALTH WEEKS

SOCIAL

COMPANY PARTIES
ORGANIC CANTEEN
COFFEE BAR
SOCIAL ROOM
ANNIVERSARY ALLOWANCE
COMMUNITY ENGAGEMENT
BUDDY PROGRAM
INFO DESK

WELLBEING @PUMA

Original „WELLBEING"-Kommunikation bei PUMA in der über alle Ländergrenzen hinweg geltenden Unternehmenssprache Englisch

FLEX

MOBILE WORKING

FLEXTIME

SABBATICAL

PARENT CHILD OFFICE

COOPERATION WITH
CHILDCARE FACILITIES

FAMILY SERVICES

KIDS CAMP

FINANCE

BIKE LEASING

CANTEEN SUBSIDY

EMPLOYEE DISCOUNT

MEDICAL TRAVEL INSURANCE

PUBLIC TRANSPORTATION

PRIVATE PENSION PLANNING

SIMPLE SAVINGS PLAN

Die Ramelow-Kultur, mit der Kunden zu Fans werden

Im Sommer 2016 durfte ich einen sehr umtriebigen Unternehmer kennenlernen: Marc Ramelow mit seinem Modehaus Ramelow, das mit fast 150 Jahren Historie wohl eher ein Unikat auf dem deutschen Modemarkt ist.

Marc Ramelow leitet das Familienunternehmen seit 1996 in vierter Generation. Sein Urgroßvater Gustav Ramelow gründete die Firma 1872 in Klütz (Mecklenburg-Vorpommern) mit ein paar geliehenen Goldmark seines Vaters. Das Geschäft wuchs rasch und die Zentrale residierte bald in Berlin. Bis zu seinem Tod hatte Gustav Ramelow 26 Geschäfte aufgebaut und seine drei Söhne führten sein Erbe erfolgreich weiter, sodass das Unternehmen bis 1939 insgesamt 33 Häuser betrieb. Nach dem Zweiten Weltkrieg waren es nur noch die drei Filialen in Westdeutschland, und zwar in Elmshorn, Uelzen und Bremerhaven. Die dritte Ramelow-Generation vergrößerte diese Häuser schrittweise.

Die Wiedervereinigung ermöglichte dem mittelständischen Unternehmen 1991 die Übernahme des ehemals größten Hauses der Gruppe in Stendal (Sachsen-Anhalt). Fünf Jahre später zog sich die Unternehmerfamilie aus Bremerhaven zurück und übernahm 2000 das Modehaus Böttcher in Heide (Holstein). In den folgenden Jahren erfolgten Neueröffnungen von weiteren Filialen: 2012 in Buchholz, 2013 in Schenefeld und 2017 in Wedel mit der „Trendbox", die vor allem jüngere Zielgruppen anspricht. Mit mehr als 350 Mitarbeitern, einer Verkaufsfläche von mehr als 15.000 Quadratmetern und einem Jahresumsatz von rund 50 Millionen Euro gehört die Firma zu den größten Modehäusern in Norddeutschland.

Marc Ramelow gilt in der Branche als ein Visionär, der es mit seiner Kreativität und innovativen Ansätzen immer wieder schafft, die großen

Player auf dem Markt zum Staunen zu bringen. Auch bei seinen Mitarbeitern ist er dafür bekannt, immer wieder mit neuen Ideen aufzuwarten und ihnen damit das Arbeiten sehr interessant sowie manchmal auch ein wenig herausfordernd zu machen. So wundert es nicht, dass er einer der Ersten in seinem Marktsegment war, der auf Präsenz im Internet setzte. Auch im Social-Media-Bereich war das Unternehmen Pionier im Vergleich zu seinen Wettbewerbern, zum Beispiel durch den Einsatz einer eigenen App. Mit der „mein Ramelow App" können sich Kunden vielfältige Vorteile sichern, indem sie zum Beispiel mit exklusiven Vorteils-Coupons sparen und ihre Ramelow-Bonus-Card digitalisieren können. Zudem erhalten Kunden mit der Ramelow-App und ihrer Bonus-Card einen persönlichen Geburtstags-Coupon sowie Einladungen zu ganz besonderen Events. Auch der schnelle Service per Chat gehört zu den Vorteilen, die die Ramelow-Community per App nutzen kann.

Aber nicht nur für die Kommunikation mit den Kunden gibt es bei Ramelow eine App, sondern auch für die interne Kommunikation. Mit der unternehmenseigenen Mitarbeiter-App PIA (Persönlicher Informationsaustausch) wird nicht nur die Kommunikation der Mitarbeiter untereinander, sondern auch die Kommunikation mit den Vorgesetzten sowie das Ideenmanagement gefördert. Mit der Plattform können die Mitarbeiter in Echtzeit direkt informiert und erreicht werden. Zudem haben die Mitarbeiter die Möglichkeit, eigene Chat-Gruppen und Dialoge zu erstellen. Der Unternehmer selbst bezeichnet „PIA" als eine gelungene Mischung aus Facebook und WhatsApp für seine Mitarbeiter. So wundert es nicht, dass diese App, die zusammen mit dem Schweizer Dienstleister Beekeeper entwickelt wurde, bei der Verleihung des Inkometa Award für interne Kommunikation 2018 in den Kategorien „Kleine Idee – große Wirkung" und „Digital Workplace" gleich zweimal prämiert wurde. Dabei setzten sich das mittelständische Unternehmen und das Schweizer Start-up gegen große Konzerne wie Porsche und Vodafone durch. Außer Ramelow schaffte es kein Modeunternehmen aufs Treppchen oder die Shortlist. Die Auszeichnung bestätigt den Innovationsgeist des Unternehmers einmal mehr und zeigt, dass sich

„Be a Model for a Day": Ramelow-Kundin Nina war Ramelow-Modell für einen Tag

auch ein Traditionsunternehmen mit Innovationsgeist am Puls der Zeit bewegen kann.

Bemerkenswert sind außerdem die Ramelow-Storys, die der Ramelow-Community immer wieder neue Mode-Impulse geben – egal, ob die Storys von Kunden oder von Mitarbeitern erzählt werden. So finden zum Beispiel in regelmäßigen Abständen große Shooting-Tage statt, zu denen sich Kunden unter dem Motto „Be a Model for a Day" bewerben können. Neue Looks, neue Locations und vor allem immer wieder neue Models geben viel Anlass zum Erzählen. Aber auch Storys zur WM, Fashion Week oder auch der „look of the week" sind Themen, die Kunden und Mitarbeiter brennend interessieren.

Die Mitarbeiter – da ist sich Marc Ramelow sicher – sind der Schlüssel zu dem Erfolg. Die gemeinsame Entwicklung von Fähigkeiten, Kompetenzen und Erfahrungen ist ein besonders interessanter Prozess, von dem alle profitieren. Deshalb wurde eigens eine Ramelow-Akademie gegründet, bei der durch Motivation, Ehrgeiz und fundiertes Fachwissen die persönliche Entwicklung eines jeden Mitarbeiters gefördert wird.

Die „Ramelow-Kultur", die die Community nach innen und außen stärkt

Angefangen von einem ehrlichen Lächeln zur Begrüßung über Tipps zur aktuellen Mode und typgerechte Styling-Tipps bis hin zu dem kleinen Mehr an Ideen und Service – genau das zeichnet die Mitarbeiter von Ramelow aus. Einzelne Mitarbeiterinnen haben bspw. in Eigeninitiative eine private WhatsApp-Gruppe gegründet und versorgen ihre Kunden mit den neuesten Modeinformationen aus erster Hand. Über die WhatsApp-Gruppen werden die Kunden außerdem zu exklusiven Shopping-Nights zu speziellen Themen eingeladen, die eigeninitiativ und freiwillig von den Mitarbeitern organisiert werden – eben das kleine „Ramelow-Mehr". Die KundInnen wissen dies zu schätzen und bleiben den Mitarbeitern und vor allem dem Modehaus Ramelow treu, so wie es die Mitarbeiter selbst (die Firmenzugehörigkeit beträgt im Schnitt fast

20 Jahre) auch sind. Um diese erwünschte „Ramelow-Kultur" über alle Häuser und Mitarbeiter hinweg zu stärken, wurde von dem Unternehmer ein Projekt ins Leben gerufen, das ich zum Teil begleiten durfte. Ziel des Projektes war es, über die Formulierung der Vision und der Mission einen gemeinsamen Konsens zu den Werten und dem Leitbild zu definieren und dadurch die „Ramelow-Mehr-Kultur" bzw. eine übergreifende Love-Brand-Kultur zu gestalten. In mehreren Intensiv-Workshops – zunächst mit dem Führungskräfte-Kernteam, im Zeitablauf erweitert um Mitarbeiter unterschiedlicher Ebenen (angefangen von Auszubildenden bis hin zu Verkäuferinnen mit kleinem Team) – hat sich das Unternehmen seit Mitte 2017 mit den Love-Brand-Erfolgsfaktoren des Modehauses Ramelow beschäftigt. Zunächst wurden die Aktivitäten aufgezeigt, die bereits im Sinne einer Love Brand umgesetzt wurden, und neue Maßnahmen definiert, die das Familienunternehmen noch erfolgreicher machen werden. Auf Basis der gemeinsam definierten Vision *„Wir schaffen die größte Fangemeinschaft unserer Region durch erlebbare Marktplätze mit Herz & Leidenschaft!"* und der Mission *„Wir ziehen Dich an!",* den herausgearbeiteten Werten *(Innovation, Vertrauen & Wertschätzung)* und den Leitsätzen wurden Projekte zur Stärkung der Mitarbeiter- und der Kunden-Community definiert, die konsequent in selbst bestimmten Projektteams umgesetzt wurden bzw. noch umgesetzt werden. Interessant ist auch, dass Ramelow neben seinen Kunden auch Mitarbeiter, Geschäftspartner, Stakeholder und seine lokale Community als gleichberechtigte Zielgruppen seiner Fangemeinschaft sieht.

Die Positionierung einer Marke als Love Brand ist ein rollierender Prozess. So hat das Ramelow-Team auch künftig die permanente Aufgabe, die Ramelow-Vision, die -Mission, die -Werte und die -Leitsätze gegenüber allen Fangruppen täglich zu leben. Beim Ramelow Sommerfest 2018, zu dem alle Mitarbeiter aus sämtlichen Ramelow-Häusern in einen Beach Club an die Elbe geladen waren, wurde einmal mehr deutlich, wie einzigartig dieses mittelständische Modeunternehmen ist, das in der vierten Generation auf eine unbeschreibliche Historie zurückblickt und – trotz des hart umkämpften Marktes – diese einzigartige Geschichte erfolgreich fortschreiben wird: die Ramelow-Story, in der bestehende Kunden Fans sind und neue Kunden zu Fans werden!

Creditreform Bochum:
„A moving story" to Community

Vor drei Jahren lernte ich ein Unternehmen kennen, dem es in den vergangenen Jahren auf bemerkenswerte Art und Weise gelungen ist, eine von Leidenschaft getragene Mitarbeiter- und Kunden-Community zu entwickeln. Dieses Unternehmen ist im Business-to-Business-Bereich tätig und sorgt dafür, dass Unternehmen ihre Geschäfte mit minimalem Risiko und maximaler Effizienz abwickeln können. Sie fragen sich sicher, woher Leidenschaft in einem derartigen Unternehmen kommen kann, wie sie in einer Branche entzündet werden kann, in der es um die Gewinnung von Neukunden und Forderungsmanagement geht – was durchaus auch mal in einer gerichtlichen Auseinandersetzung enden kann.

Das Unternehmen, von dem ich spreche, ist die Creditreform Bochum Böhme KG, die sich bereits seit 1885 als Dienstleister für Geschäftskunden versteht. Zu den unternehmerischen Kernbereichen gehören Bonitätsauskünfte zur Prüfung von Neukunden und das Bonitäts-Monitoring zur Überwachung der Bestandskunden mit dem Ziel, Ausfallrisiken für den Auftraggeber zu minimieren. Sollte es dennoch einmal zu Außenständen kommen, übernimmt Creditreform als Dienstleister das komplette Forderungsmanagement, vom außergerichtlichen über das gerichtliche Mahnverfahren bis hin zur Zwangsvollstreckung. Das Unternehmen ist rechtlich und wirtschaftlich selbstständig, agiert aber im Verbund der Creditreform-Gruppe, zu der 130 Unternehmen mit insgesamt ca. 4.000 Mitarbeitern zählen, die bundesweit sowie international vernetzt sind. Die Struktur der Creditreform sieht eine regionale Fokussierung der Standorte vor, sodass sich die Creditreform Bochum auf die Städte Bochum, Herne und den Kreis Recklinghausen konzentriert. In dieser Region ist das Unternehmen erster Ansprechpartner für alle Fragen des Forderungs- und Risikomanagements „von der Ware bis zum Geldeingang". Mit den drei Worten „nah, klar, erfolgreich" kann die Besonderheit der Arbeitsweise der 38 Mitarbeiter des Bochumer Unternehmens auf den Punkt gebracht werden, denn die Nähe zum Kunden und die Klarheit der Kommunikation sind für den Erfolg des Geschäfts besonders wichtig.

All das hört sich zunächst wenig leidenschaftlich an. Wer jedoch die neuen Büroräumlichkeiten in dem Technologiequartier im Bochumer Süden am Rande eines Naturschutzgebiets betritt, spürt eine Atmosphäre, die inspirierend und energiegeladen zugleich ist und von der Herzlichkeit, Freude und Motivation der Mitarbeiter geprägt wird. Klare, offene Bürostrukturen, eine reduzierte Einrichtung und moderne Kunst, gepaart mit einem warmen Eichenfußboden und dem permanenten Ausblick in die weite Natur, vermitteln Ruhe und Wohlbefinden.

Der Blick aus dem Fenster spiegelt die einzigartige Atmosphäre der Büroräumlichkeiten wider.

Philipp Böhme stieg vor 13 Jahren als Mitunternehmer in das Traditionsunternehmen ein. Die Unternehmensnachfolge war lange geplant. Zum 1. Januar 2015 übernahm er die restlichen Anteile seines Seniorpartners und führt das Unternehmen seit diesem Zeitpunkt allein. Sein Verständnis von Führung hat sich in den vergangenen Jahren grundlegend geändert. Ein persönlicher Schicksalsschlag, kontinuierliche Weiterbildung und der stete Blick über den Tellerrand, auch in branchenfremde erfolgreiche Unternehmen, waren wertvolle Lektionen in Sachen Empathie, die er seitdem sowohl im Privaten als auch im Beruflichen – vor allem auch gegenüber Mitarbeitern und Kunden – lebt.

Mit seinem Einstieg bei Creditreform entdeckte der sympathische Unternehmer seine Leidenschaft für das Geschäft und entwickelte eine Zielstrebigkeit, die seinesgleichen sucht. Wenn ich ihn frage, ob das reicht, um so eine inspirierende Stimmung im Unternehmen mit solch motivierten Mitarbeitern zu generieren, macht er deutlich, dass das zwar die „Zündung des Feuers" ist, aber bei Weitem nicht ausreicht. Direkt nach der vollständigen Übernahme des Unternehmens motivierte er sein gesamtes Team dazu, sich in einem Workshop mit der Hochschule Bochum mit der Vision und den Werten des Unternehmens auseinanderzusetzen. Damit wurde bei der Creditreform Böhme KG ein Prozess angestoßen, der seither alles ständig in Bewegung hält. Das aus dem Workshop resultierende gemeinsame Unternehmensverständnis wurde in einem Leitbild niedergeschrieben. Daraus wurden entsprechende Handlungsempfehlungen für jeden operativen Bereich abgeleitet, um den Transfer des Leitbildes in die tägliche Praxis nachhaltig zu ermöglichen.

Vision & Werte als Startpunkt der Bewegung zur Community

So wurden alle Mitarbeiter auf drei Servicekulturgruppen aufgeteilt, deren Aufgabe es ist, stetig an der Verbesserung der Servicequalität zu arbeiten – gerade in Bezug auf die Details, die Kundenherzen berühren. Denn ein gutes Preis-Leistungs-Verhältnis und eine gute Servicequalität – da ist sich

Philipp Böhme sicher – reichen zur „Kaufentscheidung" heute oftmals nicht mehr aus. Vielmehr spielen auch Emotionen eine wichtige Rolle.

Eine Servicekulturgruppe hat zum Beispiel die gesamte Unternehmenskommunikation überarbeitet. Der alte, teils behördliche Schreibstil wurde abgeschafft und durch einen zeitgemäßen, positiven, kundenorientierten und leicht verständlichen Schreibstil ersetzt.

Eine andere Servicegruppe hat sich beispielsweise entschieden, Schuldnern für die fristgerechte Einhaltung von zum Beispiel Ratenzahlungsvereinbarungen Danke zu sagen – in der Inkassobranche ein Novum. Das Ergebnis kann sich sehen lassen. Schuldner bedanken sich jetzt bei Creditreform für einen würdevollen und herzlichen Umgang, und die Erfolgsquoten haben sich im Sinne der Gläubiger verbessert.

Kunden erhalten ihre persönlichen und langfristigen Ansprechpartner im Unternehmen. Gemeinsam werden individuelle, ganz auf die Bedürfnisse der Kunden zugeschnittene Lösungen entwickelt. So entstehen emotionale Bindungen zwischen Kunden und Mitarbeitern. Es ist genau diese besondere Servicequalität, die auch Details und Nuancen in den Fokus nimmt, welche Vertrauen, ja sogar Begeisterung erweckt.

Dazu entwickeln die Mitarbeiter eigenständig innovative Ansätze, die nicht nur Kunden, sondern das eigene Unternehmen zum Staunen bringen. Unterstützt wird die einzigartige Servicequalität auch durch eine eigens dafür ausgebildete Herzlichkeitsbeauftragte, die sowohl die Herzlichkeit im Umgang mit Kunden forciert als auch im Innenverhältnis die „Hüterin der Herzlichkeit" ist. Denn wahre Herzlichkeit kann nur nach außen getragen werden, wenn sie auch intern gelebt wird.

In dem Prozess wurde verstärkt darauf geachtet, dass Mitarbeiter nach ihren Stärken eingesetzt und individuell gefördert werden. Nicht selten haben sich dadurch die Aufgabenbereiche der Mitarbeiter gänzlich verändert. Diese verstehen sich inzwischen als Mitglieder eines Teams und sind stolz darauf, dazuzugehören. Motivation wird eben nicht durch das Anordnen, Drohen oder Bestrafen entfaltet, sondern durch Freude, Involvieren und Partizipieren sowie die Ermächtigung, eigene Entscheidungen mit möglichst großen Handlungsspielräumen zu treffen. Das setzt zwangsläufig eine andere Fehlerkultur voraus. Das Team versteht sich als ständig lernende Gruppe. Fehler sind demnach Denkanstöße zur fortgesetzten Optimierung der Abläufe und Entscheidungsprozesse und werden in diesem Sinne toleriert. Die Arbeitsergebnisse für die Kunden müssen dabei allerdings immer höchsten Ansprüchen genügen.

Eine Folge aus diesem kontinuierlichen Verbesserungsprozess ist die Öffnung des Führungsteams. Fanden in der Vergangenheit die monatlichen Führungsmeetings im geschlossenen Führungskreis statt, werden heute wechselnde Teammitglieder aus allen Hierarchiestufen eingeladen, um die Stärken und das Know-how dieser Mitarbeiter gezielt mit einzubinden. Ziel ist es, noch mehr Verantwortung zu übertragen und den Teamgedanken hierarchieübergreifend zu fördern.

Durch diesen Kulturwandel wurde das Bestreben aus dem Team heraus nach mehr Gemeinschaft, Teamgeist, Transparenz und einer lernenden Organisation immer stärker. Diesem wurde durch den Umzug des Unternehmens in die neuen Geschäftsräume Rechnung getragen. Hier sind lichtdurchflutete, kommunikative und moderne Arbeitswelten entstanden, die durch eine große Gemeinschaftsküche, einen Kicker und eine Dachterrasse mit Gasgrill gemeinschaftsfördernd ergänzt wurden. Der neu geschaffene Veranstaltungsbereich stellt dabei eine Plattform dar, auf der sich eine Community aus Kunden und Mitarbeitern des Unternehmens bildet. Seit der Büroeröffnung finden hier regelmäßig Veranstaltungen zu unterschiedlichen Themen des Arbeitsalltags statt. Jeder, der an einer dieser Veranstaltungen teilnimmt, spürt sofort, dass er willkommen ist in der Gemeinschaft, in der Partnerschaft und das Netzwerken ganz großgeschrieben werden. Nicht selten verweilen die Kunden bzw. Gäste nach Veranstaltungen bis in die späten Abendstunden im Gespräch und bei

Stärkung der Community durch regelmäßige Veranstaltungen

einer guten Currywurst. Dafür hat das Unternehmen eine eigens kreierte Currywurstsoße etabliert.

Symbol für den Umzug in die neuen Räumlichkeiten, aber auch für den andauernden Prozess des dynamischen Unternehmens, wurde das neue Leitmotiv „A moving story".

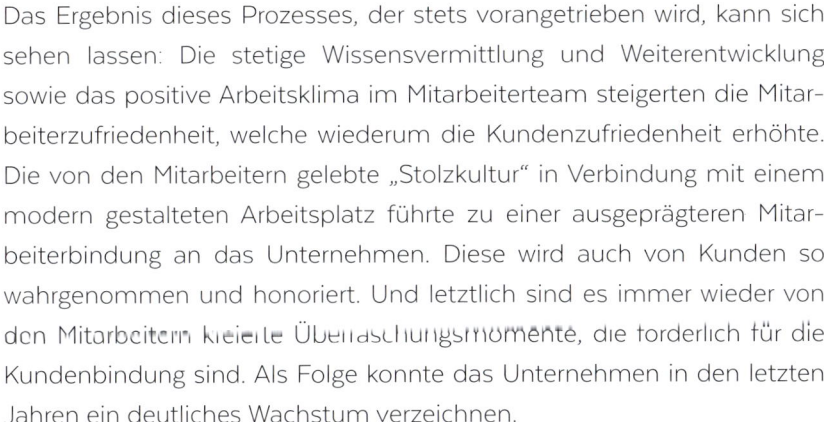

Das Ergebnis dieses Prozesses, der stets vorangetrieben wird, kann sich sehen lassen: Die stetige Wissensvermittlung und Weiterentwicklung sowie das positive Arbeitsklima im Mitarbeiterteam steigerten die Mitarbeiterzufriedenheit, welche wiederum die Kundenzufriedenheit erhöhte. Die von den Mitarbeitern gelebte „Stolzkultur" in Verbindung mit einem modern gestalteten Arbeitsplatz führte zu einer ausgeprägteren Mitarbeiterbindung an das Unternehmen. Diese wird auch von Kunden so wahrgenommen und honoriert. Und letztlich sind es immer wieder von den Mitarbeitern kreierte Überraschungsmomente, die förderlich für die Kundenbindung sind. Als Folge konnte das Unternehmen in den letzten Jahren ein deutliches Wachstum verzeichnen.

Mitarbeiter als Markenbotschafter im B2B: KALDEWEI zeigt, wie das geht

Sicherlich wundern Sie sich jetzt, wie es ein Unternehmen im B2B-Bereich schaffen kann, seine Mitarbeiter zu Markenbotschaftern zu entwickeln. Hier erfahren Sie, wie das möglich ist.

Vom nationalen Volumenhersteller zum international agierenden Hersteller hochwertiger Badlösungen

Was die Marke KALDEWEI noch vor zehn Jahren repräsentierte, ist mit dem, was KALDEWEI heute darstellt, kaum zu vergleichen. Während meines Marketingstudiums an der Westfälischen Wilhelms-Universität führte ich mit Kommilitonen eine Befragung zum Badsegment am Point of Sale durch. In fast ganz Deutschland gingen wir den verschiedenen Marken auf den Grund, unter anderem natürlich auch KALDEWEI. Damals war die Franz Kaldewei GmbH & Co. KG – wie viele andere der Branche – noch ein Anbieter im Volumensegment, vorwiegend in Deutschland, maximal im deutschsprachigen Ausland tätig. In den letzten Jahren hat es das 1918 gegründete Familienunternehmen mit Sitz in Ahlen geschafft, auf Basis einer langfristigen, klaren Vision und einer konsequenten Markenführung ein internationaler Anbieter von designorientierten Premiumprodukten für hochwertige Badlösungen zu werden – mit eigenen Tochtergesellschaften oder Vertriebspartnern in über 70 Ländern der Welt.

Mit dem Portfolio aus mittlerweile über 500 Duschflächen, Badewannen und Waschtischen aus einzigartigem KALDEWEI Stahl-Email bietet der Premiumhersteller perfekt aufeinander abgestimmte Lösungen für das Projektgeschäft und für private Bauherren – in einheitlicher Materialität und harmonischer Designsprache. Mit seinen Meisterstücken präsentiert KALDEWEI eine neue Generation freistehender Badewannen, die vollständig aus kostbarem KALDEWEI Stahl-Email gefertigt sind und in puncto Ästhetik ebenso wie hinsichtlich Langlebigkeit und Pflegeleichtigkeit höchsten Ansprüchen genügen. Auch Merkel und Obama badeten 2015 im Schloss Elmau Retreat in KALDEWEI-Wannen ...

Das Unternehmen, das sich mittlerweile fest im Ranking der führenden deutschen Luxushersteller etabliert hat, wurde im Rahmen des German Brand Award als Corporate Brand of the Year 2016 und mehrfach als „Marke des Jahrhunderts" ausgezeichnet und erhielt dank der Zusammenarbeit mit international renommierten Designbüros bereits über 100 Designprämierungen. Zudem wurde KALDEWEI für das sehr anspruchsvolle und ästhetische Design zweier neuer Badewannen aus der Meisterstück-Serie mit Red-Dot-Awards prämiert. Die neu eingeführten Waschtischserien erhielten den Iconic Award des Rates für Formgebung.

Die Entwicklung des Unternehmens hat Vorbildcharakter und ist in dieser Branche einzigartig. Der Erfolg basiert auf einer konsequenten Entwicklung der Marke. Dazu hat sicherlich auch das Marketingstudium des Inhabers Franz Kaldewei an der Westfälischen Wilhelms-Universität Münster, das auch sein Marketingleiter Arndt Papenfuß dort absolvierte, beigetragen – und da schließt sich dann wieder der Kreis.

Die emotionale Aufladung der mit Leidenschaft geführten Marke schafft Wettbewerbsvorteile.

Mit der Entwicklung des Unternehmens ging auch ein unternehmensinternes Umdenken einher. Während sich die Mitarbeiter in der Vergangenheit über die Produkte und rein technische USPs definierten, so definieren sie sich heute über die Marke, für die sie eine besondere Leidenschaft entwickelt haben. Nicht nur das Marketingteam fühlt sich als Motor und Wächter der Marke, sondern auch die eher vertriebs- und technikorientierten Mitarbeiter, die gleich Alarm schlagen, wenn sie auf dem Markt nicht CI-konforme Darstellungen der Marke entdecken. Dazu beigetragen hat unter anderem der Brand & Sales Guide, eine eLearning-App, die auf fast spielerische Weise das Markenwissen der Mitarbeiter vermittelt und festigt. KALDEWEI hat – für die Branche ungewöhnlich – eine Art der Kommunikation verinnerlicht, die weniger auf Technik und Funktionalität, sondern vielmehr systematisch mit den Markencodes einer Luxusmarke spielt: Reduktion auf das Wesentliche, ikonische Inszenierung der Produkte, eindrucksvolle Bilder voll Emotion. Sie haben verstanden, wie Kommunikation im Premiumsegment funktioniert, dass diese einer klaren Hierarchie folgen muss. Erst wenn die Marke wahrgenommen und eindeutig positioniert ist, also Markenpräferenz geschaffen ist, dann folgen Informationen und technische Details, die häufig über andere Kanäle wie online oder im direkten Dialog transportiert werden. Unterstützt wird dies unter anderem auch durch die KALDEWEI Iconic World, die in der neu gestalteten Brand Experience die Markenmission mit allen Sinnen erlebbar macht - vor allem für die Mitarbeiter, aber auch für die Kunden.

Die Leidenschaft für die Marke überträgt sich auch auf den Handel. So kommt dieser aktiv auf KALDEWEI zu (in der Branche ist es üblicherweise umgekehrt), um beispielsweise ein Premiumbad in ihrer Badausstellung einzubauen. Besonders ist auch, dass ein Handelsunternehmen gemeinsam mit KALDEWEI das Präsentationskonzept entwickelt und die Umsetzung im KALDEWEI-Corporate-Design erfolgt. In der Regel sind Händler nämlich sehr darauf bedacht, ihr eigenes CD in ihren Ausstellungen zu platzieren.

Der Handel weiß das hochwertige und umfangreiche Angebotsspektrum des Premiumherstellers zu schätzen, dessen Produkte sich stets durch das selbst entwickelte KALDEWEI Stahl-Email – eine Art Coke-Formel für Badprodukte – definieren, das dem Unternehmen eine Alleinstellung garantiert. KALDEWEI ist der einzige Hersteller weltweit, der die Rezeptur für die Emaillierung selbst entwickelt hat und das Email in den eigenen Schmelzöfen produziert. KALDEWEI setzt entlang der gesamten Wertschöpfungskette – von der Herstellung des Emails, der Stahlverformung bis hin zur Veredelung mit KALDEWEI-Email – bewusst auf die Fertigung ausschließlich am Standort Ahlen in Deutschland. Von dort exportiert KALDEWEI seine Produkte „Made in Germany" in die ganze Welt.

KALDEWEI produziert aber nicht nur in Eigenregie, sondern entwickelt nahezu alle Innovationen selbst. Zahlreiche Innovationspreise bestätigen dem Unternehmen seine Expertise in diesem Bereich. So beispielsweise die mehrfache Auszeichnung mit dem „Interior Innovation Award" oder dem Iconic Award „Product – Best of Best" im Jahr 2014.

KALDEWEI schafft mit Co-Creation nicht nur innovative Badlösungen, sondern bietet echten Nutzen für die B2B-Kunden.

KALDEWEI denkt bei Innovationen nicht nur an neue Lösungen für einzelne Produkte wie Badewannen, sondern vor allem auch an Komplettlösungen. Für Architekten und Installateure werden Bäder in ihrer Gesamtheit angeboten – angefangen bei der eigentlichen Duschfläche über deren Montagesystem bis hin zum Ablauf. Hier setzt KALDEWEI auf den Input der Sanitär-Profis und bezieht sie in einen Co-Creation-Prozess mit ein. So werden beispielsweise gemeinsam mit Installateuren Lösungen für Installateure erarbeitet, auf kaldewei.de werden Architekten und Installateure online mit eingebunden. Auf die interaktive und vernetzte Kommunikation mit den Partnern legt KALDEWEI großen Wert, sodass die Kommunikationsplattformen immer weiter ausgebaut und professionalisiert werden.

Neben dem KALDEWEI-Produktkonfigurator entwickelt KALDEWEI eine Bad-Planungs-App und eine Service-App für Installateure.

Auch über den KALDEWEI Competence Club, einer Initiative zur Förderung der stärkeren Zusammenarbeit mit dem Fachhandwerk, werden der kontinuierliche Austausch von Informationen und die gemeinsame Entwicklung von Lösungen vorangetrieben, die auch entsprechend honoriert werden. Darüber hinaus erhalten die Mitglieder des Competence Clubs eine gezielte Vorstellung, Beratung und Erklärung zu Produkten, eine Nutzendarstellung für den Endkunden sowie Tipps zu Einbauhilfen, Sonderausstattungen und Zubehör im Sinne einer optimalen Gesamtlösung. Der Nutzen der Mitgliedschaft in der Community besteht zudem darin, dass jeder Kunde einen festen, persönlichen Ansprechpartner hat, der stets für ihn da und direkt erreichbar ist: 24 Stunden am Tag, sieben Tage die Woche per E-Mail und zehn Stunden am Tag, fünf Tage die Woche per Telefon, ergänzt um die Soforthilfe-Maßnahmen auf der Baustelle.

Der Gedanke eines derartigen Clubs ist zwar in der Branche nicht unique, das hohe Engagement innerhalb des KALDEWEI Competence Clubs und die starke Einbindung der Architektur- und Installateur-Community zur Erarbeitung gemeinsamer Lösungen aber schon. Zudem ist diese Art des Communiting für KALDEWEI ein wichtiges Tool, um die Mission, „Worldwide partner for iconic bathroom solutions shaped from unique KALDEWEI steel-enamel" zu sein, umzusetzen.

Ein auf Werten basierendes Familienunternehmen erobert die Herzen seiner Partner und Kunden.

Der KALDEWEI Competence Club und die intensive Einbeziehung der Partner zeigen, dass in dem Familienunternehmen, das mittlerweile über 700 Mitarbeiter weltweit beschäftigt und mehrmals als bester Arbeitgeber mit dem Top Job Award ausgezeichnet wurde, die Kernwerte Professionalität, Leidenschaft und Respekt auch gelebt werden. KALDEWEI hat es aber nicht nur geschafft, eine Love Brand bei seinen Händlern sowie Installateuren, Badplanern und Architekten zu werden. Auch ist KALDEWEI auf dem Weg, den Endkunden mit dem KALEDWEI-Virus zu infizieren. Viele Designs der KALDEWEI-Produkte sind wegweisend und zu wahren Stilikonen avanciert. Zeitlose Designklassiker, die flüchtige Moden und Trends überdauern und dem Kunden tagtäglich das gute Gefühl vermitteln, dass die Kaufentscheidung richtig war. Mit den hochwertigen Produkten bietet KALDEWEI den Konsumenten besondere Wohlfühlmomente im Bad, das sich längst als Wellnessoase etabliert hat.

Kunden wissen das ästhetische Design und die inszenierten KALDEWEI-Komplettlösungen zu schätzen, aber vor allem auch die innovativen Produkte. So überraschte KALDEWEI 2013 nicht nur die gesamte Branche und Fachpresse, sondern vor allem auch die Endkunden mit einer Sensation der Badkultur, einem Audio-System für die Wanne namens KALDEWEI Sound Wave, und wiederum 2015 mit einem völlig neuartigen Wellnesserlebnis, KALDEWEI Skin Touch.

Damit zeigt sich einmal mehr, dass KALDEWEI seinem Motto „Wir gehen immer unsere eigenen Wege: ganz neue." auf allen Ebenen treu bleibt. Und dass sich das auch auszahlt, zeigen die Ergebnisse, die das westfälische Unternehmen verzeichnen darf:

- *2018 war KALDEWEI in den Top 10 auf Platz 7 der deutschen Luxusunternehmen; 2016 Corporate Brand of the Year*
- *130 Designpreise und über 20 Awards für Markenführung*
- *systematische Internationalisierung und Erschließung von neuen Wachstumsmärkten in Asien, Amerika oder dem Mittleren Osten*
- *Einstieg in das Produktsegment Waschtische*
- *Auszeichnung für Markenkommunikation und Messestand*

Die Einsatzmöglichkeiten des KALDEWEI Stahl-Emails sind unglaublich vielfältig, die Vorteile des Materials eindeutig, die Markenführung konsequent und langfristig. Da ist für die Zukunft von KALDEWEI noch viel zu erwarten.

Ausgewählte Dienstleister,

die auf dem Weg zu einer

Love Brand

begleiten

In den letzten Jahren durfte ich unterschiedliche Unternehmen – einige davon haben Sie in den vorangegangenen Kapiteln kennengelernt – auf ihrem Weg zu einer Love Brand beraten. Das war und ist für mich eine sehr spannende und vor allem auch facettenreiche Aufgabe, die mir stets sehr viel Spaß bereitet. Im Folgenden möchte ich Ihnen ausgewählte Unternehmen vorstellen, die mit ihren Dienstleistungen Marken auf ihrem Weg zu einer Love Brand unterstützen.

Live-Kommunikation für Love Brands mit der CARL GROUP

Eine Marke zu erleben, ist auf dem Weg zu einer Love Brand ein entscheidender Erfolgsfaktor – das haben Sie in diesem Buch bereits erfahren. Das Erleben einer Love Brand mittels Live-Kommunikation ist dabei ein Erfolgsgarant. Voraussetzung dafür ist selbstverständlich, dass die Live-Kommunikation perfekt auf die Markenstrategie abgestimmt ist und professionell erfolgt.

Ein Unternehmen, das eines der besten seiner Branche ist und Marken perfekt live und digital in Szene setzt, durfte ich vor ein paar Jahren im Rahmen eines Beratungsprojektes näher kennenlernen: die CARL GROUP. Der Inhaber Hartmut Carl lebt das, was das Unternehmen so erfolgreich macht: Leidenschaft pur! Ob kleine Konferenzen oder große Kongresse und Events, alles wird von dem hochprofessionellen Team mit vollkommener Hingabe und einzigartiger Perfektion vollendet. In der Welt der Veranstaltungstechnik kommt es nicht nur darauf an, dass die technischen Systeme hundertprozentig funktionieren, sondern vor allem auch darauf, dass das Team diese perfekt bedienen kann und mit übergreifender Fachkompetenz und unermüdlicher Leidenschaft einen reibungslosen Ablauf der Veranstaltung garantiert – und das ist es, was dieses Unternehmen so besonders macht.

Die CARL GROUP bietet dabei alles aus einer Hand. Sie ist ein 360°-Anbieter für außergewöhnliche Veranstaltungen mit einem umfassenden Know-how, das in vier Units angeboten wird: CARL TECHNIC, CARL ONSCREEN, CARL SPEAKER und CARL PROJECTS.

Die CARL TECHNIC liefert modernstes Equipment – angefangen von Licht- und Tontechnik über Konferenz- und Videotechnik bis hin zu IT- und Bühnentechnik, die die Ansprüche eines jeden Kunden zu mehr als hundert Prozent erfüllen. Denn das Ziel des Teams ist es, nicht nur mit seinen smarten Lösungen neue Maßstäbe zu setzen, sondern vor allen Dingen zu begeistern. Dabei stehen in erster Linie IT-Tools im Fokus, die die Connectivity der Teilnehmer auf den Events garantieren und damit die Communication mit den Teilnehmern und unter den Teilnehmern fördern. Mit den Softwareentwicklern schafft das Unternehmen dabei ständig neue Lösungen als Webanwendungen oder Apps, immer passgenau für die jeweilige Veranstaltung.

In der Unit CARL ONSCREEN, nach der das eigenentwickelte und patentierte Softwareprodukt sendONSCREEN benannt ist, entwickelt das Unternehmen spannende Multimedia-Anwendungen für Messe, Stadion oder Konferenz. Mit High-End-Präsentationen, die individuell und interaktiv auf die jeweilige Love Brand zugeschnitten sind, werden Fans nicht nur überrascht, sondern vor allem auch begeistert.

CARL SPEAKER vermittelt als Speaker-Agentur Topreferenten und Speaker und macht jede Veranstaltung zu einem kommunikativen Erlebnis.

Die Unit CARL PROJECTS fördert, plant und realisiert technische Projekte und Veranstaltungskonzepte jeder Art und Größe – an jedem Ort der Welt. Von der perfekten Location bis hin zur Technik und Moderation. Das Unternehmen bietet seinen Kunden das Rundum-sorglos-Paket für jede Veranstaltung, die jede Love Brand perfekt in Szene setzt und jeden Fan begeistert.

Auf der Insel Sylt – aus meiner Sicht eine Love Brand für sich – durfte ich zum Launch des neuen URUS, des Aventador S Roadster und des Huracán Performante Spyder von Lamborghini das erleben, was die CARL GROUP, die dieses inspirierende Event ausrichtete, verspricht: die Begeisterung der Fans auf eine ganz besondere Art und Weise, die nicht nur die Herzen der Lamborghini-Fahrer schneller schlagen ließ. So wundert es nicht, dass viele weitere namenhafte Unternehmen der CARL GROUP seit Jahren die Inszenierung ihrer Marken anvertrauen!

Impulse für Love Brands von Studierenden der ASCENSO Akademie für Business und Medien

In den letzten Jahren durfte ich einige Projekte mit Studierenden im Rahmen meiner Dozententätigkeit an der ASCENSO Akademie für Business und Medien in Palma durchführen und in diesem Zusammenhang auch Love Brands und denen, die es werden wollen, neue Impulse geben und sie ein Stück weit begleiten.

Die ASCENSO Akademie, die in einem historischen Altstadtpalais einen Steinwurf entfernt von der Kathedrale von Palma die Topmanager der nächsten Generation ausbildet, steht für Exklusivität, Qualität und Kompetenz. All diese Komponenten bilden das Sprungbrett für eine erfolgreiche Karriere der Youngsters. Seit mehr als zehn Jahren ermöglicht die Akademie jungen Menschen, ein internationales Studium mit dem Abschluss einer staatlichen Hochschule in Deutschland zu absolvieren und dabei einzigartige Erfahrungen zu sammeln.

Das Erfolgskonzept von ASCENSO ist dabei zugleich die Philosophie der ASCENSO Akademie: qualitativ hochwertige wissenschaftliche Lehre mit Bezug zu echter Praxis. Dazu bietet die Akademie den Studierenden ein innovatives Studienkonzept mit kleinen Studiengruppen, in denen an Praxisprojekten für Unternehmen aus unterschiedlichen Branchen gearbeitet wird. Studierende der ASCENSO Akademie starten auf diese Weise ihre Karriere bereits während des Studiums und steigen mit einer idealen Vorbereitung in die Berufswelt ein. Dabei bietet nicht nur die Auslandserfahrung selbst, sondern insbesondere die Erfahrung aus den Praxisprojekten einen besonderen USP für die Studierenden.

Aber nicht nur die Studierenden haben einen besonderen USP, sondern auch die Unternehmen, die mit der ASCENSO Akademie zusammenarbeiten. Hier durfte ich in der Vergangenheit einige Projekte betreuen und

ASCENSO bietet die Möglichkeit, dort zu studieren, wo andere Urlaub machen

gemeinsam mit den Studierenden und den Unternehmen begeistert zum Erfolg führen. Eines davon ist das erste Bikini Island & Mountain Hotel in Port de Sóller, das Leuchtturmprojekt der Gründer der 25hours Hotels und von Christian Zenka für Feriendestinations. Bikini Island & Mountain Hotels schafft, ähnlich wie auch 25hours, keine Hotels von der Stange, sondern vielmehr Plätze mit eigenen Storys, inspiriert durch die lokalen Gegebenheiten. Verspieltheit, Augenzwinkern, viel Liebe zum Detail und natürlich professioneller Service sind Kern der Grundidee. Bikini Island & Mountain Hotels konzentrieren sich in ihrer Expansion auf Feriendestinationen mit direktem Zugang zum Strand oder zur Skipiste und unterscheiden sich von den 25hours Hotels durch die Produktvielfalt, das Serviceangebot und ein ausschließlich touristisches Umfeld.

Wie Studierende und auch das Unternehmen dieses Praxisprojekt des Bikini Island & Mountain Hotels in Port de Sóller aus ihrer Perspektive wahrgenommen haben, lesen Sie am besten selbst.

Interview mit Bennet Juckel und Johannes Eversmann

Bennet Juckel und Johannes Eversmann sind Studierende an der ASCENSO Akademie in Palma und waren innerhalb der ersten vier Semester ihres Studiums in verschiedenen Projekten der Bikini Island & Mountain Hotels involviert.

Die Kooperation der Bikini Island & Mountain Hotels mit der ASCENSO Akademie, welche im Rahmen der Eröffnung eines Lifestyle-Hotels der neuen Marke in Port de Sóller auf Mallorca entstand, begann Anfang 2017 im Rahmen des Moduls Kommunikationsmanagement, das ich als Dozentin seit einigen Jahren unter anderem an der ASCENSO Akademie betreue. Ziel war es, eine Story zu finden, die als Basis für das Konzept in Port de Sóller dient. Des Weiteren sollten interessante Kooperationspartner mit positivem Imagetransfer gefunden werden, die den Kriterien des Hotels entsprechen. Eine Herausforderung, die die Studierenden – unter ihnen Bennet – gern angenommen haben. „Der Praxisbezug in dem Modul Kommunikationsmanagement war super. Außerdem war es spannend, bei dem Projekt Bikini Island & Mountain Hotel in Port de Sóller von Anfang an dabei zu sein. Viel besser war es aber noch, dass sogar einige Ideen von uns umgesetzt wurden", so Bennet.

Im weiteren Verlauf des Projekts war es die Aufgabe der Studierenden, Content für die Social-Media-Plattformen sowie die Website des Hotels zu erzeugen und zu sammeln. Dabei entstanden beispielsweise Kurzfilme über die Entwicklung des Baus des Hotels und des Restaurants, Geheimtipps in der Region um Sóller oder auch Informationen über das in Port de Sóller veranstaltete Festival „Es Firó". Um das Interesse potenzieller Kunden für das Bikini Island & Mountain Hotel in Port de Sóller auf Mallorca zu wecken, sollte die Atmosphäre vor Ort vermittelt werden. „Dies war eine sehr interessante Aufgabe für uns. Wir alle haben super viel gelernt bei der Generierung des Contents für den Social-Media-Bereich mit dem Ziel, das ‚Hippie-Motto' des Hotels zu veranschaulichen", resümiert Johannes.

„Die enge Zusammenarbeit mit dem Bikini Island & Mountain Hotel in Port de Sóller war perfekt, um das Gelernte aus dem Modulen Kommunikationsmanagement und Medienpraxis online umzusetzen und um uns auf das spätere Berufsleben vorzubereiten." Da sind sich Bennet und Johannes zusammen mit den anderen Studierenden, die in den Projekten mitgearbeitet haben, einig.

Interview mit Christian Zenka

Christian Zenka ist geschäftsführender Gesellschafter der Bikini Island & Mountain Hotels und verantwortlich für die dazugehörigen Hotelprojekte - von der Suche des jeweiligen Hotels über die Eröffnung bis hin zum Betrieb. Das Hotel in Port de Sóller ist das erste Hotel der Bikini-Gruppe und war eine ganz besondere Herausforderung mit vielen Facetten. Im Bereich Kommunikation und der Content-Produktion für den Bereich Social Media hat Christian Zenka gerne mit den Studierenden der ASCENSO Akademie gearbeitet.

Die Philosophie der Bikini Island & Mountain Hotels und damit auch des Hotels in Port de Sóller ist – und das war für das Kommunikationsprojekt der Studierenden wichtig – ähnlich der von 25hours Hotels: Jedes Hotel ist einzigartig und bekommt seine individuelle Note. „Der 25hours-Leitspruch lautet: Kennst du eins, kennst du keins", so Christian Zenka beim ersten Briefing der Studierenden, die sich bereits vor der Eröffnung des ersten Bikini Island & Montain Hotels in Port de Sóller intensiv mit dem im Hippie-Stil gehaltenen Hotel auf dem Weg zur Love Brand beschäftigt haben.

„Alle Projekte wurden - angefangen von der ASCENSO-Führung über die Dozenten bis hin zu den Studierenden - wie von einem Unternehmen aus der Praxis aufgenommen und abgewickelt. Überrascht hat mich dabei, wie professionell die Studierenden an die Aufgaben herangegangen sind und mit welcher Begeisterung sie die ihnen anvertrauten Projekte zum Erfolg geführt haben. Der kreative Umgang mit den Themen hat mir dabei besonders gefallen", so Christian Zenka.

Dabei waren die Rahmenbedingungen des Leuchtturmprojekts der neuen Hotelgruppe nicht ganz einfach und die besonderen Herausforderungen, mit der das Unternehmen zu kämpfen hatte, haben sich zum Teil auch auf die Projekte der Studierenden ausgewirkt. So musste innerhalb kürzester Zeit das Siebzigerjahre-Hotel umgebaut und für eine neue Zielgruppe attraktiv gemacht werden. Dabei war die Entwicklung der Story um die Themenwelt der Hippies der Dreh- und Angelpunkt des Erfolges, mit der sich die Studierenden für ihre Projektaufgaben intensiv auseinandergesetzt haben. Das Ergebnis: ein tolles Lifestyle-Produkt.

„Ein sehr inspirierender Umgang mit den Studierenden, eine umfangreiche Sammlung schöner Ideen und damit auch neuer Erkenntnisse für uns haben mich und mein Projektteam bei der Zusammenarbeit mit der ASCENSO Akademie begeistert", resümiert der Geschäftsführer der Bikini Island & Mountain Hotels. „Gerade auch die von den Studierenden produzierten Themen waren für unsere interne und externe Kommunikation sehr wertvoll. Der professionelle Umgang und die Führung durch die Dozenten machte die Zusammenarbeit mit den Studierenden sehr effizient. Dafür bin ich sehr dankbar, genauso auch für die darüber hinaus vermittelten Kontakte."

COVIS: Mit „Software as a Service" zu einer Love Brand

Kennen Sie ein Softwareunternehmen, dem die Kunden über 25 Jahre treu sind, für das Mitarbeiter im Durchschnitt über 10 Jahre mit Leidenschaft arbeiten und das dennoch vor Innovationen strotzt, weil es sich immer wieder neu erfindet? Ich spreche von einem Unternehmen, das vor 30 Jahren gegründet wurde, die ersten Server in einem rosafarbenen Marmorbad am Rhein in Düsseldorf in Ikea-Regalen stapelte und seinen Kunden „Software as a Service" anbot, noch lange, bevor sich dies als feststehender Begriff manifestierte: die Dr. Glinz COVIS GmbH.

Der Gründer und Unternehmer, Dr. Mathias Glinz, erkannte schon früh das Potenzial, das mit der ersten digitalen Revolution durch den Einzug des Internets in die Unternehmen und Haushalte entstand. Auch wenn er von Vorständen, die sich damals niemals vorstellen konnten, dass einer von ihnen selber Briefe in Form von „E-Mails" schreiben würde, auf seinen Akquisitionstouren belächelt wurde, gab er niemals auf – dies spornte den Unternehmer aus Leidenschaft eher noch einmal mehr an.

Heute ist das Unternehmen eines der erfolgreichsten seiner Branche. COVIS steigert mit individuellen Softwarelösungen den Unternehmenserfolg seiner Kunden und unterstützt sie, zur Love Brand zu werden. Dies fällt dem Unternehmen nicht schwer, weil es in den Augen seiner Kunden selbst auf dem Weg zu einer Love Brand ist. Mit Empathie und Agilität in der Entwicklung (vgl. Abbildung rechts auf der nächsten Seite) bringt das COVIS-Team seinen Kunden den entscheidenden Vorteil bei der Implementierung ihrer Lösungen. Gerade die Kombination aus Innovation und Agilität, die Kunden oftmals nur in einer jungen Hightech-Schmiede vorfinden, und der langjährigen Erfahrung und Expertise für komplexe Anforderungen bietet den entscheidenden Wettbewerbsvorteil von COVIS. Dies ist die Grundlage für ein starkes Team, das für die Kunden und gemeinsam mit ihnen zukunftsweisende Lösungen entwickelt und – um es in den Worten des Unternehmers auszudrücken – eine starke „COVIS family & friends" bildet, die Berge versetzt. Eine offene Kommunikation und eine auf gemeinsamen Werten basierende Kultur bilden dabei die Grundlage für den Erfolg.

In diese „COVIS family & friends" hat Dr. Mathias Glinz vollstes Vertrauen. So wundert es nicht, dass er sich aus dem operativen Geschäft weitgehend zurückgezogen und seiner Führungsmannschaft das Zepter in die Hand gelegt hat. Der jetzige Geschäftsführer, Christoph Schulze-Berge, orientiert sich an der Vision des Unternehmers, die Kunden sicher durch die digitale Transformation zu begleiten: „So individuell wie unsere Kunden sind auch die Anforderungen, die diese an ihre Systeme stellen. Daher richtet sich unsere Software stets nach den Prozessen unserer Kunden. Als Full-Service-IT-Dienstleister stehen wir unseren Kunden von der Beratung über die individuelle Softwareentwicklung und -integration bis hin zu IT-Services zur Seite. Durch die Kombination von Standardkomponenten und einer passgenauen Individualentwicklung streben wir maximale Effizienz und höchsten wirtschaftlichen Nutzen für unsere Kunden an." Sicherlich ein Grund mehr, warum die Kundenbindung bei COVIS so hoch ist.

Bei COVIS gehen Fachwissen und Empathie Hand in Hand. Dafür sorgt das eingespielte Team aus langjährigen Mitarbeitern und jungen Kollegen, in dem jeder absoluter Experte auf seinem Gebiet ist. Von dem ständigen Austausch untereinander profitieren nicht nur die Mitarbeiter, sondern vor allem auch die Kunden. Die Wertschätzung für Ideen, der Wissensdurst und die Offenheit für den Diskurs untereinander und mit den Kunden macht die „COVIS family & friends" als Team stark. Denn das COVIS-Mitarbeiterteam stellt sich jeder Herausforderung und geht gerne neue Wege mit seinen Kunden. Mittelmaß reicht niemals aus – schon gar nicht, wenn es das Ziel der Kunden ist, eine Love Brand zu werden. Das Streben nach Perfektion, um die Erwartungen der Kunden zu übertreffen, ist Ziel des mittelständischen, bankenunabhängigen Unternehmens.

In einer Branche, die sich kontinuierlich weiterentwickelt, bleibt das COVIS-Team mit Leidenschaft nicht nur am Puls der Zeit, sondern strebt

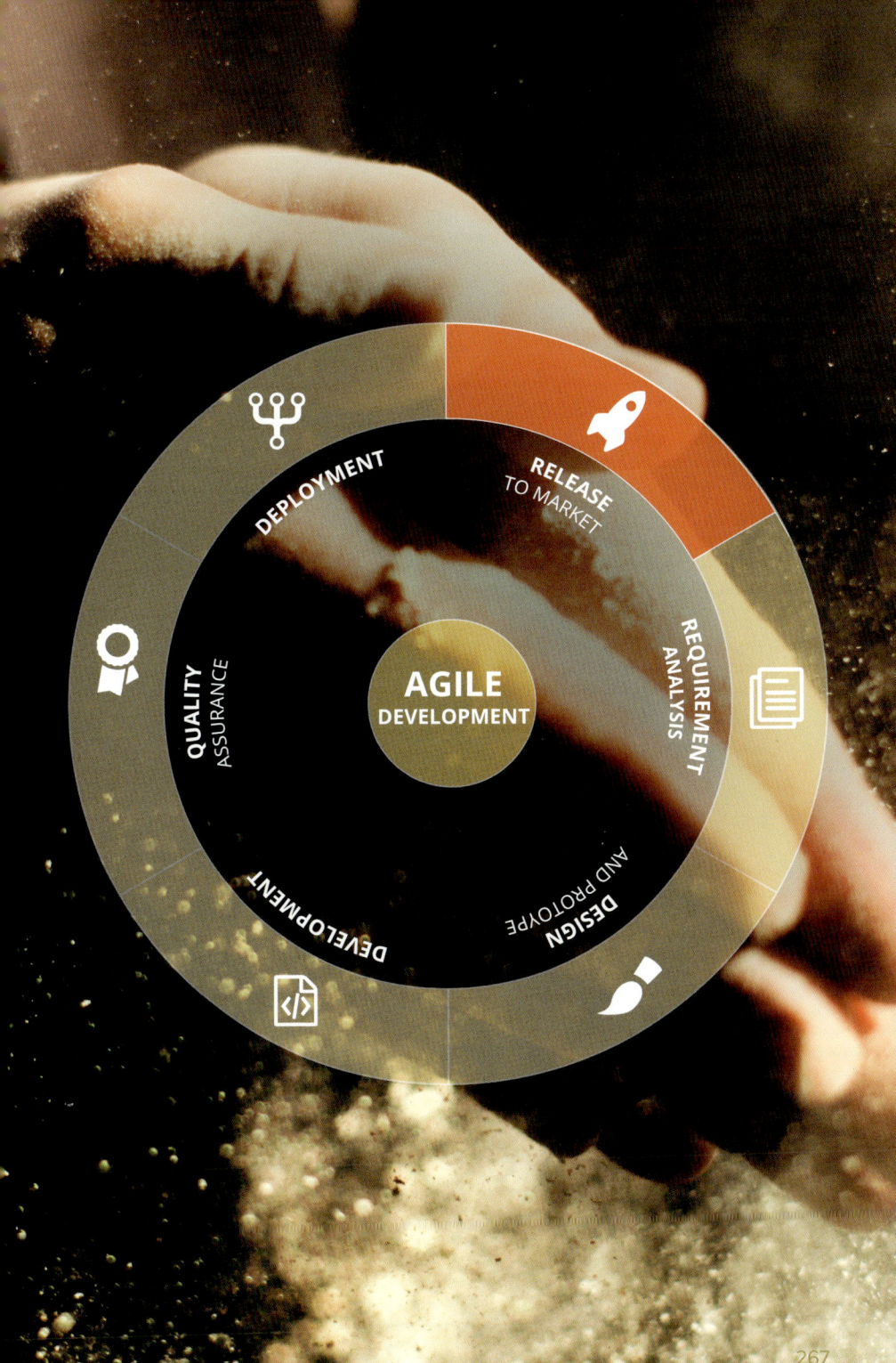

INFO-BOX: AGILE SOFTWAREENTWICKLUNG IN ZAHLEN

37 % der Top-Performer einer Branche setzen agile Entwicklungsmethoden in mehr als 50 % ihrer Projekte ein.

27 % Der Einsatz liegt im Branchendurchschnitt bei nur 27 % aller Projekte.

61 % versprechen sich von agilen Methoden, Produkte schneller einführen zu können.

47 % erwarten außerdem Qualitätssteigerungen.

40 % erwarten eine bessere Moral im Team.

42 % erwarten weniger Risiken im Projekt.

2017

permanent danach, Pionier zu sein. Das Team versteht, was die Kunden brauchen, und gibt jedem Kunden individuell genau das, was er auf seinem Weg zur Love Brand benötigt. Die Erfahrung mit IT-Projekten aus drei Jahrzehnten, viele langjährige Mitarbeiter und junge Spezialisten bringen eine einzigartige Expertise und Leistungsfähigkeit, die zum Beispiel von Kunden wie der Deutschen Post und dem TÜV hoch geschätzt werden. Dass bei solchen Kunden die Digitalisierung und der Einsatz von künstlicher Intelligenz (vgl. auch den unten aufgezeigten Auszug aus dem von COVIS unter www.covis.de angebotenen E-Book zur künstlichen Intelligenz) – mit dem ich mich in dem folgenden abschließenden Kapitel beschäftigen werde – eine zukunftsweisende Rolle spielen werden, liegt auf der Hand.

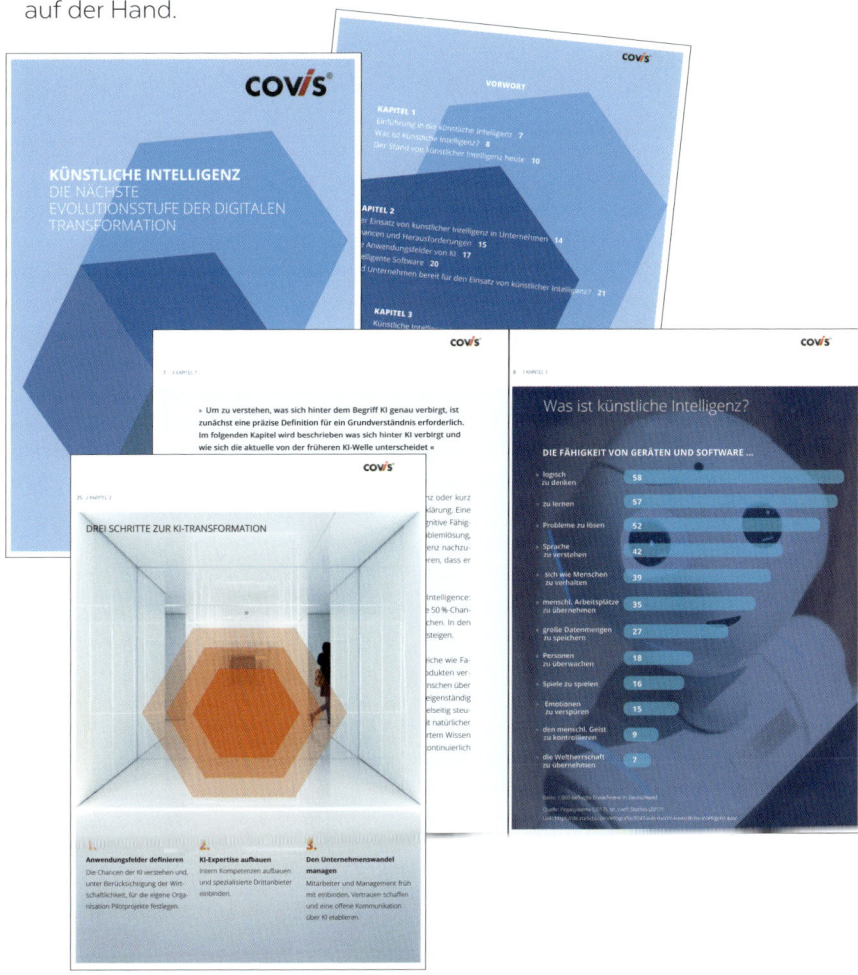

V

DIE DIGITALE TRANSFORMATION ALS CHANCE FÜR LOVE BRANDS

Wir befinden uns längst inmitten eines nie da gewesenen Umwälzungsprozesses, der auch das Marketing betrifft und gerade für Love Brands enormes Potenzial bereithält. Getrieben durch das Internet, größere Bandbreiten zur Datenübertragung und massiv gesteigerte Rechenleistungen katapultiert uns die Technologie in ein neues Zeitalter. Die Anpassung der klassischen Marketinginstrumente an die Digitalisierung ist dabei genauso wichtig wie die Nutzung der digital gespeicherten Datenmengen durch künstliche Intelligenz.

Die Bedeutung der Digital

sierung
für Love Brands

Die digitale Revolution betrifft jede Branche und kaum jemand kann sagen, wo die Reise in der Zukunft hingehen wird. Egal, ob Konzern oder Mittelständler, Traditionsunternehmen oder Start-up – alle haben die gleiche Chance, die neuen Potenziale auch im Marketing zu nutzen und sie durch die Vernetzung klassischer Marketinginstrumente mit denen des digitalen Zeitalters auszuschöpfen.

Chancen der digitalen Transformation

Als 1996 erst wenige Menschen im Netz surften, Smartphones höchstens in Science-Fiction-Filmen vorkamen und keiner an Apps dachte, war Compaq der unangefochtene Weltmarktführer bei PCs und Servern. Der Marktanteil belief sich auf über 50 Prozent im Geschäftskundensegment.[112] Compaq lieferte seine Produkte an Händler, die diese dann in ihren Geschäften verkauften. Im selben Jahr startete der damals 31-jährige Michael Dell mit dem Direktverkauf seiner Dell-PCs über das Internet und ließ dabei den stationären Handel aus. Aber nicht nur der Bestellweg war seinerzeit revolutionär, sondern vor allem auch das auf der Website angebotene Baukastenprinzip, mit dem sich die Kunden ihren persönlichen PC nach ihren Bedürfnissen zusammenstellen konnten. Das innovative Geschäftsmodell von Dell, das sich an den Kundenbedürfnissen orientierte, war dem von Compaq und der restlichen Branche weit überlegen. Compaq blieb trotz des Erfolges von Dell bei dem altbewährten Geschäftsmodell, insbesondere um der Gefahr von Kanalkonflikten aus dem Weg zu gehen. Ein fataler Fehler mit Konsequenzen: Compaq wurde bereits ein Jahr später von HP übernommen und Dell stieg als Weltmarktführer auf.

Seit Dells digitaler Revolution der PC-Industrie wurden sehr viele andere Branchen aufgemischt. So gehören Videotheken, CD-Läden, Reisebüros und Bankfilialen beispielsweise zu den bedrohten Spezies: Musik und Filme werden über Spotify und Netflix gestreamt, Flüge und Unterkünfte bei Portalen wie Expedia und Airbnb gebucht, die Konten via Onlinebanking verwaltet und klassische Bankdienstleistungen, wie etwa Kredite, über Crowdfunding-Plattformen wie Prosper generiert. Wer hofft, dass die eigene Branche von der Digitalisierung nicht betroffen sein wird und deshalb so weitermacht wie bisher, lebt gefährlich. Ihm droht das gleiche Schicksal wie vielen anderen Marken, die der digitalen Revolution zum Opfer gefallen sind.

Grundsätzlich sind alle Industrien von der digitalen Transformation betroffen, jedoch in unterschiedlicher Geschwindigkeit und in unterschiedlichem Ausmaß. In vielen Branchen stehen die Unternehmen unter Druck und vor großen Herausforderungen: Wer kann behaupten, dass das autonom fahrende Auto von morgen noch von VW, BMW oder Mercedes gebaut wird und nicht von Google oder Apple? Schon heute zeigt die Deutsche Post den Automobilunternehmen, dass Elektroautos auch mit großem Erfolg von einem Logistikdienstleister entwickelt, gebaut und vertrieben werden können. Jürgen Gerdes, ehemaliges Mitglied des Bereichsvorstandes Brief der Deutschen Post AG, der die Idee dazu hatte und diese erfolgreich umsetzte, hat mit der Entwicklung des Street-Scooters Zeichen gesetzt und die deutschen Automobilunternehmen ein wenig in den Schatten gestellt. Wer rüstet in ein paar Jahren unsere „Smart Homes" mit internetgesteuerten Staubsauger-Robotern und Herden aus? Werden uns Edeka oder Amazon künftig die Lebensmittel liefern, die intelligente Kühlschränke automatisch über das Netz nachbestellen? Eines ist sicher: Die Marken, die sich durchsetzen, werden diejenigen sein, die ihren Weg zur Love Brand erfolgreich beschritten haben.

Digital vernetztes Marketing

Das Thema Digitalisierung steht selbstverständlich bei den meisten Unternehmen ganz oben auf der Agenda. Über 60 Prozent der deutschen Unternehmen haben digitale Initiativen gestartet, mal im Austausch mit Zulieferern, mal in der Produktion, mal im Marketing. Wie wichtig Digitalisierung für den Bereich Marketing ist, belegt eine Studie von Service Plan, GfK und dem Markenverband aus 2016.[113]

In dieser Studie wurden fünf praktische Ansätze einer Vernetzung digitaler und analoger Marketingaktivitäten überprüft: die Vernetzung von Zielgruppen, von Touchpoints und Medien, von Content, von Vertriebsaktivitäten sowie von Real-Time Data. Die Ergebnisse sprechen für sich:

- Beim Content wurde eine Steigerung des Response um 200 Prozent erreicht.
- Bei den Zielgruppen wurde eine Ausweitung der Käuferreichweite von 12 Prozent erzielt.
- Real-Time erreichte eine Umsatzerhöhung von 11 Prozent.
- Bei Touchpoints & Medien wurde die Kaufbereitschaft um 48 Prozent gesteigert.
- Beim Vertrieb wurde eine Kosteneinsparung von 80 Prozent erreicht.

Marken, die u.a. Social-Media-Marketing und Online-Communitys nutzen, um Kundenbedürfnisse und Erwartungen effizient zu erfüllen und diese mit Instrumenten aus dem klassischen Marketing zu verbinden, werden auf ihrem Weg zur Love Brand erfolgreicher sein als andere.

Neue Formen von Multiplikator-Marketing auf Grundlage der Digitalisierung

In diesem Rahmen sind vor allem auch die neuen Formen von Multiplikator-Marketing von Bedeutung, die die digitale Transformation erst ermöglichte. Neben den klassischen Social-Media-Aktivitäten ist dabei vor allem das Influencer-Marketing hervorzuheben, das gerade in den letzten Jahren an Bedeutung gewonnen hat. Unternehmen setzen Influencer, also Beeinflusser beziehungsweise Meinungsmacher und damit Personen mit Einfluss, Ansehen und auch Reichweite, gezielt in der Markenkommunikation ein. Dabei werden die Vertrauenswürdigkeit und die soziale Autorität der Influencer genutzt, die fachlich kompetent und engagiert auftreten. Die Influencer sind als Experten anerkannt und gelten in ihrer Community als vertrauenswürdige Vorbilder, deren Meinungen und Empfehlungen der Kunde in der Regel nicht nur Beachtung schenkt, sondern ihnen auch folgt. Dadurch erhoffen sich Unternehmen, die Wahrnehmung und den Abverkauf von Marken positiv beeinflussen zu können.

Die Digitalisierung hat das Marketing in vielen Facetten verändert und hält auch in Zukunft vielfältige Potenziale bereit – da sind sich die Experten einig.

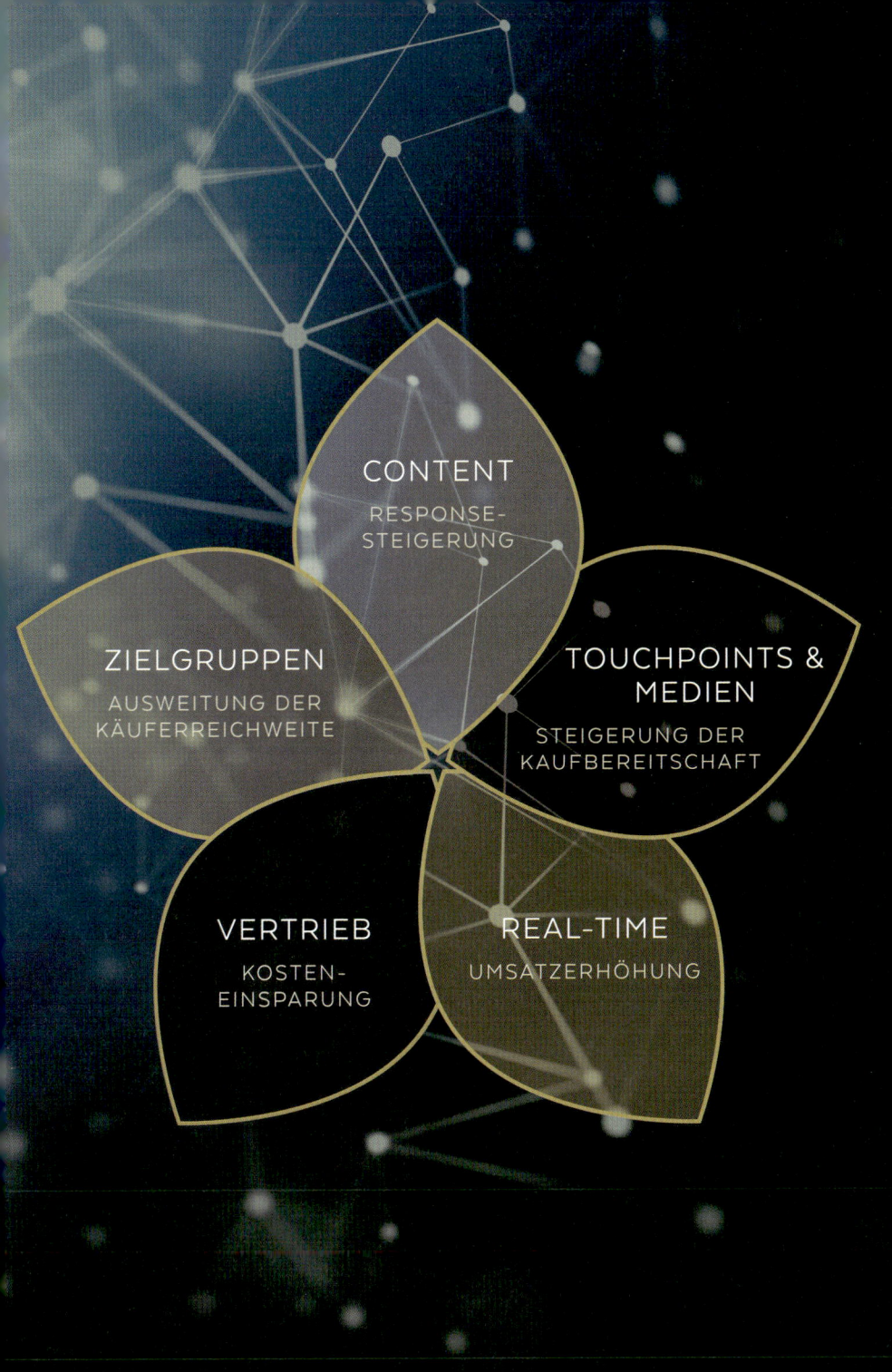

Expertengespräch mit Georg Altrogge[114]

Der studierte Germanist und Psychologe hat durch seinen beruflichen Werdegang sehr umfassende Erfahrungen gesammelt, die genauso vielfältig sind wie die Stationen, die er durchlaufen hat: Volontariat Hamburger Morgenpost, Gerichtsreporter, Lokalchef Hamburger und leitender Redakteur für Reportage Morgenpost, Autor bei Spiegel TV, Chefreporter Bild-Zeitung, Chefredakteur Tomorrow und Tomorrow.de, freier Medienberater, stv. Chefredakteur Schwäbische Zeitung, Geschäftsführer Meedia GmbH & Co. KG, Herausgeber absatzwirtschaft.

Seine Einschätzung, wie Digitalisierung das Marketing verändert:

„Die Daten, die über die Kunden heute gesammelt werden können, bieten den Unternehmen so unendlich viele Möglichkeiten, stellen sie aber auch gleichzeitig vor extrem hohe Herausforderungen. Unternehmen wissen, dass Big Data ihr Business verändern wird, und somit ist der Druck noch höher, die Herausforderungen zu meistern.

Eine Studie von Forrester Consulting im Auftrag von Xerox mit einer Umfrage unter 330 Geschäftsführern in Deutschland, Belgien, Frankreich, den Niederlanden und Großbritannien, bestätigt dies. Sie offenbart, dass es häufig die schlechte Datenqualität und auch die fehlende Kompetenz im Umgang mit Daten sind, die einem möglichen Geschäftswandel mithilfe von Big Data im Weg stehen.

Trotzdem erwartet eine große Mehrheit, dass sich aus Big Data gezogenes Wissen innerhalb von zwölf Monaten nach Implementierung positiv auf ihren Return of Investment auswirkt.

Mehr als die Hälfte der teilnehmenden Unternehmen verzeichnet bereits heute Geschäftsvorteile durch Big Data und ist sich einig, dass

- viele Unternehmen Entscheidungen des nächsten Jahres eher auf datengetriebenem Wissen als auf Faktoren wie Bauchgefühl, Meinung und Erfahrung fällen werden.

- ungenaue Daten ihr Geschäft negativ beeinflussen können und deshalb dringend einer Überarbeitung bedürfen.

- Datensicherheit und Datenschutz eine der größten Herausforderungen beim Implementieren von Big-Data-Strategien sind."

Am Ende des Tages, und da ist sich Altrogge mit mir sicher, ist es die Kombination aus Maschine und Mensch, die es ermöglicht, aus den Daten die Informationen für die Marke selbst und die Markenführung zu ziehen. Die Zeit ist damit reif für den Einsatz von künstlicher Intelligenz im Marketing.

Künstliche

Eine Revolution

Intelligenz
für das Marketing!

Unsere Welt im Allgemeinen sowie Marketing im Speziellen werden immer unberechenbarer und komplexer – dies vor allem in Bezug auf künstliche Intelligenz. So konnte bereits ein Rechner im Brettspiel Go, das schwieriger als Schach ist, den besten chinesischen Spieler besiegen. Ein Schlüsselmoment der künstlichen Intelligenz (KI).[115]

KI wird – da sind sich die Experten einig – die Welt auf den Kopf stellen. Das Zitat von Dieter Zetsche bringt es auf den Punkt: „Künstliche Intelligenz durchdringt die gesamte Wertschöpfungskette. Die Verwendung des Begriffes ‚revolutionär' ist oft inflationär. Hier steht die Revolution ausnahmsweise tatsächlich an." Und ich bin fest davon überzeugt, dass KI das Marketing mehr revolutionieren wird als Social Media & Co. Der Einzug von künstlicher Intelligenz in das Marketing läuft auf Hochtouren und die ersten Anzeichen der Revolution sind bereits zu erkennen.

Wie künstliche Intelligenz das 21. Jahrhundert prägt

Der Begriff „Künstliche Intelligenz" (KI), häufig auch auf Englisch mit Artificial Intelligence (AI) bezeichnet, wird derzeit in den Medien rauf und runter zelebriert. Dabei fragt sich der Leser oft, wo KI anfängt und wo es aufhört. Deshalb scheint es mir sinnvoll, kurz auf die Bedeutung einzugehen: KI umfasst Lernen aus Erfahrung, indem Computer auf große Datenbestände zurückgreifen können und daraus Muster erkennen – wie zum Beispiel Bilderkennung (auch Bewegtbild), Texterkennung, Spracherkennung. Die daraus gewonnene Erkenntnis von Verhaltensmustern gibt dem System die Chance, sich ständig weiterzuentwickeln bzw. lernfähig zu sein und sich ohne menschliche Unterstützung mit anderen Systemen auszutauschen.

Künstliche Intelligenz umgibt uns bereits heute. Neuronale Computernetze verknüpfen sich zu ständig neuen, smarteren Verbindungen. Aus der virtuellen und der realen Welt wird ein gemeinsamer Kosmos. Diese Symbiose eröffnet ein völlig neues Feld für innovative Marktteilnehmer und stellt bestehende Geschäftsprozesse – auch das Marketing – auf den Kopf.

Künstliche Intelligenz revolutioniert das Marketing.

Für Deutschland steht viel auf dem Spiel. In den Vereinigten Staaten von Amerika, in China, in Russland, aber auch in Australien werden Milliardenbeträge in den Technologiesektor gepumpt, um für das KI-Zeitalter gerüstet zu sein. Forscher vergleichen die Veränderungen durch den Einsatz von künstlicher Intelligenz mit der Entdeckung der Elektrizität oder der Erfindung der Gutenbergschen Druckpresse.

Die ersten Forschungen zum Thema KI gab es bereits Mitte der 50er-Jahre. Das erste Institut, das sich mit dem Thema befasst hat, war das 1959 gegründete Labor am MIT in Cambridge, USA. Als „intelligent" bezeichnet man diese Technologie vor allem deshalb, weil zum Beispiel neuronale Netze dem Nervensystem des Gehirns nachgebildet sind. Über die Verbindungen zwischen den Neuronen werden wie in der Natur Informationen weitergegeben. Der rasante Aufstieg der KI in der jüngeren Vergangenheit wird vor allem der Entwicklungseigenschaft neuronaler Netze zugeschrieben. Diese sind extrem lernfähig: Wie beim Menschen verknüpfen sich in den Netzen Synapsen. Dank besserer Grafikkarten und schnellerer Prozessoren sowie nahezu endlos verfügbarer Text-, Bild- und Videoinhalte können die Systeme für ihre jeweiligen Aufgaben trainiert werden. Sie lernen wie ein kleines Kind durch das Imitieren des „Gesehenen". Heute können neuronale Netze theoretisch unendlich viele Schichten und Verbindungen besitzen.

Deshalb bilden sie besser als früher komplexe Prozesse in Unternehmen oder Kundenbeziehungen ab. Kunden können auf völlig neuen Wegen im wahrsten Sinn des Wortes „angesprochen" werden. Aufgrund der enormen Fortschritte im Bereich der Spracherkennung sagen Nutzer der Technik, was sie möchten - und das smarte Gerät reagiert darauf. So wie zum Beispiel Amazons Haushaltsterminal Alexa, das passende Musik auswählt oder über das der Nutzer Ware bestellen kann.

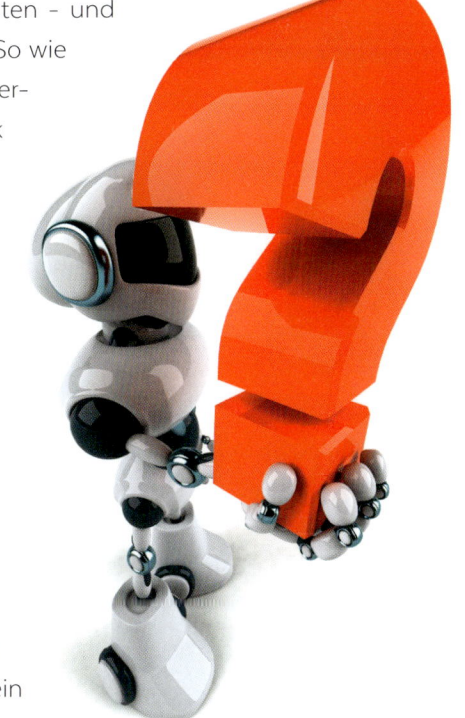

Das schnelle Durchsuchen und Einordnen gigantischer Datensätze lässt sich aber auch für maßgeschneiderte Vertriebsmaßnahmen oder Marketingaktionen einsetzen. Außerdem entstehen komplett neue Geschäftsmodelle. In den USA gibt es bereits einen Schuhproduzenten, der nur aufgrund von drei eingescannten Fotos ein

Schuhdesign entwirft, welches der Kunde zu Hause mit dem 3D-Drucker selber anfertigt. Dem individuellen Marketing sind damit keine Grenzen gesetzt und der Hype dazu ist bereits jetzt abzusehen. In der Medizin durchpflügt intelligente Software Krankenakten, um am Ende auf einem Chart Zusammenfassungen des Gesundheitszustandes des Patienten zu liefern. Das Datenvolumen, das in den vergangenen zwei Jahren im Gesundheitswesen erzeugt wurde, übersteigt das Datenvolumen des gesamten Zeitraums davor. Dies unterstreicht die Möglichkeiten und Herausforderungen im Umgang mit Daten und maßgeschneiderten Impulsen.

Aktuell erspart KI den Nutzern bereits eine Menge lästiger Routinen. Computerprogramme, sogenannte Chatbots, übernehmen mittels Sprache oder schriftlich die Kommunikation von standardisierten Serviceanfragen. Durch die unendliche Verknüpfung von Informationen sind der Fantasie zukünftig für den möglichen Einsatz auch für Love Brands kaum Grenzen gesetzt. Die weitere Verbesserung von Sprach-, Gesten- und Objekterkennung wird langfristig dazu führen, dass virtuelle und reale Welt immer übergangsloser überblendet werden.

Das Potenzial von künstlicher Intelligenz für Love Brands

Die Einsatzmöglichkeiten von KI im Marketing sind vielfältig. Dabei schwingt bei den Marketers derzeit noch eine große Unsicherheit mit, wie eine Onlinebefragung Ende Juli 2017 von MK Marketing & Kommunikation zeigt.[116] Die befragten Marketers machen sich insbesondere darüber Sorgen, dass die Empathie verloren gehen könnte (67,7 Prozent). Gefahren lauern ihrer Meinung in Bezug auf Cyberattacken (61,3 Prozent), und auch ein genereller Kontrollverlust (54,8 Prozent) bereitet ihnen Bauchschmerzen. Besonders nützlich hingegen ist künstliche Intelligenz laut den Befragten bei der zielgerichteten Ausspielung von Onlinewerbung (64,7 Prozent) und der Personalisierung und Individualisierung (62,8 Prozent). Die Marketers sehen darüber hinaus großes Potenzial bei der Automatisierung von Prozessen (58,8 Prozent) sowie in Bezug auf Programmic Advertising (57,3 Prozent), automatisch generierten Content (55,9 Prozent) und Produktempfehlungen (52,9 Prozent). Insgesamt sehen Marketers also in KI - trotz der derzeit noch vorhandenen Unsicherheiten - die Zukunft des Marketing und bewerten diese im Schnitt sehr positiv. Das bestätigt auch die SRH-Studie „Künstliche Intelligenz: Die Zukunft des Marketing" vom April 2018.[117] In dieser Studie attestieren fast 93 Prozent der befragten Marketingmanager KI eine große Wichtigkeit für die Marketingaufgaben in der nahen Zukunft. 85 Prozent glauben, dass KI das Marketing stark verändern wird und 55 Prozent stufen den Einsatz von KI als entscheidend für die zukünftige Wettbewerbsfähigkeit von Unternehmen ein.

Mit KI die steigenden Kundenerwartungen bedienen

Da sich die Unternehmen stets mit steigenden Kundenerwartungen konfrontiert sehen, kann KI gerade auch in diesem Bereich seinen Dienst leisten – bis hin zu dem von fast allen Unternehmen angestrebten und als Königsdisziplin des Marketing eingestuften WOW-Effekt. KI verschafft Transparenz über die zukünftigen Kundenanforderungen und ermöglicht diesbezüglich, Optimierungspotenziale zu erheben, zu analysieren und zu bedienen. Dass KI einen wesentlichen Beitrag für eine Love Brand leisten kann, ist offensichtlich.

Bei unserem zuvor aufgeführten Love-Brand-Beispiel Harley Davidson wird im Großen wie im Kleinen künstliche Intelligenz längst eingesetzt. Ein reales Beispiel mit ganz konkreten Zahlen gibt es – wen wundert es – aus New York City, der Stadt, in der Harley-Davidson 2014 seinen zweistöckigen Harley-Davidson-Store auf einer 17.000 Quadratmeter großen Fläche eröffnet hat.[118] Herzstück dieses Stores – das sei nur am Rande erwähnt – ist eine Power Wall mit einem installierten Touchscreen-Kiosk, mit dem maßgeschneiderte Motorräder digital entworfen und auf einem großen Bildschirm an der Rückwand des Showrooms betrachtet werden können. Diese Power Wall war die erste ihrer Art bei einem Harley-Davidson-Händler und dient als Modell für zukünftige Harley-Händler. Asaf Jacobi, Präsident und Geschäftsführer von H-D in New York City, entwarf das Konzept hinter dem Touchscreen-Kiosk und der Projektionsleinwand. Doch nicht nur das. Er wollte wie Amazon, Facebook oder Google, die derzeit die KI-Revolution anführen, seine Kunden mit hochpersonalisierter, gezielter Werbung und entsprechenden Marketingmaßnahmen begeistern. Jacobi testete ein KI-System, das über verschiedene digitale Kanäle wie Facebook und Google hinweg funktioniert, um dort das Ergebnis von Marketingkampagnen zu messen und automatisch zu optimieren. Damit erhöhte er sukzessiv die Anzahl der Besucher in der Filiale, da das Künstliche-Intelligenz-Tool immer wieder neue Kundenkontakte herstellte.

Mit den von Harley-Davidson zur Verfügung gestellten Inhalten in Form von Werbebotschaften und Bildmaterial sowie den notwendigen Kennzahlen analysierte das KI-System die vorhandenen Kundendaten aus dem Customer-Relationship-Managementsystem. Der Computer suchte nach Merkmalen und Verhaltensweisen, die die wertvollsten Bestandskunden aufwiesen: Das waren vor allem jene, die entweder einen Kauf abgeschlossen, ein Produkt in den Warenkorb gelegt oder sich auf der Website spezifische Inhalte angeschaut hatten. Außerdem auch die 25 Prozent Kunden, die sich am längsten auf der Website aufhielten.

Das System prüfte für Harley-Davidson, welche Aktionen über alle digitalen Kanäle hinweg funktionierten, und nutzte die Erkenntnisse, um weitere Konversionschancen zu entwickeln. Somit vergab die KI Ressourcen nur dann, wenn es einen Erfolgsbeleg gab, und erhöhte auf diese Weise den digitalen Marketing-ROI. Damit wurden die Vorteile von KI genutzt, indem diese die Schätzungen eliminierte, enorme Datenmengen sammelte, analysierte und auf diese Weise die gewonnenen Erkenntnisse optimal nutzte.

Ein KI-System findet echte Kunden in der echten Welt, indem es analysiert, welches Onlineverhalten mit der höchsten Wahrscheinlichkeit zum Kauf führt. Danach identifiziert es jene Onlinenutzer, die dieses Verhalten zeigen, als potenzielle Kunden. KI-Systeme orientieren sich ausschließlich an der Leistung: Erhöht diese bestimmte Aktion die Konversion? Erzeugt dieses Schlüsselwort mehr Umsatz? Steigert diese Ausgabe den ROI?

KI-Tools können pro Minute Hunderttausende Schlüsselwörter verwalten und Tausende von Werbebotschaften testen, um das optimale Ergebnis vorherzusagen – und das 24 Stunden am Tag. Folglich kann mithilfe von KI exakt bestimmt werden, wie viel ein Unternehmen wo ausgeben muss, um das beste Ergebnis zu erzielen. Statt bei Kaufentscheidungen für Medialeistungen auf die Leistung in der Vergangenheit oder das Bauchgefühl zu setzen, reagiert KI sofort und selbstständig. Die Kaufstrategie wird unmittelbar angepasst, entsprechend den Änderungen der Leistung jeder Kampagnenvariable.

Das Ergebnis bei unserem Best-Practice-Beispiel Harley-Davidson aus New York kann sich sehen lassen: Nach dem ersten Wochenende war eine Verdopplung des Umsatzes an einem Wochenende im Vergleich zur bis dahin erfolgsreichsten Sommer-Wochenend-Aktion zu verzeichnen. Nach dem dritten Monat waren die Kundenkontakte um 2.930 Prozent angestiegen. Nach dem ersten Jahr konnte eine Verdreifachung des Umsatzes gemessen werden. Zahlen, die für sich sprechen und das Potenzial bestehender Love Brands und derer, die es werden wollen, einmal mehr verdeutlichen. *Künstliche Intelligenz birgt ungeahnte Potenziale für bestehende Love Brands und die Marken, die es werden wollen.*

Literaturverzeichnis

- Aaker, David A./Joachimsthaler, Erich: **Brand Leadership. Die Strategie für Siegermarken,** Financial Times Prentice Hall 2000

- Backhaus, Klaus/Voeth, Markus: **Industriegütermarketing,** 10. Aufl., Vahlen 2014

- Berndt, Jon Christoph/Henkel, Sven: **Brand New. Was starke Marken heute wirklich brauchen,** 2. Aufl., Redline 2014

- Bittner, Gerhard/Schwarz, Elke: **Emotion Selling,** Springer Gabler 2014

- Brand, Heiner/Löhr, Jörg: **Projekt Gold. Wege zur Höchstleistung. Spitzensport als Erfolgsbeispiel,** Gabal 2008

- Bruhn, Manfred (Hrsg.): **Handbuch Markenartikel** (Bd. 2), Schäffer-Poeschel 1994

- Erdmann, Wilfried/Moser, Achill: **Von der Wüste und vom Meer. Zwei Grenzgänger, eine Sehnsucht,** Hoffmann und Campe 2012

- Fog, Klaus/Budtz, Christian/Yakaboylu, Baris: **Storytelling. Branding in Practice,** Springer 2004

- Frenzel, Karolina/Müller, Michael/Sottong, Hermann: **Storytelling. Das-Harun-al-Raschid-Prinzip. Die Kraft des Erzählens fürs Unternehmen nutzen,** Hanser 2004

- Gutjahr, Gerd: **Markenpsychologie. Wie Marken wirken. Was Marken stark macht,** Gabler Verlag 2011

- Häusel, Hans-Georg (Hrsg.): **Neuromarketing: Erkenntnisse der Hirnforschung für Markenführung, Werbung und Verkauf,** 2. Aufl., Haufe 2012

- Häusel, Hans-Georg: **Brain View. Warum Kunden kaufen,** 3. Aufl., Haufe 2012

- Häusel, Hans-Georg: **Emotional Boosting: Die hohe Kunst der Kaufverführung,** 2. Aufl., Haufe 2012

- Herbst, Dieter: **Storytelling,** UVK-Verlagsgesellschaft 2014

- Horx, Matthias: **Sensual Society. Die neuen Märkte der Sinn- und Sinnlichkeitsgesellschaft,** 2003

- Jung, Holger/von Matt, Jean-Remy: **Momentum. Die Kraft, die Werbung heute braucht,** Lardon Verlag 2011

- Kotler, Philip/Kartajaya, Hermanwan/Den Huan, Hooi/Lu, Sandra: **Rethinking Marketing: Sustainable Marketing Enterprise in Asia,** Pearson Education Asia, 2002

- Kotler, Philip/Kartajaya, Hermawan/Setiawan, Iwan: **Die neue Dimension des Marketings – vom Kunden zum Menschen,** Campus 2010

- Kroeber-Riel, Werner: **Bildkommunikation. Imagerystrategien für die Werbung,** Vahlen 1995
- Maiwald, Stefan: **Golf,** dtv 2006
- McCarthy, Jerome: **Basic Marketing: A Managerial Approach.** Richard D. Irwin, Inc. 1960
- Meffert, Heribert (Hrsg.): **Erfolgreich mit den Großen des Marketings,** Campus 2009
- Meffert, Heribert/Burmann, Christoph/Kirchgeorg, Manfred: **Marketing. Grundlagen marktorientierter Unternehmensführung,** 11. Aufl., Gabler 2011
- Perrey, Jesko/Meyer, Thomas: **Mega-Macht Marke, McKinsey Perspektiven,** Redline Wirtschaft, 3. Aufl. 2010
- Reeves, Rosser: **Reality in Advertising,** Knopf 1961
- Ries, Al/Trout, Jack: **Positioning. The Battle for your Mind,** McGraw-Hill 2001
- Roberts, Kevin: **Lovemarks. The Future beyond Brands,** powerHouse Books 2005
- Roberts, Kevin: **The Lovemarks Effect. Winning the Consumer Revolution,** powerHouse Books 2006
- Scheier, Christian/Held, Dirk: **Was Marken erfolgreich macht. Neuropsychologie in der Markenführung,** Haufe 2012
- Schultz, Howard/Yang, Dori Jones: **Die Erfolgsgeschichte Starbucks. Eine trendige Kaffeebar erobert die Welt,** Signum Wirtschaftsverlag 2003
- Simon, Hermann (Hrsg.): **Wettbewerbsvorteile und Wettbewerbsfähigkeit,** Schäffer 1988
- Simoudis, Georgios: **Storytising. Geschichten als Instrument erfolgreicher Markenführung,** Sehnert Verlag 2004
- von Fournier, Cay/Danne, Silvia: **Anders und nicht artig. Neue Wege der Unternehmenspositionierung,** 2. Aufl., Linde 2014
- von Fournier, Cay: **Die 10 Gebote für ein gesundes Unternehmen – Wie Sie langfristigen Erfolg schaffen,** 2., erweiterte Aufl., Campus, 2010
- von Fournier, Cay: **UnternehmerEnergie. Die Praxis der Unternehmensführung,** Gabal 2011
- Wala, Hermann: **Meine Marke: Was Unternehmen authentisch, unverwechselbar und langfristig erfolgreich macht,** Redline 2014

Fußnotenverzeichnis

1. Das persönliche Gespräch mit Florian Langenscheidt fand in Bayreuth statt. Im Buch bin ich auch auf einige seiner zahlreichen Reden eingegangen, u.a. auf die Rede „Nomen est Marke" auf dem Unternehmer-Erfolgsforum auf Schloss Bensberg, in der er das Besondere an Marken aufzeigte.
2. Die Flügel, die Red Bull angeblich verleiht, wurden jedoch im Herbst 2014 in den USA gestutzt. Wegen des „irreführenden Werbespruchs" „Red Bull verleiht Flügel" wurde Red Bull im Oktober 2014 vor einem New Yorker Gericht verklagt. In einem gerichtlichen Vergleich stimmte Red Bull zu und zahlte dem Kläger 13 Millionen Dollar Schadenersatz. Vgl. Manager Magazin, 8. Oktober 2014 (www.manager-magazin.de/lifestyle/artikel/red-bull-verleiht-doch-keine-fluegel-vergleich-in-den-usa-a-996039.html).
3. absatzwirtschaft: Duell der Marken, 27. März 2015, www.absatzwirtschaft.de.
4. Grimes, Anthony: Are we Listening or Learning? Understanding the Nature of Hemispherical Lateralisation and its Application to Marketing, in: International Journal of Market Research, 2006, Vol. 48, No. 4 (S. 439-458); Kenning, Peter/Plassmann, Hilke/Ahlert, Dieter: Consumer Neuroscience – Implikationen neurowissenschaftlicher Forschung für das Marketing, in: Marketing Zeitschrift für Forschung und Praxis, 29. Jg., 2007, Nr. 1, S. 56 f. (55-66); Bielefeld, Klaus W.: Neurowissenschaft und Neuromarketing – was ist das? Auf Zielgruppen-Suche auch im kleinsten Raum, in: Werbung und Verkaufen, 2011, Nr. 28 (S. 41-43).
5. Häusel, Hans-Georg: Limbic. Die Emotions- und Motivwelten im Gehirn des Kunden und Konsumenten kennen und treffen, in: Häusel, Hans-Georg (Hrsg.): Neuromarketing: Erkenntnisse der Hirnforschung für Markenführung, Werbung und Verkauf, 2. Aufl., Freiburg 2012. Häusel, Hans-Georg: Brain View. Warum Kunden kaufen, 3. Aufl., Freiburg 2012.
6. Häusel, Hans-Georg (Hrsg.): Neuromarketing: Erkenntnisse der Hirnforschung für Markenführung, Werbung und Verkauf, 2. Aufl., Freiburg 2012, S. 76f.
7. Häusel, Hans-Georg: Emotional Boosting: Die hohe Kunst der Kaufverführung, 2. Aufl., Freiburg 2012, S. 71 ff.
8. Roberts, Kevin: Lovemarks. The Future beyond Brands, New York 2005. Roberts, Kevin: The Lovemarks Effect. Winning the Consumer Revolution, New York 2006.
9. Langner, Tobias/Fischer, Alexander/Kürten, Dennis: The nature of brand Love: Results from two exploratory studies, in: Proceedings of the 8th ICORIA, Klagenfurt 2009.
10. Maiwald, Stefan: Golf, dtv 2006, S. 7.
11. Brand, Heiner/Löhr, Jörg: Projekt Gold. Wege zur Höchstleistung. Spitzensport als Erfolgsbeispiel, Gabal 2008, S. 34.
12. Erdmann, Wilfried/Moser, Achill: Von der Wüste und vom Meer. Zwei Grenzgänger, eine Sehnsucht, Hoffmann und Campe 2012.
13. www.faz.net/aktuell/beruf-chance/mein-weg/james-dyson-der-koenig-der-fehlschlaege-11677483.html.
14. Auszug aus der Rede von Florian Langenscheidt „Vom Glück des Gründens" anlässlich der Preisverleihung „Entrepreneur des Jahres 2013" am 19. September 2013 in der Alten Oper Frankfurt.
15. www.children.de.
16. Schultz, Howard/Yang, Dori Jones: Die Erfolgsgeschichte Starbucks. Eine trendige Kaffeebar erobert die Welt, Signum Wirtschaftsverlag 2003, S. 90.
17. Vgl. von Fournier, Cay: UnternehmerEnergie, Gabal 2011, S. 58 ff.
18. Vgl. Meffert, Heribert/Burmann, Christoph/Kirchgeorg, Manfred: Marketing. Grundlagen marktorientierter Unternehmensführung, 11. Aufl., Gabler 2011, S. 363.
19. von Fournier, Cay: UnternehmerEnergie, Seminarunterlagen.
20. Schultz, Howard/Yang, Dori Jones: Die Erfolgsgeschichte Starbucks. Eine trendige Kaffeebar erobert die Welt, Signum Wirtschaftsverlag 2003.
21. Smartphones kratzen an Milliarden-Absatz, online unter: www.focus.de/digital/computer/marktforscher-smartphones-kratzen-an-milliarden-absatz_aid_918859.html.
22. Scheier, Christian/Held, Dirk: Was Marken erfolgreich macht. Neuropsychologie in der Markenführung, München 2012, S. 85.
23. Scheier, Christian/Held, Dirk: Was Marken erfolgreich macht. Neuropsychologie in der Markenführung, München 2012, S. 89 ff.
24. brand eins Mediadaten 2012.

25 Jung, Holger/von Matt, Jean-Remy: Momentum. Die Kraft, die Werbung heute braucht, Lardon Verlag 2011, S. 21.
26 Das persönliche Gespräch mit Jean-Remy von Matt fand in Hamburg in den Büroräumlichkeiten seiner Agentur „Jung von Matt" statt.
27 www.bigthink.com/overthinking-everything-with-jason-gots/your-storytelling-brain
28 Gutjahr, Gerd: Markenpsychologie. Wie Marken wirken. Was Marken stark macht, Gabler Verlag 2011, S. 152.
29 Herbst, Dieter: Storytelling, UVK-Verlagsgesellschaft 2014.
30 Simoudis, Georgios: Storytising. Geschichten als Instrument erfolgreicher Markenführung, Sehnert-Verlag 2004.
31 www.wuv.de/marketing/porsche_startet_3d_kampagne_fuer_den_neuen_911.
32 www.brandeins.de/magazin/das-marketing-ist-tot-es-lebe-das-marketing/das-ungeschriebene-buch.html.
33 Eichstädt, Björn: Powerpizza statt Powerbook. Ein Interview mit Betriebswirtschaftler Franz Liebl, in: brand eins, 9/2005.
34 Fog, Klaus/Budtz, Christian/Yakaboylu, Baris: Storytelling. Branding in Practice, Springer 2004.
35 Frenzel, Karolina/Müller, Michael/Sottong, Hermann: Storytelling. Das-Harun-al-Raschid-Prinzip, München 2004, S. 138.
36 Arvidsson, Adam: Brand Value, in: Journal of Brand Management, Vol. 13/2006, No. 3, S. 188-192.
37 Hellmann, Kai-Uwe: Wert und Werte einer Marke. Oder was Compliance Management und Markenführung gemeinsam haben. Online unter: www.markeninstitut.de/fileadmin/user_upload/dokumente/Wert%20und%20Werte%20einer%20Marke.pdf.
38 Vgl. von Fournier, Cay: UnternehmerEnergie, Wiesbaden 2011, S. 121.
39 Studie „Brands ahead – Zukunftsfähigkeit der Marke", TNS Infratest und Grey Deutschland, 2015.
40 Defacto Research & Consulting GmbH & absatzwirtschaft: Studie „Nachhaltigkeit 2015", vgl. auch www.defacto-research.de (Menüpunkt „Studien").
41 Zur unternehmensinternen Bedeutung von Marken vgl. Wala, Hermann: Meine Marke: Was Unternehmen authentisch, unverwechselbar und langfristig erfolgreich macht, Redline 2014.
42 In Anlehnung an: von Fournier, Cay: UnternehmerEnergie, Wiesbaden 2011, S. 130 ff. sowie von Fournier, Cay: UnternehmerEnergie, Seminarunterlagen.
43 Bittner, Gerhard/Schwarz, Elke: Emotion Selling, Wiesbaden 2014.
44 Zeug, Karin: Süchtig nach Anerkennung, in: Die Zeit Nr. 04/2013.
45 Das persönliche Gespräch mit Hadi Teherani fand auf einem gemeinsamen Flug von Hamburg nach Palma statt.
46 Langner, Tobias/Schmidt, Jenniger/Fischer, Alexander: Is it really love? A comparative investigation of the emotional nature of brand and interpersonal love, in: Psychology & Marketing 2015.
47 Hierzu sowie im Folgenden: von Fournier, Cay/Danne, Silvia: Anders und nicht artig. Neue Wege der Unternehmenspositionierung, 2. Aufl., Linde 2014, S. 94 ff.
48 von Fournier, Cay: Die 10 Gebote für ein gesundes Unternehmen – Wie Sie langfristigen Erfolg schaffen, 2., erweiterte Aufl., Campus, 2010.
49 Zum Beispiel das Dreieck Marke-Positionierung-Differenzierung von Kotler et al. (vgl. Kotler, Philip/Kartajaya, Hermanwan/Den Huan, Hooi/Lu, Sandra: Rethinking Marketing: Sustainable Marketing Enterprise in Asia, Pearson Education Asia, 2002.) und dessen Weiterentwicklung zum 3i-Modell (vgl. Kotler, Philip/Kartajaya, Hermawan/Setiawan, Iwan: Die neue Dimension des Marketings – vom Kunden zum Menschen, Campus 2010), das die Grundlage zur Weiterentwicklung zum mi-Modell bildete. Das mi-Modell habe ich gemeinsam mit Cay von Fournier in unserem Buch „Anders und nicht artig" entwickelt. Vgl. von Fournier, Cay/Danne, Silvia: Anders und nicht artig. Neue Wege der Unternehmenspositionierung, 2. Aufl., Linde 2014, S. 93 ff.
50 Wiedmann, K. P.: Markenpolitik und Corporate Identity, in: Bruhn, Manfred (Hrsg.): Handbuch Markenartikel (Bd. 2), Stuttgart 1994.
51 Burmann, Christoph/Blinda, Lars/Nitschke, Axel: Konzeptionelle Grundlagen des identitätsbasierten Markenmanagements, Arbeitspapier Nr. 1 des Lehrstuhls für innovatives Markenmanagement (LiM), Burmann, Christoph (Hrsg.), Universität Bremen 2003.
52 Aaker und Joachimsthaler führen in diesem Zusammenhang fünf Fragen an, die bei der Identifikation der relevanten Identitätskomponenten unterstützen können. Aaker, David A./Joachimsthaler, Erich: Brand Leadership, New York (u.a.) 2000.
53 Goodyear, Mary: Marke und Markenpolitik, in: Planung und Analyse, Heft 3, 1994.
54 Perrey, Jesko/Meyer, Thomas: Mega-Macht Marke, McKinsey Perspektiven, Redline Wirtschaft, 3. Aufl. 2010.

55 Sattler, Henrik/Högl, Siegfried/Hupp, Oliver: Evaluation of the Financial Value of Brands, in: Excellence in International Research, 4. Jg., ESOMAR (Hrsg.) 2003.
56 Zu starken Marken und was sie heute wirklich brauchen vgl. Berndt, Jon Christoph/Henkel, Sven: Brand New. Was starke Marken heute wirklich brauchen, 2. Aufl., Redline 2014.
57 IMK, MDR: Deutschlands vertrauenswürdigste Marken, 2015; Reader's Digest „Trusted Brands 2015", 2015.
58 Meffert, Heribert: Was macht eine Marke aus? Identitätsorientierte Markenführung als Fundament, in: Meffert, Heribert (Hrsg.): Erfolgreich mit den Großen des Marketings, Campus 2009.
59 Meffert, Heribert: Was macht eine Marke aus? Identitätsorientierte Markenführung als Fundament, in: Meffert, Heribert (Hrsg.): Erfolgreich mit den Großen des Marketings, Campus 2009.
60 Kroeber-Riel, Werner: Bildkommunikation. Imagerystrategien für die Werbung, München 1995.
61 Kroeber-Riel, Werner: Unternehmen erzeugen in ihrer Kommunikation einen Bildersalat, absatzwirtschaft 03/1994.
62 Vgl. hierzu auch von Fournier, Cay/Danne, Silvia: Anders und nicht artig. Neue Wege der Unternehmenspositionierung, 2. Aufl., Linde 2014, S. 94 ff.
63 Neil Borden verwendete den Begriff „Marketing-Mix" 1953 in einer Rede als Präsident der American Marketing Association. Die „vier Ps" wurden später von Jerome McCarthy eingeführt: McCarthy, Jerome: Basic Marketing: A Managerial Approach. Richard D. Irwin, Inc., Homewood, Illinois, 1960.
64 Kotler, Philip/Kartajaya, Hermawan/Setiawan, Iwan: Die neue Dimension des Marketings – vom Kunden zum Menschen, Campus, 2010.
65 Beinhocker, Eric/Davis, Ian/Mendonca, Lenny: The Ten Trends You Have to Watch, Harvard Business Review, Juli/August 2009.
66 www.financialtrustindex.org.
67 Interview von Dr. Silvia Danne mit Prof. Dr. Dr. h.c. mult. Meffert aus: von Fournier, Cay/Danne, Silvia: Anders und nicht artig. Neue Wege der Unternehmenspositionierung, 2. Aufl., Wien 2014, S. 49 ff.
68 The Nielsen Company: Personal Recommendations and Consumer Opinions posted online are most trusted Forms of Advertising globally, 7. Juli 2009.
69 Trendstream/Lightspeed Research, Global Web Index, 2009.
70 Dieser Gedankengang ist auf der Grundlage unseres gemeinsamen Buches „Anders und nicht artig" in Diskussionen mit Cay von Fournier entstanden.
71 Reeves, Rosser: Reality in Advertising, Knopf 1961.
72 Simon, Hermann: Schaffung und Verteidigung von Wettbewerbsvorteilen, in: Simon, Hermann (Hrsg.): Wettbewerbsvorteile und Wettbewerbsfähigkeit, Schäffer 1988, S. 1-17; Backhaus, Klaus/Voeth, Markus: Industriegütermarketing, 10. Aufl., Vahlen 2014, S. 13 ff.
73 Meffert, Heribert/Burmann, Christoph/Kirchgeorg, Manfred: Marketing. Grundlagen marktorientierter Unternehmensführung, 11. Aufl., Gabler 2012, S. 57 f.
74 Reeves, Rosser: Reality in Advertising, Knopf 1961; Ries, Al/Trout, Jack: Positioning. The Battle for your Mind, McGraw-Hill 2001, S. 19 f.
75 Meffert, Heribert/Burmann, Christoph/Kirchgeorg, Manfred: Marketing. Grundlagen marktorientierter Unternehmensführung, 11. Aufl., Gabler 2012, S. 271.
76 Die Loyalität und Weiterempfehlungsquote von Love Brands ist sehr viel höher als die von „normalen" Marken.
77 Havas Worldwide: Hashtag Nation: Marketing to the Selfie Generation, 2014.
78 Edelmann: brandshare – it pays to share: Germany findings, 2013.
79 www.alexa.com/topsites.
80 Ogilvy: Why we share, Global Study by Social@Ogilvy, 2013.
81 www.blog.livefyre.com/adweek-webinar-time-reboot-social-strategy, 6.3.2015.
82 Steimel, Bernhard: Marken-Communitys ein Mittel gegen den Facebook-Frust? absatzwirtschaft, 12.12.2014, online unter: www.absatzwirtschaft.de/marken-communitys-ein-mittel-gegen-den-facebook-frust-40761.
83 Studie der Universität Zürich in Zusammenarbeit mit Lithium: Challenges and Opportunities of Social Business Solutions, Zürich 2014.
84 www.blog.livefyre.com/adweek-webinar-time-reboot-social-strategy, 6.3.2015.
85 Horx, Matthias: Sensual Society. Die neuen Märkte der Sinn- und Sinnlichkeitsgesellschaft, 2003.
86 www.plant-for-the-Planet.org.

87 www.reset.org.
88 Bräutigam, Thiemo: Fünf Tipps für erfolgreiche Co-Creation Projekte, Gastbeitrag vom 4. März 2015 für „Der deutsche Innovationspreis", online unter: www.der-deutsche-innovationspreis.de/blogliste/das-aktuelle/einzelansicht/article/gastbeitrag-fuenf-tipps-fuer-erfolgreiche-co-creation-projekte.html.
89 Edelmann: brandshare – it pays to share: Germany findings, 2013.
90 www.coca-cola-deutschland.de/home.
91 Schwerdt, Yvette: Die Markenstory mit Kunden gestalten, in: absatzwirtschaft, 4/2015, S. 14.
92 Hierzu sowie im Folgenden Steimel, Bernhard: Marken-Communitys – ein Mittel gegen den Facebook-Frust, absatzwirtschaft, 12.12.2014.
93 Steimel, Bernhard: Marken-Communitys – ein Mittel gegen den Facebook-Frust, absatzwirtschaft, 12.12.2014.
94 Edelmann: Markenstudie Brandshare 2014 – Bindungswilliger Konsument sucht Marke, die ihn wertschätzt, 2014.
95 Steimel, Bernhard: Marken-Communitys – ein Mittel gegen den Facebook-Frust, absatzwirtschaft, 12.12.2014.
96 Statistika: Top 10 Online-Communitys in Deutschland, aktuelle Umfrage 2015, www.de.statista.com/statistik/daten/studie/182885/umfrage/top-10-online-communitys-in-deutschland.
97 www.webguerillas.com/en#!business/social-pr/pr-news/marken-analyse-audi-umgarnt-die-social-web-user-am-besten.
98 www.wertemarken.de.
99 Hierzu sowie im Folgenden: Spiegel, Peter: WeQ – More than IQ. Abschied von der Ich-Kultur, oekom verlag 2014
100 Das persönliche Gespräch mit Nicola Sievers fand am 14. August 2018 in Hamburg statt.
101 Vgl. https://arbeitgeber.monster.de/LiteReg/GatedA.aspx
102 Vgl. https://media.newjobs.com/id/hiring/419/page/Recruiting_Trends_2018/Monster_Recruiting_Trends_2018_Employer_Branding.pdf
103 Vgl. https://www.manpowergroup.de/fileadmin/manpowergroup.de/170518_Studie_Jobzufriedenheit_2017.pdf
104 Bambi-Verleihung 2016.
105 Brück, Mario: Einer für alle, in: Wirtschaftswoche, 16.12.2016, S. 23 (S. 20-26).
106 Vgl. hierzu sowie im ff.: Lena Herrmann, „Alles drin", Werben & Verkaufen, Sonderbeilage 16.10.2017.
107 Vgl. hierzu sowie im ff.: Lena Herrmann, „Alles drin", Werben & Verkaufen, Sonderbeilage 16.10.2017.
108 https://www.impulse.de/management/unternehmensfuehrung/thermomix-digitalisierung/3954203.html, 24.6.2017.
109 www.porsche.com/germany/aboutporsche/principleporsche.
110 Vgl. KAS-Studie 2017.
111 Vgl. https://www.manpowergroup.de/neuigkeiten/studien-und-research/studie-arbeitsmotivation/
112 Hierzu sowie im Folgenden: Meffert, Jürgen/Meffert, Heribert: Eins oder Null – Wie Sie Ihr Unternehmen mit Digital@Scale in die digitale Zukunft führen, Econ 2017, S. 18 ff.
113 Vgl. hierzu sowie im Folgenden: Service-Plan, GfK und Markenverband: Digital vernetzte Markenführung, München 2016.
114 Das persönliche Gespräch mit Georg Altrogge fand in den Büroräumlichkeiten der absatzwirtschaft in Hamburg statt.
115 Hierzu sowie im Folgenden: Albrecht, Roland: Welche Rolle kann künstliche Intelligenz im Marketing spielen?, Die Welt 09.10.2017, online unter: https://www.welt.de/wirtschaft/bilanz/article169449291/Welche-Rolle-kann-kuenstliche-Intelligenz-im-Marketing-spielen.html
116 https://www.m-k.ch/kuenstliche-intelligenz-im-marketing-gefahren-und-einsatzbereiche/
117 SRH Hochschule Berlin, SRH-Studie – Künstliche Intelligenz: Die Zukunft des Marketing, Berlin 2018.
118 Vgl. Power, Brad: Den Umsatz verdreifacht, in: Harvard Business Manager, November 2017, S. 48-51.

Die Autorin

DR. SILVIA DANNE
EMPOWERING YOUR BRAND

Consultant & Speaker
silvia@drdanne.de

Ab 1991 studierte Silvia Danne Marketing und Internationales Management in Münster, arbeitete von 1996 bis 2000 als Assistentin bei Prof. Dr. Dr. h.c. mult. H. Meffert und promovierte bei ihm am Institut für Marketing.

2000 stieg sie als Managerin bei der *Gruner +Jahr AG & Co KG* in den Bereichen Anzeigen, Multimedia und Business Development ein.

2003 wurde sie Leiterin der Medien- & Marketingkooperationen bei der *Tchibo GmbH* und Herausgeberin des Tchibo-Magazins.

2005 gründete sie die *Dr. Danne Medien & Marketing GmbH*. Als Medien- & Marketingexpertin berät sie v.a. Unternehmen aus der Konsumgüter- und Dienstleistungsbranche.

BERATERIN

Als *Beraterin* entwickelt Silvia Danne Marketingkonzepte und unterstützt Unternehmen bei dem Thema Markenmanagement. Sie entwickelt und realisiert innovative Kommunikationskonzepte, Akquisitions- und Verkaufsstrategien und berät bei der Positionierung von Unternehmen und Marken.

SPEAKERIN

Als *Speakerin* begeistert sie mit provokanten Thesen zu aktuellen Marketingtrends sowie mit innovativen Marketingkonzepten, deren Erfolg sie anhand von Beispielen aus der Praxis belegt. Sie inspiriert mit fundiertem Know-how, hohem Praxisbezug und unermüdlicher Leidenschaft, gibt Impulse und regt zum Umsetzen an.

AUTORIN

Als *Autorin* inspiriert sie die Leserinnen und Leser mit wertvollen, innovativen und teils provokativen Impulsen. Auf Basis ihrer praktischen Erkenntnisse liefert sie neue Ansätze und Gedanken für das Marketing des nächsten Jahrzehnts – wie beispielsweise in ihren Publikationen „ANDERS und nicht ARTIG", „LOVE BRANDS" sowie „MY LOVE BRAND".

Silvia Danne reist gern und interessiert sich für Kulturen, genießt guten Wein und gepflegtes Essen, liebt das Meer genauso wie Joggen & Golfen und lebt in Hamburg sowie in Palma.

Dr. Silvia Danne ist eine der renommiertesten Marketingexpertinnen, Strategieberaterinnen, Referentinnen und Autorinnen mit über 25-jähriger Praxiserfahrung. Sie promovierte bei Prof. Meffert am Institut für Marketing und vertiefte ihr Experten-Know-how durch vielfältige externe Marketingprojekte für namhafte nationale und internationale Unternehmen. Silvia Danne entwickelt maßgeschneiderte externe und interne Marketingkonzepte und begleitet Unternehmen bei Themen wie Positionierung, Markenmanagement und Kommunikation. Mit großer Leidenschaft – auch als Dozentin an der ASCENSO Akademie für Business und Medien in Palma – denkt sie voraus für ein Marketing, das konsequent auf Emotionalisierung, Communiting und Individualisierung setzt. Die Digitalisierung – u.a. auch künstliche Intelligenz – ist für sie dabei ein wichtiger Erfolgsfaktor. In ihren praxisnahen Vorträgen begeistert und inspiriert Silvia Danne die Teilnehmer mit ihrer charismatischen, lebendigen und authentischen Art, Marketing-Know-how zu vermitteln. Anhand erfolgreicher Beispiele gibt sie nachhaltige Umsetzungsimpulse zur Erfolgssteigerung.

Vortragsthemen:

MY LOVE BRAND

Wie Kunden und Mitarbeiter Ihre besten Markenbotschafter werden

- Top Secret – Markengeheimnisse: Wie Sie die Strategien begehrenswerter Brands für sich nutzen
- Top Trends – Digitalisierung: Wie Sie mithilfe von Technologie bessere Erfolge mit Ihren Mitarbeitern & Ihren Kunden erzielen

COMMUNITING

So wachsen Sie profitabel mit dem Community-Konzept und entwickeln Ihren SSP

- Die vier Cs des Communiting als Startrampe Ihres Erfolges im Zeitalter der Digitalisierung
- SSP, der Social Selling Proposition: Warum USP und ESP an ihre Grenzen stoßen

MARKETING 4.0

Das Zusammenspiel von Mensch und Emotion im digitalen Zeitalter

- Die vierte Dimension: Die 10 Top-Trends des zukunftsweisenden Marketing
- Das Potenzial von künstlicher Intelligenz für ein zeitgemäßes Marketing

EMPLOYER BRANDING @ ITS BEST

Hier will ich arbeiten! Mitarbeiter-Bindung und -Recruiting

- So steigern Sie die Identifikation Ihrer Mitarbeiter mit Ihrer Marke und schaffen die Transformation von der Ich- zur Wir-Kultur (WeQ)
- Nimm mich! Wie Ihr Unternehmen eine unwiderstehliche Arbeitgebermarke wird

ANDERS und nicht ARTIG

Innovative Erfolgsstrategien zur erfolgreichen Positionierung und Vermarktung

- Wie Sie Ihre Produkte und Ihr Unternehmen im digitalen Zeitalter innovativ positionieren
- Mut zum Risiko: Fallen Sie (r)auf oder fallen sie runter? – Ihr Weg zur AndersArtigkeit

»Brennen Sie für Ihre Marke, für Ihren Erfolg.«

»Fesseln Sie Ihre Kunden mit Geschichten.«

»Berühren Sie die Herzen Ihrer Kunden.«

»Erobern Sie dauerhaft die Pole-Position!«

»Lassen Sie neue, starke Ideen entstehen.«

»Stehen Sie selbstbewusst zu Ihren Werten.«

Kontakt und Buchung:

Dr. Danne Medien & Marketing GmbH
Hegehof Terrassen / Hegestraße 14a
20251 Hamburg

TELEFON: +49 (0) 40 87 97 29-21
MOBIL: +49 (0) 170 50 30 770
E-MAIL: silvia@drdanne.de
E-BOOK: http://drdanne.de/epaper/

www.drdanne.de

Impressum

Bibliografische Information der Deutschen Nationalbibliothek

Die Deutsche Nationalbibliothek verzeichnet diese Publikation in der Deutschen Nationalbibliografie; detaillierte bibliografische Daten sind im Internet über http://dnb.d-nb.de abrufbar.

Das Werk ist urheberrechtlich geschützt. Alle Rechte, insbesondere die Rechte der Verbreitung, der Vervielfältigung, der Übersetzung, des Nachdrucks und der Wiedergabe auf fotomechanischem oder ähnlichem Wege, durch Fotokopie, Mikrofilm oder andere elektronische Verfahren sowie der Speicherung in Datenverarbeitungsanlagen, bleiben, auch bei nur auszugsweiser Verwertung, dem Verlag vorbehalten.

ISBN 978-3-9819-7250-4

Es wird darauf verwiesen, dass alle Angaben in diesem Werk trotz sorgfältiger Bearbeitung ohne Gewähr erfolgen und eine Haftung der Autorin oder des Verlages ausgeschlossen ist.

Umschlaggestaltung: Verena Lorenz, München

Layout & Satz: Verena Lorenz, München

Bildnachweis: S. 4 Verena Lorenz und vadimmmus, fotolia, S. 14 Pfeile-Illustration The Logo Design Toolbox, Alexander Tibelius, S. 16 Florian Jaenicke, S. 19, 29, 44, 76, 92, 96, 101, 107, 117, 119, 122, 135, 159, 185, 236, 245 Verena Lorenz, S. 21 picsfive, fotolia, S. 24, 152 Levente Janos, Fotolia, S. 31, 151, 168 Mark Weiss Fancy, S. 34, 35, 49, 51, 56, 61, 74, 78, 81, 82, 86, 95, 104, 133, 146, 164, 251 Verena Lorenz und vadimmmus, fotolia, S. 39, 41 vadimmmus, fotolia, S. 42 BillionPhotos.com, fotolia, S. 47 Images Radius Radius, Flonline, S. 52 Verena Lorenz und namosh, fotolia, S. 59 Jean-Remy von Matt, S. 60 (Engel) Verena Lorenz und vadimmmus, spoorloos fotolia, S. 70 Verena Lorenz und The Map Design Toolbox, Alexander Tibelius, S. 89 Becker, fotolia, S. 98 Barry Downard Ikon Images, Flonline, S. 103 Sansibar, S. 112 Fotograf: Roger Mandt, Hamburg, S. 115, 211, 213 Dr. Ing. h.c. F. Porsche AG, S. 127 ktsdesign, fotolia, S. 128 Atomic Imagery Diamond, Flonline, S. 131 ktsdesign, fotolia, S. 139, 168 Mark Weiss Fancy, S. 140 Verena Lorenz und spoorloos, fotolia, S. 156 vege, fotolia, S. 173 FredFroese, istockphoto, S. 178 SunnyGraph, istockphoto, S. 176 vierfotografpen GbR, S. 187, 188 Julio Feroz, Palma, S. 191, 197 Vorwerk, S. 202, 203 Munich Consulting Group GmbH, S. 206, 207, 208 Frauscher Bootswerft GmbH & Co KG, S. 215, 255 spoorloos, fotolia, S. 221, 222, 223, 225 Asklepios Kliniken GmbH & Co. KGaA, S. 227, 229, 234, 235 PUMA SE, S. 238, 241 Gustav Ramelow KG, S. 243, 247 Creditreform Bochum Böhme KG, S. 249 Kaldewei, S. 257, 258 Carl Konferenz- & Eventtechnik GmbH & Co., S. 261 ASCENSO Akademie für Business und Medien, S. 262 Dr. Silvia Danne, S. 263 Steve Herud for Design Hotels™ Made by Originals, S. 277 Austin Ban, S. 268 Aaron Burden, S. 269 Alessio Lin/Alex Knight, S. 276 dem10, istockphoto, S. 278 Hamburger Abendblatt/Roland Magunia (Bild Altrogge), S. 283 julos, istockphoto, S. 287 koya79, istockphoto, S. 295, 296, 298, 302, 303 Michael Zargarinejad, S. 301 innovationskongress.at

© Dr. Danne Medien & Marketing GmbH, Hamburg 2018

20251 Hamburg, Hegestraße 14a, Telefon: +49 (0)40 87 97 29-21

www.drdanne.de

Druck: Druck und Bindung: Louis Hofmann Druck- und Verlagshaus GmbH & Co.KG, Domänenweg 9, 96242 Sonnefeld

Printed in Germany